国家科学技术学术著作出版基金资助出版

压电能量采集动力学设计理论与技术

张文明　邹鸿翔　著

科学出版社

北 京

内 容 简 介

本书概述机械能量采集技术的发展和研究趋势，详细阐述压电能量采集基础理论，着重介绍机械调制原理与方法、磁力耦合非线性振动能量采集方法及其应用，并探讨往复运动压电能量采集技术、旋转运动压电能量采集技术、流体环境下磁力耦合压电能量采集技术、压电驰振能量采集技术等应用和发展。

本书可作为高等学校机械工程、能源与动力工程等专业的研究生或高年级本科生学习动力学设计、新能源技术相关课程的参考书，也可作为从事压电能量采集设计或相关领域研究工作的工程技术人员掌握压电能量采集技术或将动力学设计理论及方法应用于复杂工况与系统的参考书。

图书在版编目（CIP）数据

压电能量采集动力学设计理论与技术／张文明，邹鸿翔著. —北京：科学出版社，2022.9
　　ISBN 978-7-03-072040-5

Ⅰ. ①压⋯　　Ⅱ. ①张⋯ ②邹⋯　　Ⅲ. ①压电效应-能量转换-研究
Ⅳ. ①TK123

中国版本图书馆 CIP 数据核字（2022）第 057927 号

责任编辑：陈　婕 李　娜／责任校对：任苗苗
责任印制：赵　博／封面设计：蓝正设计

科 学 出 版 社 出版
北京东黄城根北街 16 号
邮政编码：100717
http://www.sciencep.com
北京天宇星印刷厂印刷
科学出版社发行　各地新华书店经销
*
2022 年 9 月第 一 版　开本：720×1000 B5
2023 年 8 月第三次印刷　印张：20 1/4
字数：400 000
定价：138.00 元
（如有印装质量问题，我社负责调换）

前　言

　　物联网和大数据技术的发展及应用，改变了人们生活的方方面面，如智慧工厂、智慧家居、智慧交通、智慧城市等。万物相联依赖广泛分布的传感器，而传感器网络的关键问题之一是供能。目前采用的电池供能面临寿命短、不易维护、环境污染等问题，因此发展环保、便捷、可持续的供能技术具有重要意义。随着新型材料、微纳制造和集成电子等技术的迅速发展，微电子器件的能耗显著降低，因此可以从环境中采集能量为微型/小型机电系统供能。机械能量(波浪、水流、风、车辆行驶、设备运行、桥梁振动、人体运动等)是环境中最普遍的能量之一。将环境中的机械能转换为电能，可以实现自供能传感、控制和驱动，具备灵活、环保、可持续的优势。压电能量采集功率密度和输出电压高，设计灵活，因此压电能量采集已经成为将机械能转换为电能的主要方式之一。

　　目前，压电能量采集是国际热点研究问题，但输出功率低、环境适应性差和可靠性低等是制约其应用发展的核心问题。为了解决这些基础理论难题，本课题组多年来致力于压电能量采集动力学设计理论与技术研究，取得了一系列原创性成果。本书的撰写参考了作者多年来发表的科技论文，是作者多年科研工作的总结。全书共9章。第1章绪论，首先概述机械能量采集技术，从非线性振动能量采集和旋转运动压电能量采集理论与技术进展方面进行讨论，介绍机械能量采集的发展瓶颈与研究趋势。第2章详细阐述压电能量采集基础理论，从机电能量转换原理、压电材料性能、能量采集典型压电结构等基础理论方面进行讨论。第3章对机械调制原理与方法进行介绍，包括机械调制原理、运动形式转换、频率提升方法和激励放大机理与方法。第4章对磁力耦合非线性振动能量采集技术进行讨论与分析，主要包括磁力耦合模式与非线性调控机理等。第5章介绍往复运动压电能量采集技术，包括滚压式往复运动压电能量采集与阵列式磁力耦合往复运动压电能量采集。第6章介绍旋转运动压电能量采集技术，从磁力耦合和非线性两方面进行讨论。第7章对流体环境下磁力耦合压电能量采集技术进行介绍，包括旋转式磁力耦合弯张压电-电磁复合型风能采集和水下磁力耦合压电双稳态振动能量采集。第8章从单低压Y形和双低压音叉形钝体驰振式风能采集技术、基于双尾流干涉效应的风能采集强化技术、基于多干涉体局域压力调制的风能采集强化技术等方面详细介绍压电驰振能量采集。第9章讨论压电能量采集技术应用及发展。

　　本书的出版得到了国家科学技术学术著作出版基金的资助,本书的相关研究工作得到了国家杰出青年科学基金项目、国家自然科学基金面上项目和国防科技创新特区项目等的支持,在此致以深切的谢意。

　　感谢课题组的所有成员,他们为本书的出版做出了贡献,主要成员有邹鸿翔、赵林川、刘丰瑞、易志然、高秋华等。同时,感谢国内外专家学者的支持与鼓励。最后,感谢家人多年来的理解与支持。

　　由于作者水平所限,书中难免有不妥之处,敬请广大读者批评指正。

张文明

2021 年 7 月

目　　录

第1章 绪 论

1.1 引 言

微电子器件广泛应用于工业、军事、航空航天、生物医学、环境监测、消费电子产品等诸多领域[1]。目前,这些器件主要由化学电池供电,使用寿命有限,也容易造成环境污染[2]。随着科学技术的迅速发展,微电子器件需要的能耗降低了很多,可以从环境中采集各种形式的能量替代传统电池或延长传统电池的寿命为微电子器件供能[3]。

环境中存在的能源有太阳能、热能和机械能(或称动能,本书中机械能和机械能量都是指动能)等[4,5],其中,机械能(图1-1)具有清洁、稳定和体积小等优点[6,7],是环境中分布最广泛的能源之一,几乎无处不在[8],可以从机械设备[9]、汽车[10]、人体运动[11]和流体[12,13]等不同环境中获取该能量。

图 1-1 机械能量采集示意图[7]

图 1-2 为环境中可用于机械能量采集的能量源及其相应应用[10,14-20]。将机械运动(往复运动和旋转运动)能量转换为电能,不仅可持续、节能环保,而且可以实现许多自供能的自动化功能,便捷可靠。例如,自供能可以实现无线传感的环境监测,在机械设备的运动部件安装自供能传感器,可以在不依赖外接电源的情况下监测设备的运行状况。目前,机械能采集技术已经引起工业界和学术界的广泛关注,但仍然存在一些关键问题,如器件输出功率低、适应环境单一、可靠性低等。因此,研究机械能采集技术具有迫切的现实需求和广阔的应用前景。

图 1-2 环境中可用于机械能量采集的能量源及其相应应用[10, 14-20]

1.2 非线性振动能量采集理论与技术进展

振动能量采集的一个关键挑战是线性振子只在它固有频率附近比较狭窄的频域内振幅较大,不适合在频域较宽且主要为低频的自然环境中采集振动能量。因此,需要降低振动能量采集器的固有频率,在自然环境低频激励下更有效地工作[21]。频率提升方法可用于采集低频振动能量[22, 23]。阵列多个不同固有频率振子的振动能量采集器被提出,可在宽频范围采集能量[24]。自调频技术也是一种拓宽工作频域的方式[25],尤其是非线性系统具有宽频响应,可以更灵活地匹配振源的激励频率,利用振动系统的非线性行为进行宽频振动能量采集[26]。

1.2.1 双稳态及多稳态非线性振动能量采集

双稳态非线性系统可以从一个稳态突跳到另一个稳态,可以在宽频范围产生大振幅振动，显著增大功率输出[20,27]。

屈曲梁(或屈曲板)具有非线性双稳态特性(图 1-3(a))，与压电材料复合可用于非线性双稳态振动能量采集[28]。双稳态压电屈曲梁/板能够在宽频范围有效俘获能量[29]。Emam 等[30]总结、回顾和评估了关于双稳态复合材料用于变形和能量采集的文献及发现。Cleary 等[31]建立和实验验证了双稳态屈曲梁模型，准确预测了产生双稳态突跳所需的临界激励。Betts 等[32]研究表明，优化双稳态压电复合材料的几何形状和压电尺寸(如器件长宽比、厚度、堆叠方式和压电面积等)可以显著增大电压输出。Zhu 等[33]发现，通过磁力作用可使双稳态压电屈曲梁在低频激励下产生较高电压，并且拓宽了工作频域。还有研究表明，双稳态压电屈曲梁也可以应用于更复杂的激励环境，如随机振动下的能量采集[34]、大幅值往复运动能量采集[35]等。

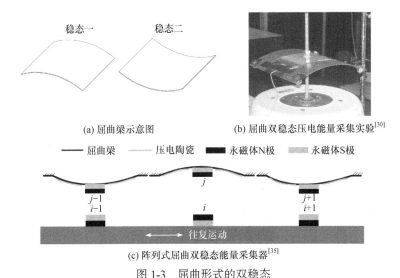

(a) 屈曲梁示意图   (b) 屈曲双稳态压电能量采集实验[30]

(c) 阵列式屈曲双稳态能量采集器[35]

图 1-3 屈曲形式的双稳态

利用非线性磁力可以构建双稳态系统，一般在压电悬臂梁末端设置永磁体(图 1-4)。在压电悬臂梁末端设置的永磁体可以是相互排斥的[36-38]，也可以是对称的相互吸引的[39,40]。研究表明，调整永磁体间距在接近单稳态向双稳态转变的区域，系统具有最优的俘获能量的性能[41]。磁力耦合非线性双稳态系统也被用于随机激励[42,43]、脉冲激励[44]、驰振风能采集[45]、人体运动能量采集[46]等。在宽频随机激励下，按照激励强度设计的双稳态能量采集器具有更好的性能，否则，单稳态能量采集器可能更加实用[47]。研究者还针对双稳态振动能量采集器设计了非线性能量采集电路[48]。

在一般双稳态能量采集器的基础上，研究者提出了一些优化方式。通过改变永磁体的倾斜角度来改变双稳态系统的非线性特性[49]。在双稳态系统引入随机共振可以优化振动能量采集性能[50]。通过在中间位置设置一个小磁体可以降低双稳态势能阱间突跳临界值，显著增强器件俘获随机振动能量的能力[51]。通过弹性支承也可以增强随机激励下双稳态振动能量采集器的性能，如图 1-5(a)所示[52]。二自由度磁力耦合非线性双稳态振动能量采集器可用于宽频振动能量的采集[53]，也可用于俘获更宽转速范围的振动能量，如图 1-5(b)所示[54]。

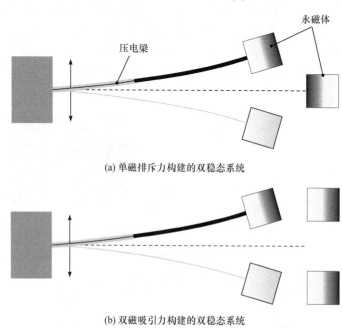

(a) 单磁排斥力构建的双稳态系统

(b) 双磁吸引力构建的双稳态系统

图 1-4　磁力耦合双稳态系统

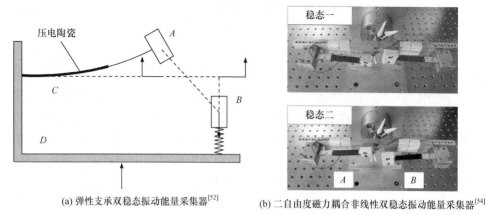

(a) 弹性支承双稳态振动能量采集器[52]　　(b) 二自由度磁力耦合非线性双稳态振动能量采集器[54]

图 1-5　双稳态振动能量采集器

　　此外，还有一些其他的双稳态压电能量采集设计，例如，带末端质量的垂直梁在垂直激励下具有双稳态特性[55]；在此基础上，末端设置电磁铁和永磁体的双稳态系统具有自适应功能[56]；基于线性振子的双稳态系统[57-59]也用于电磁能量采集[60-62]。

　　多稳态系统也被用于振动能量采集(图 1-6)。三稳态势能阱间距会更大，有利于增加振动幅值[63,64]。相比双稳态系统，三稳态系统势能阱更浅，可以在更弱激励、更宽频率实现阱间运动，以产生较高的功率输出[65-68]。此外，四稳态能量采集器在特定激励下也可以显著提高能量采集效率[69,70]。

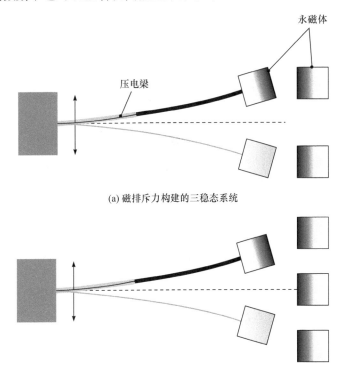

(a) 磁排斥力构建的三稳态系统

(b) 磁排斥力构建的四稳态系统

图 1-6　多稳态系统

1.2.2　基于内共振的非线性振动能量采集

　　内共振是一种典型的非线性现象。Chen 等[71-74]创造性地探索了内共振能量采集，设计了一种具有突跳非线性的电磁能量采集器[71]，通过理论分析发现基于内共振的非线性振动能量采集器比相同尺寸的线性振动能量采集器性能更优。随后，Chen 等[73,74]研究了基于内共振的压电振动能量采集，设计了一种带有永磁体的 L 形压电悬臂梁结构，如图 1-7(a)所示，调节磁体距离使得振动系统的第二模态频率近似为第一模态频率的 2 倍，实验验证了内共振显著拓宽了振动能量采集器的工作频域。秦卫阳教授团队[75]研究了带末端质量的垂直梁在垂直激励下的振动能量采集，通过内共振提高了能量俘获效率。实验结果证明，内共振可以将激励能量转移到低阶模态，主要是第一模态和第二模态，可以产生较大的输出电压。Xu 等[76]设计了一种多方向振动能量采集器，包括单根压电悬臂梁和固定在其末端的摆锤，如图 1-7(b)所示，实验验证了 1：2 内共振使得单根压电悬臂梁可以在多方向振动激励下俘获能量。Xiong 等[77]提出了一种基于内共振的宽频振动能量采集器，包括一个主要的非线性振子和一个辅助振子，并通过实验验证了基于内共振的非线性振动能量采集器具有更宽的工作频域。

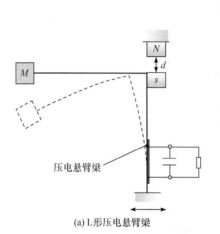
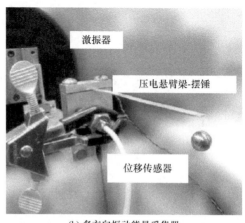

(a) L形压电悬臂梁　　　　　　　　　(b) 多方向振动能量采集器

图 1-7　基于内共振的能量采集器[74, 76]

1.3　旋转运动压电能量采集理论与技术进展

旋转运动是民用和工业应用中最常见的机械运动形式之一。旋转运动能量采集也是目前的研究热点之一。旋转运动更加规则和可控，有利于机电能量转换，适合几乎所有的机电转换机制。

1.3.1　旋转运动能量源

几乎所有的机械能量源都可以直接或者间接产生旋转运动，包括自然环境中的能量，人体运动的能量，设备、车辆运转的能量，土木、建筑等结构的振动能量等。

空气流动和水流动可以驱动叶片旋转，也可以引起振动，而振动可以转换为旋转运动；波浪也可以驱动机械机构旋转。已经有许多学者通过旋转运动的形式采集自然环境中的能量。Myers 等[78]设计了一种小尺度的旋转发电装置,用于采集风能。Zhao 等[79]研究了由水或空气驱动的小尺度电磁旋转能量采集器的性能。Han 等[80]通过 3D 打印方式制造了小型化旋转电磁发电装置,用于采集空气流动的能量。Guo 等[81]设计了包含摩擦纳米发电机和电磁发电机的复合旋转发电装置,用于采集水流的能量。

人的关节运动可以产生转动,此外,脚踏及重心变化产生的激励也可以间接产生旋转运动。Donelan 等[11]分析了人行走的规律,在膝关节转动减速时俘获能量,能量采集装置协助人体肌肉做负功,如此,能量采集不需要消耗额外的能量。Chen 等[82]设计了一种旋转电磁能量采集装置,由膝关节转动驱动发电,通过齿轮结构进行运动调制和放大,以提高能量采集的效率和安全性。Xie 等[83]分析了典型步行循环中人体的运动和姿势,研究了将不同位置的人体运动先转换为旋转运动,再转换为电能。Fu 等[84]将人走产生的气流先转换为旋转运动,再发电。

转子设备、车辆行驶存在旋转运动。设备振动,减振器振动,土木、建筑等结构的振动都可以通过机械转换为旋转运动。实际上,对于实际应用,将环境中不规则的振动转换为旋转运动具有很多优点。de Araujo 等[9]通过电磁感应方式从旋转机械采集能量,可用于设备自供能在线监测。Li 等[85]和 Zhang 等[86]将汽车悬架振动先通过机械转换为旋转运动,再驱动旋转式换能器发电。Wang 等[87]将汽车对路面减速带的冲击先转换为旋转运动,再通过旋转式电磁感应发电机转换为电能。

1.3.2　旋转运动能量采集方法

1. 静电式旋转能量采集

Yang 等[88]设计了一种平面内旋转的梳齿状静电式能量采集器。这种装置能够从低频平面振动中采集动能。Perez 等[89]设计了一种基于轴向涡轮机结构的小型静电式风能采集器,如图 1-8 所示。气流驱动风车旋转,定子和转子之间产生周期性的相对运动,引起电容变化。

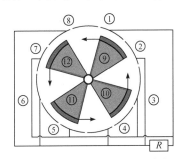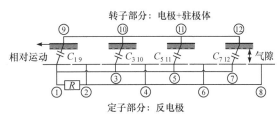

图 1-8　小型静电式风能采集器[89]

2. 电磁式旋转能量采集

Howey 等[90]设计了一种小型封闭式电磁风力发电机，如图 1-9 所示。该装置外径为 3.2cm。Moss 等[91]设计了一种适用振动和旋转运动的电磁能量采集器。振动或旋转运动激励下永磁体滚珠滚动，通过电磁感应发电。Dai[92]设计了一种基于旋转摆动的电磁振动能量采集器，振动激励两个质量块摆动，质量块固定有永磁体切割磁感应线发电。Deng 等[93]设计了一种多步电磁能量收集器，首先将振动转换为旋转运动，然后将旋转运动能量转换成电能。

图 1-9　小型封闭式电磁风力发电机[90]

3. 基于摩擦纳米发电机的旋转能量采集

Zhang 等[94]设计了一种单电极旋转摩擦纳米发电机，能够将旋转能量转换为电能。Xie 等[95]设计了一种基于摩擦发电和静电感应机理的旋转摩擦纳米发电机，用于采集生活环境中的风能。Han 等[96]结合摩擦发电和静电感应在汽车刹车接触和非接触时采集能量。Zhu 等[97]设计了基于接触发电的二维平面摩擦发电机，如图 1-10(a)所示。接触表面上微小尺寸扇区的径向阵列能够实现 1.5W 的高输出功率(面积功率密度为 19mW/cm²)，可以有效地俘获各种环境的运动能量，包括轻风、自来水流和正常人体运动。Liu 等[98]设计了弹簧钢板组合的水车型摩擦发电机，如图 1-10(b)所示，采集低速旋转运动能量。Wen 等[99]设计了一种包含摩擦发电和电磁感应发电的复合纳米发电机。Lee 等[100]设计了凸轮式摩擦纳米发电机，如图 1-10(c)所示，凸轮将旋转运动转换为直线运动，实现了具有高可靠性且高输出性能的接触摩擦发电。Teklu 等[101]设计了一种滚筒式摩擦发电机。

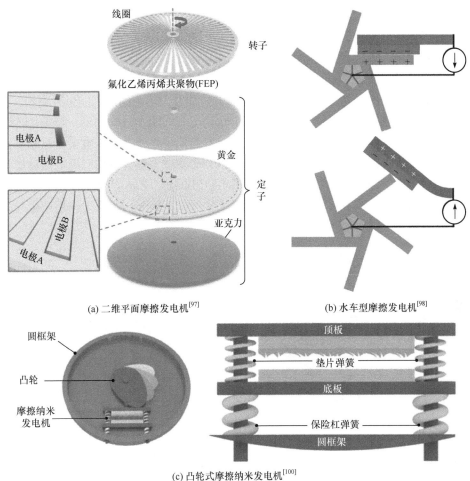

(a) 二维平面摩擦发电机[97]

(b) 水车型摩擦发电机[98]

(c) 凸轮式摩擦纳米发电机[100]

图 1-10 旋转摩擦纳米发电机

4. 压电式旋转能量采集

压电换能方式具有能量密度高、设计灵活等优点。因此,压电材料在小型化旋转运动能量采集中得到广泛应用。

1) 重力激励

Khameneifar 等[102,103]提出了一种利用重力在旋转中产生连续振动的压电能量采集器,如图 1-11(a)所示。压电悬臂梁固定在垂直平面内旋转的轮毂,梁自由端质量块的重力驱动压电悬臂梁振动,并且重力激励频率等于旋转运动频率。Gu 等[104,105]以及 Hsu 等[106]研究了利用转动离心力进行自调频的振动能量采集。图 1-11(b)为 Gu 等[105]设计的一种撞击式自调频旋转压电能量采集器,包含刚性压电梁和柔性驱动梁,柔性驱动梁的自由端固定有质量块,质量块在重力的作用下反复地撞击压电梁，从而发电。因为旋转运动产生的离心力可以使柔性驱动梁硬化，且硬化程度与旋转速度相关，所以利用参数设计使得柔性驱动梁的谐振频率匹配旋转频率，从而提高功率输出。Roundy 等[107]设计了一种在重力场环境下旋转的压电能量采集器，利用偏移摆的动力学特性和非线性双稳态弹簧增大能量采集系统的工作频率范围。Sadeqi 等[108]提出了一种嵌入轮胎的压电能量采集器，这种采集器利用耦合线性谐振结构增加了工作频宽，如图 1-11(c)所示。Guan 等[109]设计了一种旋转运动压电能量采集器，该装置的独特之处在于压电梁自由端靠近旋转轴心，从而减小了离心力作用。Zhang 等[110]将磁力耦合双稳态压电振动能量采集器应用于汽车车轮的旋转运动，如图 1-11(d)所示。Zou 等[54]设计了用于旋转运动的磁力耦合二自由度双稳态振动能量采集器，旋转时因为重力作用产生与基座激励形式相同的谐波激励。

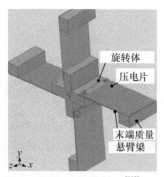

(a) 旋转压电能量采集器[103]

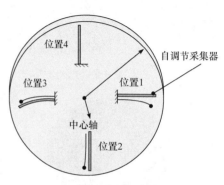

(b) 撞击式自调频旋转压电能量采集器[105]

(c) 嵌入轮胎的压电能量采集器[108]

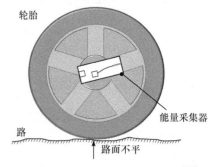

(d) 固定在轮胎中间的压电能量采集器[110]

图 1-11　重力激励旋转压电能量采集器

2) 磁力激励

Luong 等[111]设计了一种小型压电风力发电机，用风力驱动叶片旋转，带动转盘旋转，转盘通过磁力作用激励压电悬臂梁振动从而发电。Karami 等[112]设计了一种紧凑型压电风力发电机，在风力驱动的转盘嵌入若干永磁体，压电悬臂梁垂直

于转盘，压电悬臂梁末端固定永磁体，与旋转永磁体相互排斥。Rezaei-Hosseinabadi
等[113,114]也采用类似的方式设计了适用于低风速的压电风能采集器，如图 1-12(a)
所示，并进行了拓扑优化设计。Ramezanpour 等[115,116]进行了一系列研究，通过磁
力作用将旋转运动或摆动转换为压电梁的振动从而发电。Xie 等[117]设计了一种高
度紧凑的圆筒压电能量采集器，通过磁力作用将旋转运动转换为锥形压电梁的振
动从而发电。低频激励的能量转换效率很低，这对于人体运动能量采集是一个挑
战。Pillatsch 等[118,119]将人体运动转换为低频的旋转运动，然后通过磁力转换为压
电梁的高频振动，这种转换使人体运动能量容易被采集，并且适合压电梁的工作
频率。Kuang 等[120]设计了一种人体膝关节转动能量采集装置，通过圆周阵列的旋
转永磁体激励压电梁自由端的永磁体，使得压电梁产生较高频率的振动从而发电，
如图 1-12(b)所示。Chen 等[121]研究了宽频非线性旋转压电梁能量采集，压电悬臂
梁固定在垂直平面内旋转的旋转体上，悬臂梁自由端固定设置永磁体，与旋转体
相对静止的位置再固定一个永磁体。Kan 等[122]设计了一种旋转压电能量采集器，如
图 1-12(c)所示，旋转永磁体激励压电盘，从而以 33 耦合模式发电。Fu 等[123,124]设
计了具有自调节功能的旋转压电发电机，通过磁力将旋转运动转换为压电梁的振
动，旋转产生的离心力可以改变永磁体的相对位置，该装置能够以低风速启动，
并且在风速较高时可以相应提高输出功率。

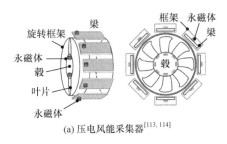

(a) 压电风能采集器[113, 114]

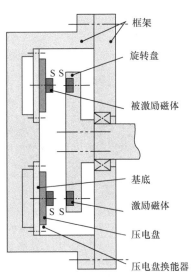

(b) 压电膝关节能量采集器[120]

(c) 旋转压电能量采集器[122]

图 1-12 磁力激励旋转压电能量采集器

3) 接触激励

Tien 等[125]设计了一种压电风力发电机,该发电机采用风力驱动叶片旋转,带动转盘旋转,转盘的齿拨动压电悬臂梁振动从而发电。Pozzi 等[126]设计了一种接触式膝关节压电能量采集器,如图 1-13(a)所示,该采集器通过圆周阵列的拨弦片拨动压电梁自由端,使得压电梁产生较高频率的振动从而发电。为了提高旋转压电风能采集器的输出功率,Yang 等[127]提出了撞击式压电能量采集,在多边形内放置弹性滚珠,当风力驱动旋转装置时,滚珠撞击压电悬臂梁,通过压电效应发电。包含 12 根压电悬臂梁的撞击式压电能量采集器原理样机,如图 1-13(b)所示。Janphuang 等[128]通过理论和实验研究了使用微型压电能量采集器从旋转齿轮采集能量。旋转齿轮的齿拨动原子力显微镜状的压电悬臂梁,使之振动发电,如图 1-13(c)所示。Tao 等[129]将风力驱动的旋转运动转换为往复运动,往复运动通过杠杆机构转换为对压电材料的压力从而发电。

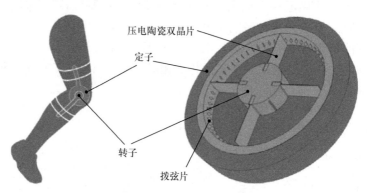

(a) 接触式膝关节压电能量采集器[126]

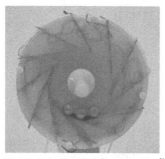

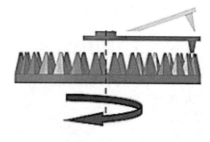

(b) 滚珠撞击式压电能量采集器原理样机[127]　　　(c) 齿轮接触式压电能量采集器[128]

图 1-13　接触激励旋转压电能量采集器

1.3.3　基于旋转运动能量采集的应用

Xu 等[130]设计了一种微型旋转风能采集器为无线传感器供电。Xi 等[131]通过摩擦纳米发电机采集风能并实现自供能风速传感。Xia 等[132]采集转动能量，为旋转机械中的无线传感器供电，如图 1-14(a)所示。Roundy 等[107]将旋转能量采集装置安装在汽车轮胎用于监测轮胎胎压。Hu 等[133]设计了摩擦纳米发电机，从旋转的轮胎中采集能量实现自供能压力和速度传感。Buccolini 等[134]从自行车的旋转运动中采集能量，为无线速度传感器供电。Chen 等[135]设计了一种全封闭式旋转能量采集装置，俘获平衡车的转动能量，并建立自供电的无线传感系统。Ahmed 等[136]提出了利用旋转摩擦纳米发电机建立风能采集农场，为人们提供绿色能源，如图 1-14(b)所示。

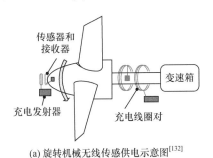

(a) 旋转机械无线传感供电示意图[132]　　　(b) 旋转摩擦纳米发电机风能采集农场示意图[136]

图 1-14　基于旋转运动能量采集的应用

1.4　机械能量采集的研究趋势

物联网最核心、最基础的是传感器技术，而能量采集技术是传感器智能化的关键技术之一。自然环境中的机械能量采集不仅可以提供可使用能源，还可以实现自供能无线传感网络，用于自然环境监测、军事侦测等领域；人体运动能量采集技术可以为便携式设备和可穿戴式设备提供能量。工业设备集成机械能量采集装置可以实现不依赖外部电源更加可靠的自供能状态监测。回收车辆运动或悬架振动的机械能量可以用于车辆状态监测、车辆自供能智能减振以及新能源汽车的续航能力提升。基于机械能量采集技术的自供能传感也可以用于道路、桥梁和建筑等，有利于促进智慧城市、智慧交通的发展。

机械能量采集研究可以分为三个方面：新材料或新机电转换机制、机械结构设计、面向应用的机电系统开发。新的机电转换机制、新的机电转换材料对能量采集器件的性能提升具有关键作用，但突破也比较困难。相比于机电转换，机机转换设计更加灵活，机械结构设计对全面提升机械能量采集器的性能具有十分关键的作用。目前，大多数机械能量采集研究没有充分考虑环境的适应性和设备的可靠性，迫切需要研究面向实际应用的机械能量采集技术。

参 考 文 献

[1] 孟光, 张文明. 微机电系统动力学[M]. 北京: 科学出版社, 2008.

[2] Siddique A R M, Mahmud S, Heyst B V. A comprehensive review on vibration based micro power generators using electromagnetic and piezoelectric transducer mechanisms[J]. Energy Conversion and Management, 2015, 106: 728-747.

[3] Gammaitoni L. There's plenty of energy at the bottom (micro and nano scale nonlinear noise harvesting)[J]. Contemporary Physics, 2012, 53(2): 119-135.

[4] Akhtar F, Rehmani M H. Energy replenishment using renewable and traditional energy resources for sustainable wireless sensor networks: A review[J]. Renewable and Sustainable Energy Reviews, 2015, 45: 769-784.

[5] Selvan K V, Mohamed Ali M S. Micro-scale energy harvesting devices: Review of methodological performances in the last decade[J]. Renewable and Sustainable Energy Reviews, 2016, 54: 1035-1047.

[6] Khaligh A, Zeng P, Zheng C. Kinetic energy harvesting using piezoelectric and electromagnetic technologies-state of the art[J]. IEEE Transactions on Industrial Electronics, 2010, 57(3): 850-860.

[7] Bowen C R, Kim H A, Weaver P M, et al. Piezoelectric and ferroelectric materials and structures for energy harvesting applications[J]. Energy & Environmental Science, 2014, 7(1): 25-44.

[8] Fan F R, Tang W, Wang Z L. Flexible nanogenerators for energy harvesting and self-powered electronics[J]. Advanced Materials, 2016, 28(22): 4283-4305.

[9] de Araujo M V V, Nicoletti R. Electromagnetic harvester for lateral vibration in rotating machines[J]. Mechanical Systems and Signal Processing, 2015, 52/53: 685-699.

[10] Abdelkareem M A, Xu L, Ali M K A, et al. Vibration energy harvesting in automotive suspension system: A detailed review [J]. Applied Energy, 2018, 229: 672-699.

[11] Donelan J M, Li Q, Naing V, et al. Biomechanical energy harvesting: Generating electricity during walking with minimal user effort[J]. Science, 2008, 319(5864): 807-810.

[12] Zhang L M, Han C B, Jiang T, et al. Multilayer wavy-structured robust triboelectric nanogenerator for harvesting water wave energy[J]. Nano Energy, 2016, 22: 87-94.

[13] Yong H, Chung J, Choi D, et al. Highly reliable wind-rolling triboelectric nanogenerator operating in a wide wind speed range[J]. Scientific Reports, 2016, 6: 33977.

[14] Sarmiento J, Iturrioz A, Ayllón V, et al. Experimental modelling of a multi-use floating platform for wave and wind energy harvesting[J]. Ocean Engineering, 2019, 173: 761-773.

[15] Hua R, Liu H L, Yang H C, et al. A nonlinear interface integrated lever mechanism for piezoelectric footstep energy harvesting[J]. Applied Physics Letters, 2018, 113(5): 053902.

[16] Shin Y H, Jung I, Noh M S, et al. Piezoelectric polymer-based roadway energy harvesting via displacement amplification module[J]. Applied Energy, 2018, 216: 741-750.

[17] Wang L F, Wong K K, Jin S, et al. A new look at physical layer security, caching, and wireless energy harvesting for heterogeneous ultra-dense networks[J]. IEEE Communications Magazine, 2018, 56(6): 49-55.

[18] Dagdeviren C, Li Z, Wang Z L. Energy harvesting from the animal/human body for self-powered

electronics[J]. Annual Review of Biomedical Engineering, 2017, 19(1): 85-108.

[19] Zhang Z T, Zhang X T, Chen W W, et al. A high-efficiency energy regenerative shock absorber using supercapacitors for renewable energy applications in range extended electric vehicle[J]. Applied Energy, 2016, 178: 177-188.

[20] Cahill P, Hazra B, Karoumi R, et al. Vibration energy harvesting based monitoring of an operational bridge undergoing forced vibration and train passage[J]. Mechanical Systems and Signal Processing, 2018, 106: 265-283.

[21] Lueke J, Rezaei M, Moussa W A. Investigation of folded spring structures for vibration-based piezoelectric energy harvesting[J]. Journal of Micromechanics and Microengineering, 2014, 24(12): 125011.

[22] Lin Z, Zhang Y L. Dynamics of a mechanical frequency up-converted device for wave energy harvesting[J]. Journal of Sound and Vibration, 2016, 367: 170-184.

[23] Ramezanpour R, Nahvi H, Ziaei-Rad S. Electromechanical behavior of a pendulum-based piezoelectric frequency up-converting energy harvester[J]. Journal of Sound and Vibration, 2016, 370: 280-305.

[24] Xiao Z, Yang T Q, Dong Y, et al. Energy harvester array using piezoelectric circular diaphragm for rail vibration[J]. Applied Physics Letters, 2014, 104(22): 223904.

[25] Hoffmann D, Willmann A, Hehn, T, et al. A self-adaptive energy harvesting system[J]. Smart Materials and Structures, 2016, 25(3): 035013.

[26] Daqaq M F, Masana R, Erturk A, et al. On the role of nonlinearities in vibratory energy harvesting: A critical review and discussion[J]. Applied Mechanics Reviews, 2014, 66(4): 040801.

[27] Yildirim T, Ghayesh M H, Li W H, et al. A review on performance enhancement techniques for ambient vibration energy harvesters[J]. Renewable and Sustainable Energy Reviews, 2017, 71: 435-449.

[28] Syta A, Bowen C R, Kim H A, et al. Responses of bistable piezoelectric-composite energy harvester by means of recurrences[J]. Mechanical Systems and Signal Processing, 2016, 76/77: 823-832.

[29] Arrieta A F, Hagedorn P, Erturk A, et al. A piezoelectric bistable plate for nonlinear broadband energy harvesting[J]. Applied Physics Letters, 2010, 97(10): 104102.

[30] Emam S A, Inman D J. A review on bistable composite laminates for morphing and energy harvesting[J]. Applied Mechanics Reviews, 2015, 67(6): 060803.

[31] Cleary J, Su H J. Modeling and experimental validation of actuating a bistable buckled beam via moment input[J]. Journal of Applied Mechanics, 2015, 82(5): 051005.

[32] Betts D N, Kim H A, Bowen C R, et al. Optimal configurations of bistable piezo-composites for energy harvesting[J]. Applied Physics Letters, 2012, 100(11): 114104.

[33] Zhu Y, Zu J W. Enhanced buckled-beam piezoelectric energy harvesting using midpoint magnetic force[J]. Applied Physics Letters, 2013, 103(4): 041905.

[34] Cottone F, Gammaitoni L, Vocca H, et al. Piezoelectric buckled beams for random vibration energy harvesting[J]. Smart Materials and Structures, 2012, 21(3): 035021.

[35] Jiang X Y, Zou H X, Zhang W M. Design and analysis of a multi-step piezoelectric energy

harvester using buckled beam driven by magnetic excitation[J]. Energy Conversion and Management, 2017, 145: 129-137.

[36] Stanton S C, McGehee C C, Mann B P. Nonlinear dynamics for broadband energy harvesting: Investigation of a bistable piezoelectric inertial generator[J]. Physica D: Nonlinear Phenomena, 2010, 239(10): 640-653.

[37] Stanton S C, Owens B A M, Mann B P. Harmonic balance analysis of the bistable piezoelectric inertial generator[J]. Journal of Sound and Vibration, 2012, 331(15): 3617-3627.

[38] Stanton S C, Mann B P, Owens B A M. Melnikov theoretic methods for characterizing the dynamics of the bistable piezoelectric inertial generator in complex spectral environments[J]. Physica D: Nonlinear Phenomena, 2012, 241(6): 711-720.

[39] Erturk A, Hoffmann J, Inman D J. A piezomagnetoelastic structure for broadband vibration energy harvesting[J]. Applied Physics Letters, 2009, 94(25): 254102.

[40] Erturk A, Inman D J. Broadband piezoelectric power generation on high-energy orbits of the bistable Duffing oscillator with electromechanical coupling[J]. Journal of Sound and Vibration, 2011, 330(10): 2339-2353.

[41] Tang L H, Yang Y W, Soh C K. Improving functionality of vibration energy harvesters using magnets[J]. Journal of Intelligent Material Systems and Structures, 2012, 23(13): 1433-1449.

[42] Vocca H, Neri I, Travasso F, et al. Kinetic energy harvesting with bistable oscillators[J]. Applied Energy, 2012, 97: 771-776.

[43] Litak G, Friswell M I, Adhikari S. Magnetopiezoelastic energy harvesting driven by random excitations[J]. Applied Physics Letters, 2010, 96(21): 214103.

[44] Harne R L, Zhang C L, Li B, et al. An analytical approach for predicting the energy capture and conversion by impulsively-excited bistable vibration energy harvesters[J]. Journal of Sound and Vibration, 2016, 373: 205-222.

[45] Alhadidi A H, Daqaq M F. A broadband bi-stable flow energy harvester based on the wake-galloping phenomenon[J]. Applied Physics Letters, 2016, 109(3): 033904.

[46] Cao J Y, Wang W, Zhou S X, et al. Nonlinear time-varying potential bistable energy harvesting from human motion[J]. Applied Physics Letters, 2015, 107(14): 143904.

[47] Zhao S, Erturk A. On the stochastic excitation of monostable and bistable electroelastic power generators: Relative advantages and tradeoffs in a physical system[J]. Applied Physics Letters, 2013, 102(10): 103902.

[48] Singh K A, Kumar R, Weber R J. A broadband bistable piezoelectric energy harvester with nonlinear high-power extraction[J]. IEEE Transactions on Power Electronics, 2015, 30(12): 6763-6774.

[49] Cao J Y, Zhou S X, Inman D J, et al. Nonlinear dynamic characteristics of variable inclination magnetically coupled piezoelectric energy harvesters[J]. Journal of Vibration and Acoustics, 2015, 137(2): 021015.

[50] Zheng R C, Nakano K, Hu H G, et al. An application of stochastic resonance for energy harvesting in a bistable vibrating system[J]. Journal of Sound and Vibration, 2014, 333(12): 2568-2587.

[51] Lan C B, Qin W Y. Enhancing ability of harvesting energy from random vibration by decreasing

the potential barrier of bistable harvester[J]. Mechanical Systems and Signal Processing, 2017, 85: 71-81.

[52] Leng Y G, Gao Y J, Tan D, et al. An elastic-support model for enhanced bistable piezoelectric energy harvesting from random vibrations[J]. Journal of Applied Physics, 2015, 117(6): 064901.

[53] Kim P, Nguyen M S, Kwon O, et al. Phase-dependent dynamic potential of magnetically coupled two-degree-of-freedom bistable energy harvester[J]. Scientific Reports, 2016, 6: 34411.

[54] Zou H X, Zhang W M, Li W B, et al. Design and experimental investigation of a magnetically coupled vibration energy harvester using two inverted piezoelectric cantilever beams for rotational motion[J]. Energy Conversion and Management, 2017, 148: 1391-1398.

[55] Lan C B, Qin W Y. Energy harvesting from coherent resonance of horizontal vibration of beam excited by vertical base motion[J]. Applied Physics Letters, 2014, 105(11): 113901.

[56] Hosseinloo A H, Turitsyn K. Non-resonant energy harvesting via an adaptive bistable potential[J]. Smart Materials and Structures, 2015, 25(1): 015010.

[57] Harne R L, Thota M, Wang K W. Concise and high-fidelity predictive criteria for maximizing performance and robustness of bistable energy harvesters[J]. Applied Physics Letters, 2013, 102(5): 053903.

[58] Harne R L, Thota M, Wang K W. Bistable energy harvesting enhancement with an auxiliary linear oscillator[J]. Smart Materials and Structures, 2013, 22(12): 125028.

[59] Wu Z, Harne R L, Wang K W. Energy harvester synthesis via coupled linear-bistable system with multistable dynamics[J]. Journal of Applied Mechanics, 2014, 81(6): 061005.

[60] Meimukhin D, Cohen N, Bucher I. On the advantage of a bistable energy harvesting oscillator under band-limited stochastic excitation[J]. Journal of Intelligent Material Systems and Structures, 2013, 24(14): 1736-1746.

[61] Podder P, Amann A, Roy S. A bistable electromagnetic micro-power generator using FR4-based folded arm cantilever[J]. Sensors and Actuators A: Physical, 2015, 227: 39-47.

[62] Podder P, Amann A, Roy S. Combined effect of bistability and mechanical impact on the performance of a nonlinear electromagnetic vibration energy harvester[J]. IEEE/ASME Transactions on Mechatronics, 2016, 21(2): 727-739.

[63] Kim P, Seok J. Dynamic and energetic characteristics of a tri-stable magnetopiezoelastic energy harvester[J]. Mechanism and Machine Theory, 2015, 94: 41-63.

[64] Kim P, Son D, Seok J. Triple-well potential with a uniform depth: Advantageous aspects in designing a multi-stable energy harvester[J]. Applied Physics Letters, 2016, 108(24): 243902.

[65] Li H T, Qin W Y, Lan C B, et al. Dynamics and coherence resonance of tri-stable energy harvesting system[J]. Smart Materials and Structures, 2015, 25(1): 015001.

[66] Cao J Y, Zhou S X, Wang W, et al. Influence of potential well depth on nonlinear tristable energy harvesting[J]. Applied Physics Letters, 2015, 106(17):173903.

[67] Zhou S X, Cao J Y, Inman D J, et al. Broadband tristable energy harvester: Modeling and experiment verification[J]. Applied Energy, 2014, 133: 33-39.

[68] Zhou S X, Cao J Y, Inman D J, et al. Harmonic balance analysis of nonlinear tristable energy harvesters for performance enhancement[J]. Journal of Sound and Vibration, 2016, 373: 223-235.

[69] Zhou Z Y, Qin W Y, Zhu P. Improve efficiency of harvesting random energy by snap-through in a quad-stable harvester[J]. Sensors and Actuators A: Physical, 2016, 243: 151-158.

[70] Zhou Z Y, Qin W Y, Zhu P. A broadband quad-stable energy harvester and its advantages over bistable harvester: Simulation and experiment verification[J]. Mechanical Systems and Signal Processing, 2017, 84: 158-168.

[71] Chen L Q, Jiang W A. Internal resonance energy harvesting[J]. Journal of Applied Mechanics, 2015, 82(3): 031004.

[72] Chen L Q, Zhang G C, Ding H. Internal resonance in forced vibration of coupled cantilevers subjected to magnetic interaction[J]. Journal of Sound and Vibration, 2015, 354: 196-218.

[73] Chen L Q, Jiang W. A piezoelectric energy harvester based on internal resonance[J]. Acta Mechanica Sinica, 2015, 31(2): 223-228.

[74] Chen L Q, Jiang W A, Panyam M, et al. A broadband internally resonant vibratory energy harvester[J]. Journal of Vibration and Acoustics, 2016, 138(6): 061007.

[75] Lan C B, Qin W Y, Deng W Z. Energy harvesting by dynamic unstability and internal resonance for piezoelectric beam[J]. Applied Physics Letters, 2015, 107(9): 093902.

[76] Xu J, Tang J. Multi-directional energy harvesting by piezoelectric cantilever-pendulum with internal resonance[J]. Applied Physics Letters, 2015, 107(21): 213902.

[77] Xiong L Y, Tang L H, Mace B R. Internal resonance with commensurability induced by an auxiliary oscillator for broadband energy harvesting[J]. Applied Physics Letters, 2016, 108(20): 203901.

[78] Myers R, Vickers M, Kim H, et al. Small scale windmill[J]. Applied Physics Letters, 2007, 90(5): 054106.

[79] Zhao D, Ji C Z, Teo C, et al. Performance of small-scale bladeless electromagnetic energy harvesters driven by water or air[J]. Energy, 2014, 74: 99-108.

[80] Han N M, Zhao D, Schluter J U, et al. Performance evaluation of 3D printed miniature electromagnetic energy harvesters driven by air flow[J]. Applied Energy, 2016, 178: 672-680.

[81] Guo H Y, Wen Z, Zi Y L, et al. A water-proof triboelectric-electromagnetic hybrid generator for energy harvesting in harsh environments[J]. Advanced Energy Materials, 2016, 6(6): 1501593.

[82] Chen C, Chau L Y, Liao W H. A knee-mounted biomechanical energy harvester with enhanced efficiency and safety[J]. Smart Materials and Structures, 2017, 26(6): 065027.

[83] Xie L H, Li J H, Cai S Q, et al. Design and experiments of a self-charged power bank by harvesting sustainable human motion[J]. Advances in Mechanical Engineering, 2016, 8(5): 1687814016651371.

[84] Fu H, Xu R, Seto K, et al. Energy harvesting from human motion using footstep-induced airflow[J]. Journal of Physics: Conference Series, 2015, 660(1): 012060.

[85] Li Z J, Zuo L, Luhrs G, et al. Electromagnetic energy-harvesting shock absorbers: Design, modeling, and road tests[J]. IEEE Transactions on Vehicular Technology, 2013, 62(3): 1065-1074.

[86] Zhang Y X, Chen H, Guo K H, et al. Electro-hydraulic damper for energy harvesting suspension: Modeling, prototyping and experimental validation[J]. Applied Energy, 2017, 199: 1-12.

[87] Wang L R, Todaria P, Pandey A, et al. An electromagnetic speed bump energy harvester and its interactions with vehicles[J]. IEEE/ASME Transactions on Mechatronics, 2016, 21(4): 1985-1994.

[88] Yang B, Lee C, Kotlanka R K, et al. A MEMS rotary comb mechanism for harvesting the kinetic energy of planar vibrations[J]. Journal of Micromechanics and Microengineering, 2010, 20(6): 065017.

[89] Perez M, Boisseau S, Gasnier P, et al. A cm scale electret-based electrostatic wind turbine for low-speed energy harvesting applications[J]. Smart Materials and Structures, 2016, 25(4): 045015.

[90] Howey D A, Bansal A, Holmes A S. Design and performance of a centimetre-scale shrouded wind turbine for energy harvesting[J]. Smart Materials and Structures, 2011, 20(8): 085021.

[91] Moss S D, Hart G A, Burke S K, et al. Hybrid rotary-translational vibration energy harvester using cycloidal motion as a mechanical amplifier[J]. Applied Physics Letters, 2014, 104(3): 033506.

[92] Dai X Z. An vibration energy harvester with broadband and frequency-doubling characteristics based on rotary pendulums[J]. Sensors and Actuators A: Physical, 2016, 241: 161-168.

[93] Deng W, Wang Y. Non-contact magnetically coupled rectilinear-rotary oscillations to exploit low-frequency broadband energy harvesting with frequency up-conversion[J]. Applied Physics Letters, 2016, 109(13): 133903.

[94] Zhang H L, Yang Y, Zhong X D, et al. Single-electrode-based rotating triboelectric nanogenerator for harvesting energy from tires[J]. ACS Nano, 2013, 8(1): 680-689.

[95] Xie Y, Wang S, Lin L, et al. Rotary triboelectric nanogenerator based on a hybridized mechanism for harvesting wind energy[J]. ACS Nano, 2013, 7(8): 7119-7125.

[96] Han C B, Du W M, Zhang C, et al. Harvesting energy from automobile brake in contact and non-contact mode by conjunction of triboelectrication and electrostatic-induction processes[J]. Nano Energy, 2014, 6: 59-65.

[97] Zhu G, Chen J, Zhang T J, et al. Radial-arrayed rotary electrification for high performance triboelectric generator[J]. Nature Communications, 2014, 5: 3426.

[98] Liu G L, Liu R P, Guo H Y, et al. A novel triboelectric generator based on the combination of a waterwheel-like electrode with a spring steel plate for efficient harvesting of low-velocity rotational motion energy[J]. Advanced Electronic Materials, 2016, 2(5): 1500448.

[99] Wen Z, Guo H, Zi Y, et al. Harvesting broad frequency band blue energy by a triboelectric-electromagnetic hybrid nanogenerator[J]. ACS Nano, 2016, 10(7): 6526-6534.

[100] Lee Y, Kim W, Bhatia D, et al. Cam-based sustainable triboelectric nanogenerators with a resolution-free 3D-printed system[J]. Nano Energy, 2017, 38: 326-334.

[101] Teklu A A, Sullivan R M. A prototype DC triboelectric generator for harvesting energy from natural environment[J]. Journal of Electrostatics, 2017, 86: 34-40.

[102] Khameneifar F, Moallem M, Arzanpour S. Modeling and analysis of a piezoelectric energy scavenger for rotary motion applications[J]. Journal of Vibration and Acoustics, 2011, 133(1): 011005.

[103] Khameneifar F, Arzanpour S, Moallem M. A piezoelectric energy harvester for rotary motion applications: Design and experiments[J]. IEEE/ASME Transactions on Mechatronics, 2013, 18(5): 1527-1534.

[104] Gu L, Livermore C. Passive self-tuning energy harvester for extracting energy from rotational motion[J]. Applied Physics Letters, 2010, 97(8): 081904.

[105] Gu L, Livermore C. Compact passively self-tuning energy harvesting for rotating applications[J]. Smart Materials and Structures, 2011, 21(1): 015002.

[106] Hsu J C, Tseng C T, Chen Y S. Analysis and experiment of self-frequency-tuning piezoelectric energy harvesters for rotational motion[J]. Smart Materials and Structures, 2014, 23(7): 075013.

[107] Roundy S, Tola J. Energy harvester for rotating environments using offset pendulum and nonlinear dynamics[J]. Smart Materials and Structures, 2014, 23(10): 105004.

[108] Sadeqi S, Arzanpour S, Hajikolaei K H. Broadening the frequency bandwidth of a tire-embedded piezoelectric-based energy harvesting system using coupled linear resonating structure[J]. IEEE/ASME Transactions on Mechatronics, 2015, 20(5): 2085-2094.

[109] Guan M J, Liao W H. Design and analysis of a piezoelectric energy harvester for rotational motion system[J]. Energy Conversion and Management, 2016, 111: 239-244.

[110] Zhang Y S, Zheng R C, Shimono K, et al. Effectiveness testing of a piezoelectric energy harvester for an automobile wheel using stochastic resonance[J]. Sensors, 2016, 16(10): 1727.

[111] Luong H T, Goo N S. Use of a magnetic force exciter to vibrate a piezocomposite generating element in a small-scale windmill[J]. Smart Materials and Structures, 2012, 21(2): 025017.

[112] Karami M A, Farmer J R, Inman D J. Parametrically excited nonlinear piezoelectric compact wind turbine[J]. Renewable Energy, 2013, 50: 977-987.

[113] Rezaei-Hosseinabadi N, Tabesh A, Dehghani R, et al. An efficient piezoelectric windmill topology for energy harvesting from low-speed air flows[J]. IEEE Transactions on Industrial Electronics, 2015, 62(6): 3576-3583.

[114] Rezaei-Hosseinabadi N, Tabesh A, Dehghani R. A topology and design optimization method for wideband piezoelectric wind energy harvesters[J]. IEEE Transactions on Industrial Electronics, 2016, 63(4): 2165-2173.

[115] Ramezanpour R, Nahvi H, Ziaei-Rad S. A vibration-based energy harvester suitable for low-frequency, high-amplitude environments: Theoretical and experimental investigations[J]. Journal of Intelligent Material Systems and Structures, 2016, 27(5): 642-665.

[116] Ramezanpour R, Nahvi H, Ziaei-Rad S. Increasing the performance of a rotary piezoelectric frequency up-converting energy harvester under weak excitations[J]. Journal of Vibration and Acoustics, 2017, 139(1): 011016.

[117] Xie X D, Wang Q. A study on a high efficient cylinder composite piezoelectric energy harvester[J]. Composite Structures, 2017, 161: 237-245.

[118] Pillatsch P, Yeatman E M, Holmes A S. A piezoelectric frequency up-converting energy harvester with rotating proof mass for human body applications[J]. Sensors and Actuators A: Physical, 2014, 206: 178-185.

[119] Pillatsch P, Yeatman E M, Holmes A S. A wearable piezoelectric rotational energy harvester[C]. 2013 IEEE International Conference on Body Sensor Networks (BSN), Cambridge, 2013: 1-6.

[120] Kuang Y, Yang Z H, Zhu M L. Design and characterisation of a piezoelectric knee-joint energy harvester with frequency up-conversion through magnetic plucking[J]. Smart Materials and Structures, 2016, 25(8): 085029.

[121] Chen Z S, Guo B, Xiong Y P, et al. Melnikov-method-based broadband mechanism and

necessary conditions of nonlinear rotating energy harvesting using piezoelectric beam[J]. Journal of Intelligent Material Systems and Structures, 2016, 27(18): 2555-2567.

[122] Kan J W, Fu J W, Wang S Y, et al. Study on a piezo-disk energy harvester excited by rotary magnets[J]. Energy, 2017, 122: 62-69.

[123] Fu H L, Yeatman E M. A miniaturized piezoelectric turbine with self-regulation for increased air speed range[J]. Applied Physics Letters, 2015, 107(24): 243905.

[124] Fu H L, Yeatman E M. A methodology for low-speed broadband rotational energy harvesting using piezoelectric transduction and frequency up-conversion[J]. Energy, 2017, 125: 152-161.

[125] Tien C M T, Goo N S. Use of a piezo-composite generating element for harvesting wind energy in an urban region[J]. Aircraft Engineering and Aerospace Technology, 2010, 82(6): 376-381.

[126] Pozzi M, Zhu M L. Plucked piezoelectric bimorphs for knee-joint energy harvesting: Modelling and experimental validation[J]. Smart Materials and Structures, 2011, 20(5): 055007.

[127] Yang Y, Shen Q L, Jin J M, et al. Rotational piezoelectric wind energy harvesting using impact-induced resonance[J]. Applied Physics Letters, 2014, 105(5): 053901.

[128] Janphuang P, Lockhart R A, Isarakorn D, et al. Harvesting energy from a rotating gear using an AFM-like MEMS piezoelectric frequency up-converting energy harvester[J]. Journal of Microelectromechanical Systems, 2015, 24(3): 742-754.

[129] Tao J X, Viet N V, Carpinteri A, et al. Energy harvesting from wind by a piezoelectric harvester[J]. Engineering Structures, 2017, 133: 74-80.

[130] Xu F J, Yuan F G, Hu J Z, et al. Design of a miniature wind turbine for powering wireless sensors[C]. Sensors and Smart Structures Technologies for Civil, Mechanical, and Aerospace Systems, San Diego, 2010: 764741.

[131] Xi Y, Guo H Y, Zi Y L, et al. Multifunctional TENG for blue energy scavenging and self-powered wind-speed sensor[J]. Advanced Energy Materials, 2017, 7(12): 1602397.

[132] Xia Q F, Yan L Y. Application of wireless power transfer technologies and intermittent energy harvesting for wireless sensors in rotating machines[J]. Wireless Power Transfer, 2016, 3(2): 93-104.

[133] Hu Y F, Xu C, Zhang Y, et al. A nanogenerator for energy harvesting from a rotating tire and its application as a self-powered pressure/speed sensor[J]. Advanced Materials, 2011, 23(35): 4068-4071.

[134] Buccolini L, Conti M. An energy harvester interface for self-powered wireless speed sensor[J]. IEEE Sensors Journal, 2017, 17(4): 1097-1104.

[135] Chen J, Guo H Y, Liu G L, et al. A fully-packaged and robust hybridized generator for harvesting vertical rotation energy in broad frequency band and building up self-powered wireless systems[J]. Nano Energy, 2017, 33: 508-514.

[136] Ahmed A, Hassan I, Hedaya M, et al. Farms of triboelectric nanogenerators for harvesting wind energy: A potential approach towards green energy[J]. Nano Energy, 2017, 36: 21-29.

第 2 章　压电能量采集基础理论

2.1　引　言

压电能量采集通过压电材料的压电效应将机械能转换为电能,具有功耗低、无电磁干扰、易于加工、易于小型化和集成化等诸多优点,适用于各类微机电系统(microelectro-mechanical system,MEMS)、无线传感器网络及监测系统的电源供给,延长了电子设备的使用寿命,降低了成本。压电能量采集器的性能取决于压电材料的性能与系统结构设计,认识并掌握压电能量采集的基本原理,包括能量转换机制、压电材料特性、压电材料工作模式等,对发展高性能压电发电技术具有重要意义。

本章主要介绍压电能量采集的基础理论知识,首先从机电能量转换原理出发,对比阐述分析电磁式、静电式、磁致伸缩式、压电式和摩擦式五种能量转换机制。然后,对压电材料性能进行详细介绍。通过分析压电材料的力学特性和电学特性,给出四种边界条件下的压电方程。最后,结合压电材料与结构设计特点,分别讨论几种典型的压电能量采集结构。

2.2　机电能量转换原理

根据机电能量转换的物理原理之间的差异性,可以将常见的能量转换机制分为以下五类(表 2-1):电磁式、静电式、磁致伸缩式、压电式和摩擦式。下面分别介绍五种类型机电能量转换的原理及工作特点。

表 2-1　机电能量转换原理的对比

机电能量转换机制	原理	优点	缺点
电磁式	电磁感应	结构简单、输出感应电流较大	体积较大、输出电压较小,难以与 MEMS 器件集成
静电式	静电感应	能较好地兼容微机电系统加工工艺、易集成、可批量生产、能量密度高	需要独立外加极化电源、机械结构的设计存在限制、可靠性低
磁致伸缩式	电磁感应	输出功率密度较高	结构复杂、能量转换形式复杂、器件整体尺寸较大,难以与 MEMS 器件集成

续表

机电能量转换机制	原理	优点	缺点
压电式	压电效应	结构简单、无污染、寿命长、输出电压高、能量密度高	输出电流小、机电耦合系数低、装置可靠性低
摩擦式	摩擦起电与静电感应	低频效果好、结构简单、易集成、可微型化、可阵列进行大尺度能量采集	输出电流小、摩擦材料易损坏、可靠性较低、材料受温度、湿度等方面的影响较大

2.2.1　电磁能量转换机制

　　由法拉第电磁感应定律可知,闭合线圈在磁场中做切割磁感应线的相对运动,线圈会产生感应电流,也就是电磁感应现象。电磁能量转换机制的工作原理就是基于法拉第电磁感应定律的,在外界激励作用下,永磁体和线圈产生相对运动,引起线圈中的磁通量发生变化,从而在线圈中产生感应电动势,将机械能转换为电能。如图 2-1 所示,电磁能量采集器的工作原理主要包括电磁振动能量采集和电磁旋转运动能量采集两种形式。电路中感应电动势的大小与穿过这一电路的磁通量变化率成正比,若感应电动势用 V 表示,则有

$$V = -\frac{\mathrm{d}\phi}{\mathrm{d}t} \tag{2-1}$$

式中,$\mathrm{d}\phi$ 为线圈磁通量的变化率;$\mathrm{d}t$ 为发生变化所用的时间。

　　在负载电阻作用下,则有

$$L\dot{i} + \dot{\phi} + (R_{\mathrm{Coil}} + R_{\mathrm{Load}})I = 0 \tag{2-2}$$

式中,L 为线圈电感;R_{Coil} 和 R_{Load} 分别为线圈内阻和负载电阻;I 为感应电流。

　　电磁能量采集器具有结构简单、感应线圈内阻小、产生的感应电流较大(微安到毫安)、无须外加极化电源、易于加工制造及集成化等优点。但是,电磁能量采集器结构中包含永磁体和感应线圈,体积较大,并且产生的电压很小(一般小于1V),限制了其在微型/小型器件中的应用[1]。

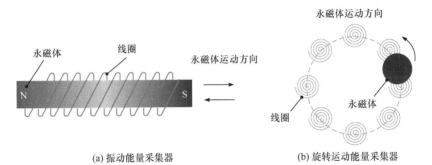

(a) 振动能量采集器　　　　　　　(b) 旋转运动能量采集器

图 2-1　电磁能量采集器

2.2.2　静电能量转换机制

静电能量转换机制主要基于可变电容，通常由两块电容极板构成，两电容极板接在有独立电源的电路中，以保证极板上始终有电荷，利用外部激励可使得两个极板产生相对运动，改变两个极板的间距或相对横截面积，引起极板内电荷流动或电压变化，从而实现机械能向电能的转换[2]。电容 C 的基本定义为

$$C = \frac{Q}{V} \tag{2-3}$$

式中，Q 为电容极板的电荷；V 为电容极板的电压。以平行电容器为例，C 可由式(2-4)表示，即

$$C = \frac{\varepsilon_0 \varepsilon_r A_c}{d_c} \tag{2-4}$$

式中，ε_0 为真空介电常数；ε_r 为相对介电常数；A_c 为电容极板的面积；d_c 为电容极板之间的距离。由式(2-4)可知，可以通过改变电容极板的面积或电容极板之间的距离来改变电容，根据电容改变的方式可分为间距变化型和面积变化型。图 2-2 为静电能量采集器工作原理。

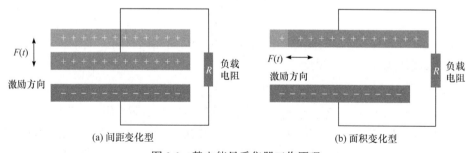

(a) 间距变化型　　　　　　　　　　　　　(b) 面积变化型

图 2-2　静电能量采集器工作原理

静电能量采集器具有许多优点：能较好地兼容微机电系统加工工艺，易于系统集成，可批量生产，并且在同等尺寸下有更大的输出电压和功率。但是，这种能量采集器也有一些缺点：需要独立的外加极化电源，以保证电容极两端的电荷约束或电压约束；存在机械结构的设计限制，以保证两个电容极板不发生相互接触；谐振频率高，内阻高，输出电流小；在无线传感系统、嵌入式系统等需要独立自供能的系统中应用有一定的局限性。

2.2.3　磁致伸缩能量转换机制

磁致伸缩材料作为一种智能材料，具有优越的机-磁力耦合特性，抗应力冲击能力强、机-磁力耦合系数大、可靠性高，可以实现机-磁能量双向转换[3]。磁致伸

缩能量转换机制主要基于磁致伸缩材料的 Villari 效应，在外界激励作用下，器件中的磁性材料产生应变，从而引起材料内部磁化强度的变化，导致感应线圈的磁通量发生变化，根据法拉第电磁感应定律产生感应电动势和感应电流。

磁致伸缩材料的本构方程为

$$\xi = \frac{\sigma_m}{E_m} + dH \tag{2-5}$$

$$B = d\sigma_m + \mu H \tag{2-6}$$

式中，ξ、σ_m、H、B、d、E_m 和 μ 分别为磁致伸缩材料的应变、应力、磁场强度、磁感应强度、机-磁力耦合压磁系数、杨氏模量和磁导率。磁致伸缩能量采集器可分为两种类型：一类是直驱式，其结构如图 2-3(a)所示；另一类是悬臂梁式，其结构如图 2-3(b)所示[4]。图 2-3 中，R 为负载电阻。直驱式磁致伸缩能量采集器在外驱动力 $F(t)$ 作用下或者悬臂梁式能量采集器在加速度 $a(t)$ 作用下，磁致伸缩材料受到的应力发生改变，使其磁化状态发生变化，导致线圈内磁通量发生变化，根据法拉第电磁感应定律产生感应电动势 $u(t)$ 和感应电流 $i(t)$，实现机械能到电能的转换，即

$$u(t) = -\frac{\mathrm{d}\phi}{\mathrm{d}t} \tag{2-7}$$

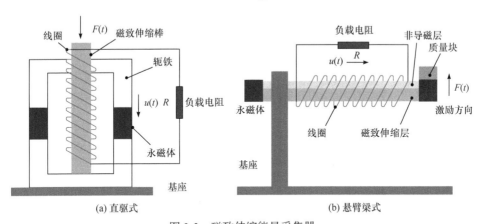

(a) 直驱式　　　　　　　　　　　(b) 悬臂梁式

图 2-3　磁致伸缩能量采集器

相对于电磁式和静电式能量采集器，磁致伸缩能量采集器的输出功率密度较高，但是磁致伸缩材料的机-磁能量转换形式较为复杂，在材料-机-磁力耦合模型的建立和优化方面仍存在一定的困难，并且器件整体尺寸较大，难以与微机电系统器件集成。

2.2.4 压电能量转换机制

压电能量采集功率密度较高，尤其是其设计很灵活，因此已经成为将机械能转换为电能的主要方式之一。压电材料发电是因为在外力作用下晶体结构的中心对称性被打破，导致内部电荷定向流动形成电流，产生了压电势。如图 2-4 所示，以纤锌矿结构 ZnO 为例，压电材料在受到压缩和拉伸时均会产生电压[5]。压电效应是一个可逆过程，包括正压电效应和逆压电效应，前者是将机械能转换为电能，而后者是将电能转换为机械能。因此，压电材料不仅可以用于制作传感器或能量采集器，也能用于制作执行器。压电能量采集的本构方程为

$$D_i = d_{ij}T_j + \varepsilon_{ik}^T E_k \tag{2-8}$$

式中，D_i 为电位移；d_{ij} 为压电应变常数；T_j 为应力；ε_{ik}^T 为介电常数；E_k 为电场强度。该方程中的下标指材料坐标系内的不同方向，ε_{ik}^T 中的上标 T 是指在恒定应力下测量的介电常数，下标 i 和 k 表示坐标轴，范围为 1～3，类似于笛卡儿坐标轴 x、y 和 z。按照惯例，方向 3 被定义为压电材料的极化方向。下标 j 除了相同的三个轴，还定义了它们的旋转运动，用数字 1～6 表示。

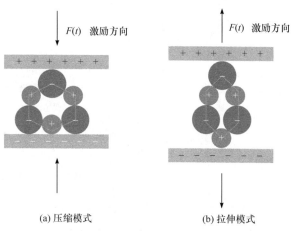

(a) 压缩模式　　　　　　　　(b) 拉伸模式

图 2-4　压电效应原理

与其他类型的能量采集器相比，压电能量采集器具有结构简单、无污染、寿命长和能量密度高等诸多优点，并且在需要独立自供能、微型化和集成化的场景中具有独特的优势。

2.2.5 摩擦能量转换机制

2012 年，王中林院士课题组首次提出了摩擦纳米发电机的概念，其主要应用于小尺度机械能采集。摩擦纳米发电通过摩擦电效应和静电感应将机械能转换

为电能。两种材料接触摩擦时发生电荷转移，电容的转移产生电流。因此，一般采用一种容易失电子的材料和一种容易得电子的材料作为摩擦纳米发电机的两电极材料。

摩擦纳米发电机主要有四种工作模式[6](图 2-5)：垂直接触-分离模式、水平滑动模式、单电极模式和独立层模式。所有模式都具有相同的发电过程：首先，两种对电子吸引能力不同的材料相互接触、摩擦，通过摩擦电效应使两种材料表面分别带有正负静电荷；其次，通过机械运动分离两电极材料，使正负静电荷发生分离，分别黏附在两种材料外侧的电极之间产生电势差，当两个电极之间处于短路或者接入外电阻时，两个电极中的电子会因为电势差的存在而产生流动，从而产生感应电流和感应电压。摩擦纳米发电机的本质是存在麦克斯韦的位移电流，是由表面所带的静电荷产生的极化场引起的电流，即

$$J_D = \frac{\partial \sigma_I(z,t)}{\partial t} \tag{2-9}$$

式中，$\sigma_I(z,t)$ 为电极中自由电子的累积，是两个电介质间距 $z(t)$ 的函数。

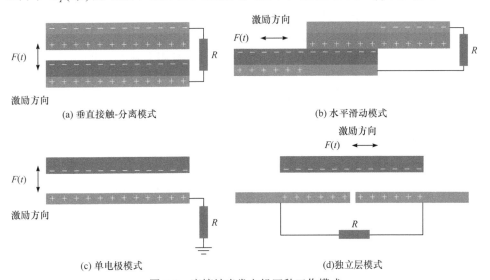

(a) 垂直接触-分离模式　　　　　　　　　(b) 水平滑动模式

(c) 单电极模式　　　　　　　　　(d)独立层模式

图 2-5　摩擦纳米发电机四种工作模式

摩擦纳米发电机在工作原理和输出特性上与传统电磁发电机具有互补性，在低频时(<5Hz)会表现出比电磁发电机更好的输出性能，因此适用于人体运动、波浪能等低频机械能量的采集。此外，摩擦纳米发电机结构简单、易集成、可微型化，可实现微纳米尺度的自供能传感器；也可以多个发电单元阵列进行大尺度能量采集。但是，输出电流小，摩擦效应使得摩擦材料易损坏，可靠性降低，并且摩擦材料受温度、湿度等方面的影响较大，这些都限制了其实际应用。

2.3　压电材料性能

2.3.1　压电材料性能参数

压电材料对于机电能量转换具有关键影响。迄今，已经开发了许多不同类型的压电材料，主要分为三大类：无机压电材料、有机压电材料和复合压电材料[7-9]。无机压电材料主要指的是压电陶瓷，如 $BaTiO_3$、$PbTiO_3$、PZT(锆钛酸铅)等陶瓷材料，其中最常见的是 PZT，如图 2-6(a)所示，它的压电常数是 $BaTiO_3$ 的 2 倍，具有高耦合、高机械品质因数和高稳定性等优点，是一种良好的机电能量转换材料。虽然 PZT 广泛用于产生电能，但是其固有的脆性使其只能在一定应力应变范围内安全使用，而且在高频循环加载下容易碎裂。同时，PZT 作为含铅材料，对人体健康以及环境保护等方面具有负面影响[10]。为了避免 PZT 材料的缺点，研究人员开发了柔性更好的有机压电材料。聚偏二氟乙烯(polyving lidenefluoride，PVDF)及其共聚物是一种有机压电材料，相比于 PZT，它的柔性较好，但是 PVDF 的压电常数和机电耦合系数比较低[11]。压电复合材料是指由两种或多种材料复合而成的压电材料。压电纤维复合材料(macro fiber composite，MFC)如图 2-6(b)所示，是由叉指型电极结合矩形截面的压电纤维材料在胶合的作用下制成，再进行封装，得到具备一定柔性、高压电性、高耐久性的压电材料。但目前市场上 MFC 的价格是 PZT 的数十至上百倍。几类压电材料的参数对比如表 2-2 所示。

(a) PZT

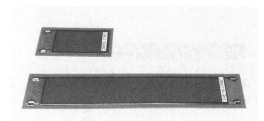

(b) MFC

图 2-6　常见的压电材料

表 2-2　几类压电材料的参数对比[12]

材料参数	ZnO	$BaTiO_3$	PZT-4	PZT-5H	PMN-PT	$LiNbO_3$	PVDF
压电特性	√	√	√	√	√	√	√
热电特性	√	√	√	√	√	√	√
铁电特性	×	√	√	√	√	√	√
ξ_{33}^s	8.84	910	635	1470	680	27.9	5-13

材料参数	ZnO	BaTiO$_3$	PZT-4	PZT-5H	PMN-PT	LiNbO$_3$	PVDF
ξ_{33}^T	11	1200	1300	3400	8200	28.7	7.6
d_{33} /(pC/N)	12.4	149	289	593	2820	6	−33
d_{31} /(pC/N)	−5.0	−58	−123	−274	−1330	−1.0	21
d_{15} /(pC/N)	−8.3	242	495	741	146	69	−27
Q_m	1770	400	500	65	43~2050	104	3-10
Θ_{33}	0.48	0.49	0.7	0.75	0.94	0.23	0.19
s_{11}^E /(p/Pa)	7.86	8.6	12.3	16.4	69	5.83	365
s_{33}^E /(p/Pa)	6.94	9.1	15.5	20.8	119.6	5.02	472

注：ξ_{33}^s 为抗拉应力常数，ξ_{33}^T 为抗压应力常数，Q_m 为机械品质因子，Θ_{33} 为机电耦合系数，s_{11}^E 和 s_{33}^E 为柔度系数。

压电陶瓷材料的性能参数是提高能量采集系统性能、效率、输出功率的重要基础，主要包括压电常数、介电常数、介电损耗常数、弹性系数、机电耦合系数和机械品质因数等。

1. 压电常数

压电常数是反映压电材料压电效应强弱的参数，反映了压电材料的介电性质与弹性性质之间的力-电耦合关系，直接关系到压电传感-驱动器的输出灵敏度。压电常数主要包括压电应变常数 d、压电应力常数 e、压电电压常数 g 和压电劲度常数 h，其中 d 和 e 是由电场引起的应力或应变变化来表示的，表达的物理意义为压电材料的压电效应，是代表材料驱动性能和传感性能的参数。压电应变常数 d 越大，表明机电转换性能越好，因此在实际应用中尽量选择压电应变常数较大的材料。

压电应变常数表示在常应力或零应力条件下，单位电场强度 E_i 的变化引起应变分量的改变量，或者表示在常电场或零电场条件下，应力分量的单位变化量引起电位移分量的变化量，单位为 m/V 或 C/N，表示如下：

$$d_{ij} = \left(\frac{\partial \varepsilon_j}{\partial E_i} \right)_\sigma = \left(\frac{\partial D_i}{\partial \sigma_j} \right)_E \tag{2-10}$$

压电应力常数表示在常应变或零应变条件下，单位电场强度的变化引起应变分量的改变量；或者表示在常电场或零电场条件下，应力分量的单位变化量引起电位移分量的变化量，单位为 N/(V·m) 或 C/m^2，表示如下：

$$e_{ij} = \left(\frac{\partial \varepsilon_j}{\partial E_i}\right)_\varepsilon = \left(\frac{\partial D_i}{\partial \varepsilon_j}\right)_E \tag{2-11}$$

压电电压常数表示在常应力或零应力条件下，单位电位移分量的变化引起应变分量的改变量；或者表示在常电位移或零电位移条件下，应力分量的单位变化量引起电场强度分量的变化量，单位为 $(V \cdot m)/N$ 或 m^2/C，表示如下：

$$g_{ij} = \left(\frac{\partial \varepsilon_j}{\partial D_i}\right)_\sigma = \left(\frac{\partial E_i}{\partial \sigma_j}\right)_D \tag{2-12}$$

压电劲度常数表示在常应变或零应变条件下，单位电位移分量的变化引起应力分量的改变量；或者表示在常电位移或零电位移条件下，应变分量的单位变化量引起电场强度分量的变化量，单位为 V/m 或 N/C，表示如下：

$$h_{ij} = \left(\frac{\partial \sigma_j}{\partial D_i}\right)_\varepsilon = \left(\frac{\partial E_i}{\partial \varepsilon_j}\right)_D \tag{2-13}$$

2. 介电常数

介电常数是描述压电材料在静电场作用下介电性质或极化性质的主要参数，用 ε 表示。不同用途的压电元件对材料的介电常数的要求不同。当压电材料的形状、尺寸一定时，介电常数 ε 通过测量压电材料的固有电容 C 来确定。介电常数与压电材料的固有电容 C、电容极板的面积 A_c 和电容极板间距离 d_c 之间的关系为

$$\varepsilon = \frac{C \times d_c}{A_c} \tag{2-14}$$

通常压电材料的介电常数通过相对介电常数 ε_r 给出，它与介电常数 ε_d 之间的关系为

$$\varepsilon_r = \frac{\varepsilon_d}{\varepsilon_0} \tag{2-15}$$

式中，ε_r 为无量纲常数；$\varepsilon_0 = 8.85 \times 10^{-12} \, F/m$，为真空介电常数。

3. 介电损耗常数

压电材料在电场作用下，由发热产生的能量损耗称为介电损耗，通常用 δ 表示。在交变电场作用下，电介质所积累的电荷包括两种：一种是由电导过程引起的有功功率(同相分量)；另一种是由介质弛豫过程引起的无功功率(异相分量)。介电损耗定义为异相分量与同相分量的比值，通常用 $\tan\delta$ 表示，即

$$\tan\delta = \frac{1}{\omega C_d R} \tag{2-16}$$

式中，ω 为交变电场的角频率；R 为损耗电阻；C_d 为介质电容。

处于交变电场中的介电损耗，主要是极化弛豫过程引起的介电损耗，它与压电材料的能量损耗成正比，因此介电损耗越小，材料性能越好。

4. 弹性系数

弹性系数是反映弹性体的变形与作用力之间关系的参数。使物体的应变改变一个单位时所需的应力变化量称为弹性刚度系数。压电材料有两个弹性刚度系数，分别为短路弹性刚度系数 c_{ij}^E 和开路弹性刚度系数 c_{ij}^D，单位为 N/m²。而使应力改变一个单位所引起的应变变化量称为弹性柔度系数，对于电材料，同样有两个弹性柔度系数，分别为短路弹性柔度系数 s_{ij}^E 和开路弹性柔度系数 s_{ij}^D，其中上标 E 表示在常电场或零电场情况下所得到的参数，上标 D 表示在常电位移或零电位移情况下所得到的参数。根据以上定义有

$$\begin{cases} c_{ij}^E = \left(\dfrac{\partial \sigma_i}{\partial \varepsilon_j}\right)_E, \quad c_{ij}^D = \left(\dfrac{\partial \sigma_i}{\partial \varepsilon_j}\right)_D \\ s_{ij}^E = \left(\dfrac{\partial \varepsilon_i}{\partial \sigma_j}\right)_E, \quad s_{ij}^D = \left(\dfrac{\partial \varepsilon_i}{\partial \sigma_j}\right)_D \end{cases} \tag{2-17}$$

5. 机电耦合系数

机电耦合系数 Θ 是表示压电材料机械能和电能耦合程度的参数，是衡量材料压电性能强弱的重要物理量。对于正、逆压电效应，其机电耦合系数定义为

$$\Theta_{ij} = \frac{U_I}{\sqrt{U_M U_E}} = d_{ij}\sqrt{\frac{1}{\varepsilon^\sigma s^E}} = c_{ij}\sqrt{\frac{1}{\varepsilon^\sigma c^E}} = g_{ij}\sqrt{\frac{\varepsilon^\sigma}{s^E}} = h_{ij}\sqrt{\frac{\varepsilon^\varepsilon}{c^D}} \tag{2-18}$$

式中，U_I 为压电元件机械能和电能相互转换的能量密度，$U_I = \frac{1}{2}d_{ij}\sigma_j E_i$；$U_M$ 为压电元件储存的机械能密度，$U_M = \frac{1}{2}S_{ij}\sigma_i\sigma_j$；$U_E$ 为压电元件储存的电能密度，$U_E = \frac{1}{2}\varepsilon_{ij}^\sigma E_i E_j$。

由此可见，机电耦合系数并非压电材料的机械能与电能之间的能量转化率，而是客观地反映了二者之间耦合效应的强弱。压电元件机械能与其形状和振动模式有关，因此不同形状和不同振动模式的压电元件所对应的机电耦合系数也不同。常见的机电耦合系数有纵向机电耦合系数 Θ_{33}、横向机电耦合系数 Θ_{31}、厚度机电耦合系数 Θ_t、平面机电耦合系数 Θ_p 等。压电材料的两种能量耦合总是不完全的，因此，机电耦合系数满足 $\Theta \leqslant 1$。

6. 机械品质因数

机械品质因数表示在能量转换过程中压电材料内部消耗能量的程度，通常用 Q_m 表示。实际应用中，根据等效电路原理，机械品质因数定义为压电振子谐振时储存的机械能 E_1 与一个周期内损耗的机械能 E_2 之比。Q_m 的计算公式为

$$Q_m = 2\pi \frac{E_1}{E_2} = \frac{1}{4\pi (C_0 + C_1) R_1 \Delta f} \tag{2-19}$$

式中，R_1 为振子谐振时的等效电阻；C_0 为压电振子的静态电容；C_1 为振子谐振时的动态电容；Δf 为振子的谐振频率与反谐振频率之差。

机械品质因数越大，能量损耗越小。不同的压电元件对压电材料的 Q_m 值有不同的需求。Q_m 值小的压电材料具有较大的机械阻尼，容易使元件发热并消耗能量，所以大多数滤波器选择 Q_m 值大的压电陶瓷。

2.3.2　压电材料力学特性

压电智能材料的弹性力学特性一般可以用应力 T 和应变 S 这两个力学量来表示，其描述了机械力与机械变形的关系，在弹性范围内，根据胡克定律，二者的关系满足

$$T = cS \tag{2-20}$$

式中，c 为弹性刚度系数矩阵，单位为 N/m^2，其逆矩阵称为弹性柔度系数矩阵，用 s 表示，单位为 m^2/N；T 为应力矢量，单位为 N/m^2；S 为应变矢量，无量纲。

式(2-20)可以写成刚度系数矩阵形式：

$$\begin{bmatrix} T_1 \\ T_2 \\ T_3 \\ T_4 \\ T_5 \\ T_6 \end{bmatrix} = \begin{bmatrix} c_{11} & c_{12} & c_{13} & 0 & 0 & 0 \\ c_{21} & c_{22} & c_{23} & 0 & 0 & 0 \\ c_{31} & c_{32} & c_{33} & 0 & 0 & 0 \\ 0 & 0 & 0 & c_{44} & 0 & 0 \\ 0 & 0 & 0 & 0 & c_{55} & 0 \\ 0 & 0 & 0 & 0 & 0 & c_{66} \end{bmatrix} \begin{bmatrix} S_1 \\ S_2 \\ S_3 \\ S_4 \\ S_5 \\ S_6 \end{bmatrix} \tag{2-21}$$

其中，刚度系数矩阵的逆矩阵柔度系数矩阵，可表示如下：

$$\begin{bmatrix} S_1 \\ S_2 \\ S_3 \\ S_4 \\ S_5 \\ S_6 \end{bmatrix} = \begin{bmatrix} s_{11} & s_{12} & s_{13} & 0 & 0 & 0 \\ s_{21} & s_{22} & s_{23} & 0 & 0 & 0 \\ s_{31} & s_{32} & s_{33} & 0 & 0 & 0 \\ 0 & 0 & 0 & s_{44} & 0 & 0 \\ 0 & 0 & 0 & 0 & s_{55} & 0 \\ 0 & 0 & 0 & 0 & 0 & s_{66} \end{bmatrix} \begin{bmatrix} T_1 \\ T_2 \\ T_3 \\ T_4 \\ T_5 \\ T_6 \end{bmatrix} \tag{2-22}$$

式中,

$$c_{11} = c_{22}; \quad c_{12} = c_{21}; \quad c_{13} = c_{31} = c_{23} = c_{32}; \quad c_{44} = c_{55}; \quad c_{66} = (c_{11} - c_{12})/2$$

$$s_{11} = s_{22}; \quad s_{12} = s_{21}; \quad s_{13} = s_{31} = s_{23} = s_{32}; \quad s_{44} = s_{55}; \quad s_{66} = 2(s_{11} - s_{12})$$

由正压电效应可知,当压电材料受到外力作用产生形变时,即使没有电场的作用,也可以在 PZT 表面产生异号电荷,此时电位移与应变的关系可以表示为

$$D = eS \tag{2-23}$$

式中,e 为压电应力常数矩阵。

压电陶瓷的独立压电应力常数分量只有三个,则式(2-8)可以表达为

$$\begin{bmatrix} T_1 \\ T_2 \\ T_3 \\ T_4 \\ T_5 \\ T_6 \end{bmatrix} = \begin{bmatrix} 0 & 0 & 0 & 0 & e_{15} & 0 \\ 0 & 0 & 0 & e_{15} & 0 & 0 \\ e_{31} & e_{32} & e_{33} & 0 & 0 & 0 \end{bmatrix}^{\mathrm{T}} \begin{bmatrix} E_1 \\ E_2 \\ E_3 \end{bmatrix} \tag{2-24}$$

对一块不受外界机械力作用的压电材料施加一外电场,它的电学行为可以用电位移和电场强度来描述:

$$\begin{bmatrix} D_1 \\ D_2 \\ D_3 \end{bmatrix} = \begin{bmatrix} \varepsilon_{11} & \varepsilon_{12} & \varepsilon_{13} \\ \varepsilon_{21} & \varepsilon_{22} & \varepsilon_{23} \\ \varepsilon_{31} & \varepsilon_{32} & \varepsilon_{33} \end{bmatrix} \begin{bmatrix} E_1 \\ E_2 \\ E_3 \end{bmatrix} \tag{2-25}$$

用张量形式表示为

$$D_i = \varepsilon_{ij} E_j, \quad i,j = 1,2,3 \tag{2-26}$$

式中,ε_{ij} 为介电常数,第一个下标 i 表示电场位移的方向,第二个下标 j 表示电场强度分量的方向。对于已经极化的压电材料 ε_{ij},只需要考虑 ε_{11}、ε_{22} 和 ε_{33},且 $\varepsilon_{11} = \varepsilon_{22}$。

在上述情况下,也可以采用电应变 ε_i 和电场强度 E 来描述它的电学行为,如下所示:

$$\begin{bmatrix} \varepsilon_1 \\ \varepsilon_2 \\ \varepsilon_3 \\ \varepsilon_4 \\ \varepsilon_5 \\ \varepsilon_6 \end{bmatrix} = \begin{bmatrix} d_{11} & d_{21} & d_{31} \\ d_{12} & d_{22} & d_{32} \\ d_{13} & d_{23} & d_{33} \\ d_{14} & d_{24} & d_{34} \\ d_{15} & d_{25} & d_{35} \\ d_{16} & d_{26} & d_{36} \end{bmatrix} \begin{bmatrix} E_1 \\ E_2 \\ E_3 \end{bmatrix} \tag{2-27}$$

用张量形式表示为

$$\varepsilon_i = d_{ij}E_j, \quad i=1,2,\cdots,6; j=1,2,3 \tag{2-28}$$

式中，d_{ij} 为压电应变常数，第一个下标 i 表示电场方向，第二个下标 j 表示应变方向，数字 1、2 和 3 分别表示坐标轴 x、y 和 z。

根据压电材料的对称性，对于极化处理后的压电材料，它的压电应变常数只剩下三个 d_{33}、d_{31} 和 d_{15}，则压电应变常数矩阵是

$$\begin{bmatrix} 0 & 0 & d_{31} \\ 0 & 0 & d_{31} \\ 0 & 0 & d_{33} \\ 0 & d_{15} & 0 \\ d_{15} & 0 & 0 \\ 0 & 0 & 0 \end{bmatrix}$$

通过上述压电材料的力学行为和电学行为的叠加即可得到压电材料的压电方程为

$$\varepsilon_i = S_{ij}^E \sigma_j + d_{ik}E_k, \quad i,j=1,2,\cdots,6; k=1,2,3 \tag{2-29}$$

其物理意义为：压电材料的应变是由它所承受的应力和电场两部分影响叠加而成的。式(2-29)中第一项 $S_{ij}^E \sigma_j$ 表示电场强度 E_k 为零或为常数时应力 σ_j 对总体应变 ε_i 的贡献，第二项 $d_{ik}E_k$ 表示电场对总体应变的贡献。

同样，电位移 D_i 也是由它所承受的应力和电场两部分影响叠加而成的：

$$D_i = d_{ik}\sigma_k + \varepsilon_{im}^\sigma E_m, \quad i,m=1,2,3; k=1,2,\cdots,6 \tag{2-30}$$

式中，$d_{ik}\sigma_k$ 为应力对电位移的贡献；$\varepsilon_{im}^\sigma E_m$ 为应力为零情况下电场强度对电位移的贡献，其中 ε_{im}^σ 表示应力 σ_k 为零或常数时的介电常数，单位为 F/m。

2.3.3 压电方程及压电材料工作模式

压电材料使用的目标和环境多种多样，因而它所处的机械边界条件和电学边界条件有多种形式。为了计算方便，在处理这些边界条件时，往往需要选择适当的自变量和因变量表示压电方程。压电元件的机械边界条件通常有两种状态，即机械自由和机械夹持，同样电学边界条件也有两种，即电学开路和电学短路。机械边界条件和电学边界条件进行组合可以得到四种类型的边界条件，如表 2-3 所示。

表 2-3　压电材料的四种边界条件

边界条件类别	边界条件名称	满足条件
第一类	机械自由，电学短路	$T = 0$ 或 c；$S \neq 0$ 或 c $E = 0$ 或 c；$D \neq 0$ 或 c
第二类	机械夹持，电学短路	$S = 0$ 或 c；$T \neq 0$ 或 c $E = 0$ 或 c；$D \neq 0$ 或 c
第三类	机械自由，电学开路	$T = 0$ 或 c；$S \neq 0$ 或 c $D = 0$ 或 c；$E \neq 0$ 或 c
第四类	机械夹持，电学开路	$S = 0$ 或 c；$T \neq 0$ 或 c $D = 0$ 或 c；$E \neq 0$ 或 c

注：c 表示常数矩阵。

综合以上四种边界条件进行自由组合，在应力 T、应变 S、电场强度 E、电位移 D 四个量中各选取两个量作为自变量，可以得到以下四种类型的压电方程。

(1) 第一类压电方程：当压电材料满足第一类边界条件时，选应力 T 和电场强度 E 为自变量，应变 S 和电位移 D 为因变量，相应的压电方程为

$$\begin{cases} S = s^E T + d^\mathrm{T} E \\ D = dT + \varepsilon^\mathrm{T} E \end{cases} \tag{2-31}$$

式中，s^E 为短路弹性柔度系数矩阵；ε^T 为自由介电常数矩阵；d 为压电应变常数矩阵；d^T 为 d 的转置矩阵。$D = dT + \varepsilon^\mathrm{T} E$ 描述了正压电效应；$S = s^E T + d^\mathrm{T} E$ 描述了逆压电效应。

(2) 第二类压电方程：当压电材料满足第二类边界条件时，选应变 S 和电场强度 E 为自变量，选应力 T 和电位移 D 为因变量，则相应的压电方程为

$$\begin{cases} T = c^E S - e^\mathrm{T} E \\ D = eS + \varepsilon^S E \end{cases} \tag{2-32}$$

式中，c^E 为短路弹性刚度系数矩阵；ε^S 为夹持介电常数矩阵；e 为压电应力常数矩阵；e^T 为 e 的转置矩阵。

(3) 第三类压电方程：当压电材料满足第三类边界条件时，选应力 T 和电位移 D 为自变量，选应变 S 和电场强度 E 为因变量，得出相应的压电方程为

$$\begin{cases} S = s^D T + g^\mathrm{T} D \\ E = -gT + \beta^\mathrm{T} D \end{cases} \tag{2-33}$$

式中，s^D 为开路弹性柔度系数矩阵；β^T 为自由介电隔离率矩阵；g 为压电电压常数矩阵；g^T 是 g 的转置矩阵。

(4) 第四类压电方程：当压电材料满足第四类边界条件时，选择应变 S 和电

位移 D 为自变量，选应力 T 和电场强度 E 为因变量，相应的压电方程为

$$\begin{cases} T = c^D S - h^T D \\ E = -hS + \beta^S D \end{cases} \tag{2-34}$$

式中，c^D 为开路弹性刚度系数矩阵；β^S 为夹持介电隔离率矩阵；h 为压电刚度系数矩阵；h^T 是 h 的转置矩阵。

　　压电材料一般被制作成各种形状的压电陶瓷片(又称压电片)，覆盖激励电极并粘贴在弹性基体上，用于能量采集。当外力作用到压电片上时，压电片将产生弯曲振动、伸缩振动或扭转振动。对于压电振动能量采集，主要应用两种机电耦合模式：31 耦合模式和 33 耦合模式[13]。如图 2-7 所示，在 31 耦合模式中，在垂直于极化方向的方向上施加力；在 33 耦合模式中，在与极化方向相同的方向上施加力。压电振动能量采集一般采用 31 耦合模式，如压电悬臂梁，因为压电片在 31 耦合模式下容易发生较大应变，谐振频率较低，能够更有效地采集振动能量。但 31 耦合模式的机电耦合系数比 33 耦合模式低，而且压电片在 31 耦合模式的鲁棒性比 33 耦合模式差。33 耦合模式的压电应变常数更高，鲁棒性更好，但压电片在 33 耦合模式下具有很高的机械刚度，不容易发生较大应变，不适合在弱激励下采集能量。

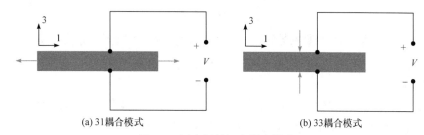

(a) 31耦合模式　　　　　　　　　(b) 33耦合模式

图 2-7　压电材料机电耦合模式

2.4　能量采集典型压电结构

　　压电能量采集系统由电极和压电陶瓷构成，由于压电陶瓷自身的可变形程度不大，并且在外力直接作用下易碎，为了提高压电能量的转换效率，需要合理设计压电能量采集系统的结构。目前，压电能量采集器的核心结构主要包括压电梁结构、压电膜结构、压电叠堆结构和弯张型压电单元结构。

2.4.1　压电梁结构

1. 压电悬臂梁结构

目前，在压电能量采集器设计中采用最普遍的是压电悬臂梁结构。一般来说，

压电悬臂梁结构分为两类：单晶片压电悬臂梁结构和双晶片压电悬臂梁结构，如图 2-8 所示。单晶片压电悬臂梁结构简单，制造方便，梁的变形量大，有利于压电片产生形变；但是悬臂梁系统刚度较小，自由端难以承受较大质量，不利于性能提升。双晶片压电悬臂梁结构刚度大，可以承载较重质量，且可以提高器件性能，并且双晶体可以在同等形变程度下产生较多电能；但是受到 MEMS 加工工艺的影响，一般在尺寸较大器件采用双晶片压电结构。

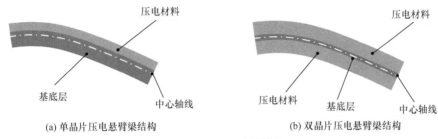

(a) 单晶片压电悬臂梁结构　　　　　　　(b) 双晶片压电悬臂梁结构

图 2-8　压电悬臂梁结构

　　如图 2-9(a)所示，用于振动能量采集的典型悬臂梁压电能量采集器主要由压电材料(PZT、MFC 等)、悬臂梁、质量块组成。由于压电材料的变形量较小、易碎裂，一般将其粘贴于弹性基体材料上；自由端质量块可用于调节压电悬臂梁的

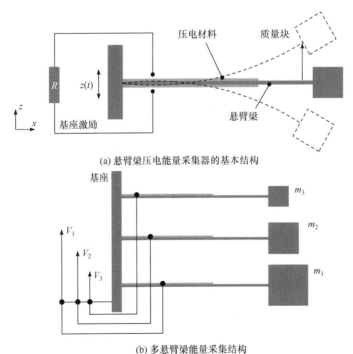

(a) 悬臂梁压电能量采集器的基本结构

(b) 多悬臂梁能量采集结构

图 2-9　典型压电振动能量采集结构

谐振频率，有利于低频、宽频振动能量的采集，压电悬臂梁产生的电压从电极两端输出。在外部振动源激励下，压电悬臂梁在惯性力作用下产生振动，因此悬臂梁会产生弯曲变形，从而引起黏附于梁的压电材料产生变形，根据正压电效应，电极的两个表面会累积电荷并输出电压，将振动的能量转换为电能。

利用压电梁结构实现机械能到电能的转换过程与其机械、电学特性密切相关，其行为可以用响应的压电方程来描述。当压电片满足沿梁长度方向的机械夹持和电学短路条件时，其遵循第二类压电方程。

对于悬臂梁结构的压电振动能量采集器，一阶模态下应变最大，输出电能也最多。因此，为了便于建模和分析，通常仅考虑其一阶模态。下面将详细描述基于能量法的悬臂梁压电能量采集器建模过程。如图 2-9(a)所示，金属基座的动能可以表示为

$$T_s = \frac{1}{2}\rho_s A_s \int_0^L \left[\dot{w}(x,t) + \dot{z}(t)\right]^2 \mathrm{d}x \tag{2-35}$$

式中，"·"表示对时间求导；ρ_s 为中间金属基座的密度；A_s 为金属基座的横截面积；$w(x,t)$ 为悬臂梁相对初始位置 z 方向的横向位移(挠度)；$z(t)$ 为基座激励的振动位移。

类似地，压电片的动能可以表示为

$$T_p = \rho_p A_p \int_0^{L_p} \left[\dot{w}(x,t) + \dot{z}(t)\right]^2 \mathrm{d}x \tag{2-36}$$

式中，ρ_p 为压电片的密度；A_p 为压电片的横截面积。同时，固定于悬臂梁自由端的质量块的动能为

$$T_m = \frac{1}{2}m\left[\dot{w}(L,t) + \dot{z}(t)\right]^2 \tag{2-37}$$

式中，m 为质量块的质量。忽略转动惯量，根据胡克定律，在 y 方向和 z 方向上积分，可得到线性势能为

$$U_s = \frac{1}{2}E_s I_s \int_0^L \left[w''(x,t)\right]^2 \mathrm{d}x \tag{2-38}$$

式中，E_s 为金属基座的杨氏模量；I_s 为金属基座相对中心轴的截面惯性矩。

压电层也有弹性势能，但是由于压电效应，施加的应变也会激发层间的电场，$i=2$ 时电活性层的弯曲焓可以写为

$$H_p = \frac{1}{2}\sum_{i=1}^2 \int_{V_i} z^2 E_p \left[w''(x,t)\right]^2 + 2ze_{zx}E_{z,i}(t)w''(x,t) - \varepsilon_{zz}^s E_{z,i}(t)^2 \mathrm{d}V_i \tag{2-39}$$

式中，V_i 为第 i 层压电片的体积；E_p 为压电材料的杨氏模量；$E_{z,i}$ 为第 i 层在 z 方

向的电场强度；ε_{zz}^{s} 为压电材料的介电常数。

由此，压电梁的拉格朗日方程可写成

$$L\left(\dot{w},w',w'',\dot{\lambda}\right)=T_s+T_p+T_m-U_s-H_p \tag{2-40}$$

假设整个函数的伽辽金展开式中第一模态起主要作用，横向位移可以写成

$$w(x,t)=\psi(x)y(t) \tag{2-41}$$

式中，$\psi(x)$ 为悬臂梁的第一阶模态函数，$\psi(x)=1-\cos[\pi x/(2L)]$；$y(t)$ 为广义位移。

通过对压电梁的拉格朗日方程(2-40)求导，可得到压电悬臂梁的机电耦合方程为

$$\begin{cases} \ddot{r}(t)+2\varsigma\omega\dot{r}(t)+\omega^2 r(t)+\dfrac{\partial U_m}{\partial r(t)}-\Theta\dot{\lambda}(t)=-\Gamma z(t) \\[2mm] \dfrac{1}{2}C_p\ddot{\lambda}(t)+\Theta\dot{r}(t)+\dfrac{1}{R_L}\dot{\lambda}(t)=0 \end{cases} \tag{2-42}$$

式中，ω 为第一阶固有频率；ς 为模态阻尼比；Θ 为机电耦合系数。

如图 2-9(b)所示，悬臂梁阵列排布，可以成倍增加输出功率，在有限的空间内提高能量采集器的性能。同时，在多个悬臂梁横向阵列结构中，自由端固定不同的质量块，每个悬臂梁的固有频率也不同，因此扩大了整体结构的有效工作频域。

2. 压电简支梁结构

压电简支梁结构是另一种在能量采集中较为常用的梁结构单元。如图 2-10 所示，梁的两端固定在基座上，基座仅提供垂直约束，梁的中部粘贴有压电材料，并固定有质量块，外部振动激励使得简支梁产生沿 z 轴正负方向的形变，从而使黏附在梁上的压电材料发生形变，通过正压电效应产生电能。压电简支梁结构可以提高单位激励力作用下压电材料的发电能力，由于中间质量块的作用，可以在

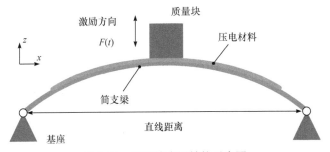

图 2-10 压电简支梁结构示意图

较小的区域内提供较大的集中力，突破了压电层有效应变的限制，使压电材料发生较大的形变，提高了能量转换效率。同时，整体结构简单紧凑，易于集成，适用于 MEMS 器件。

图 2-11 为几种典型的压电简支梁结构器件。图 2-11(a)是一种柔性自弯曲的桥式压电振动能量采集器，具有较低的固有频率，可以在宽频、弱激励下有效工作[14]。图 2-11(b)展示了一种阵列式磁力耦合双稳态能量采集器，包括磁极交错布置的阵列永磁体和压电简支梁，压电简支梁中部固定有永磁体。交错的磁吸引力和排斥力使得压电简支梁在两个稳态之间突跳，产生大位移，使压电片产生大应变，从而通过压电效应发电[15]。如图 2-11(c)所示，利用简支梁结构可以复合压电单元和电磁单元，在同一激励下采集能量[16]。

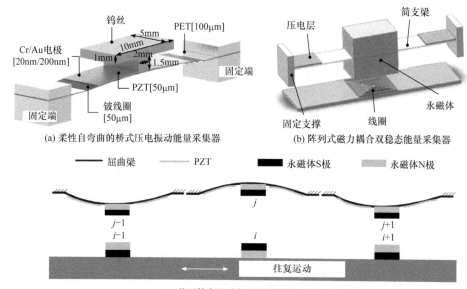

(a) 柔性自弯曲的桥式压电振动能量采集器   (b) 阵列式磁力耦合双稳态能量采集器

(c) 基于简支梁压电和电磁的复合发电结构

图 2-11　基于压电简支梁结构的压电能量采集器

2.4.2　压电膜结构

利用 MEMS 技术制作压电能量采集器，可将器件微型化、批量化，使其与已经逐步微型化的无线传感器节点等其他电子器件更好地集成在一起，最终实现自供能无线传感网络等。由于各种便携式微电子器件和可穿戴式柔性电子器件较小且具有一定的柔性，所以需要采用具有一定柔性的压电膜进行能量采集，目前常用的材料为 PZT、PVDF 或柔性材料基底复合压电材料。为了增加输出功率，提高能量采集器的机电转换效率，研究者提出了压电膜结构。

如图 2-12 所示，四片压电材料粘贴在中间薄膜上，使其具有更好的柔性，外部的激励使中部的质量块带动薄膜产生振动，从而使压电片产生形变，通过正压电效应产生电能。这种压电膜结构适用于低频振动能量采集，膜的刚度会随位移的增加而增大，从而扩大了有效工作频宽，同时提升了器件的可靠性，压电材料不易碎裂，可长时间持续工作。

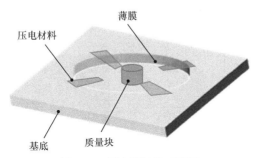

图 2-12　压电膜结构示意图

PVDF 是一种常用的柔性压电材料，机械强度与坚韧度高，兼具刚性和柔性形态，在压电能量采集中得到了广泛的应用。由于 PVDF 柔性较好，通常设计成旗子结构，用于风能采集。如图 2-13 所示，流致振动会引起 PVDF 旗子的摆动，使其产生形变，通过正压电效应可将风能转换为电能。

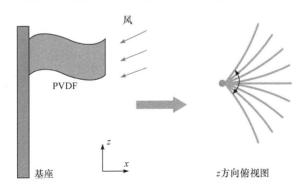

图 2-13　PVDF 旗子结构示意图

如图 2-14 所示，压电膜能量采集系统可以与柔性电子系统结合，形成一体化自供能传感系统，应用于仿生人工耳蜗传感[17]、可触摸显示技术[18]、自供电人工心脏起搏器[19]。

2.4.3　压电叠堆结构

压电叠堆结构是通过叠堆多层压电材料进行能量采集的。在同一外部激励下，压电叠堆结构对应的刚度较大，压电片产生的应变较小，因此在弱激励条件下，相比于单个压电片优势不明显。当外部激励较大时，压电叠堆结构会产生较大形变，相比于单个压电片输出会成倍增加。叠堆结构比压电悬臂梁等单个压电片组成的结构更加坚固，可靠性更高，在振动剧烈、条件恶劣的环境中具有更好的应用前景。例如，在车路协同系统中，将叠堆压电层与弯张单元结合可以在保证输出功率的同时提高其可靠性，嵌入道路表层，采集汽车压过路面的能量；在脚踏式能量采集器中，可以将叠堆结构与弯张单元结合，在足跟有限的空间内增加功率的输出，并保证可靠性。

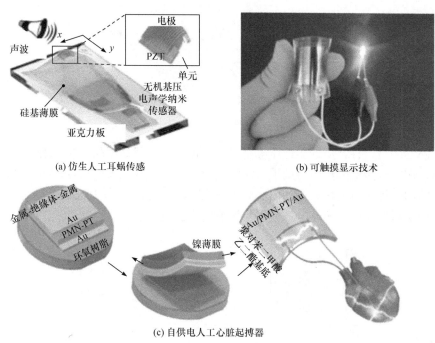

(a) 仿生人工耳蜗传感　　　　　　(b) 可触摸显示技术

(c) 自供电人工心脏起搏器

图 2-14　基于膜结构的压电能量采集器件

图 2-15 为一种典型的压电叠堆结构示意图，中间由压电材料叠堆而成，外部由弯张单元结构对称组成，外部激励使弯张单元产生形变，通过弯张放大机制将力传

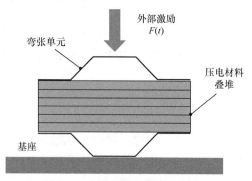

图 2-15　压电叠堆结构示意图

递到中间压电层上，使其产生更大的形变，从而利用正压电效应产生电能。如图 2-16(a)所示，采用压电叠堆 300 层 PZT，并采用压电应变常数的 33 耦合模式，可以在宽频、高激励下提高输出功率[20]。如图 2-16(b)所示，通过叠加多层 PVDF 薄膜增加功率输出，可用于人体能量采集[21]；将压电叠堆结构与背包结合，可以利用人与背包之间的压力差产生电能，使人的耐力和灵巧性不受影响，如图 2-16(c)所示[22]。

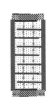

(a) 压电叠堆300层PZT　　　(b) 多层PVDF薄膜叠加能量采集器　　　(c) 压电叠堆结构集成于背包

图 2-16　基于堆结构的压电能量采集器件

2.4.4　弯张型压电单元结构

为了提高输出功率，可将外部激励放大作用到换能器上，从而使得作用力放大或位移放大。弯张型压电单元结构是一种典型的位移放大或力放大的结构[23]，常见的有圆形、矩形等结构形式，如图 2-17 所示。相比圆形弯张型压电单元，矩形结构单元易加工、性能好，其平均有效应力高 4～5 倍，产生的电压也要高 1 倍[24]。以矩形弯张型压电单元为例来阐明弯张放大的力学机理，如图 2-18 所示。

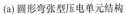

(a) 圆形弯张型压电单元结构　　　(b) 矩形弯张型压电单元结构　　　(c) 多步弯张型压电单元结构

图 2-17　几种弯张型压电单元结构

从左到右的粘接面长度、倾斜板长度、上板长度分别为 l_1、l_2、l_3，倾斜板的倾斜角度为 θ，压电片的长度和宽度分别为 l 和 b，金属片厚度为 t_m，压电片厚度为 t_p。作用到弯张型压电单元的压力等效为一个集中力 N。为了方便描述，设空腔长度为 $l_c = 2l_2\cos\theta + l_3$，粘接面总长度 $l_b = 2l_1$。

由于弯张型压电单元结构中心对称，对其 1/4 弯张型压电单元结构进行受力分析，作用在倾斜板 1 方向和 3 方向的力可分别等效为集中力 F_1 和 F_2；倾斜板作用在粘接部位 3 方向和 1 方向上的力可分别等效为集中力 F_3 和 F_4。上板对倾斜板作用的力矩为 M_1，粘接面对倾斜板作用的力矩为 M_2，且满足以下关系：

$$\begin{cases} F_1 = F_3 = \dfrac{1}{2}N, \quad F_2 = F_4 \\ M_1 = 0, \quad M_2 = (F_1\cos\theta - F_2\sin\theta)l_2 \end{cases} \tag{2-43}$$

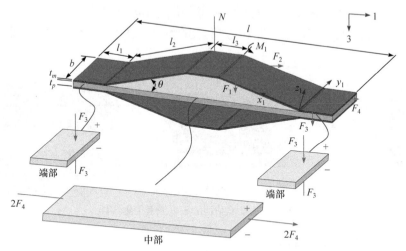

图 2-18　弯张型压电单元结构和受力示意图

在 z_1 方向上没有负载，倾斜板的挠度设为 w_1，满足

$$\partial^4 w_1 / \partial x_1^4 = 0 \tag{2-44}$$

边界条件为

$$w_1\bigg|_{x_1=0}=0,\ \frac{\partial w_1}{\partial x_1}\bigg|_{x_1=0}=0,\ -B_s\left(\frac{\partial^2 w_1}{\partial x_1^2}\right)\bigg|_{x_1=l_2}=0,\ -B_s\left(\frac{\partial^3 w_1}{\partial x_1^3}\right)\bigg|_{x_1=l_2}=\frac{F_1\cos\theta - F_2\sin\theta}{b}$$

$$\tag{2-45}$$

式中，$B_s = E_m t_m^3 \big/ [12(1-\nu_m^2)]$ 为板的抗弯刚度，E_m 和 ν_m 分别为金属板的弹性模量和泊松比；w_1 可以求解得到：

$$w_1 = \frac{(F_1\cos\theta - F_2\sin\theta)l_2^3}{3B_s b} \tag{2-46}$$

弯张型压电单元两端与金属片粘接的压电片主要受到 3 方向上的压力，内腔区域的压电片受到 1 方向上的拉力。对于压电片两端，压电方程可以表示为

$$\begin{cases} D_{3\text{ends}} = \varepsilon_{33}E_3 + d_{33}T_3 \\ S_3 = d_{33}E_3 + s_{33}T_3 \end{cases} \tag{2-47}$$

式中，$D_{3\text{ends}}$ 为压电材料两端 3 方向的电位移；E_3 为 3 方向电场；S_3 为 3 方向应

变；d_{33} 为压电应变常数；s_{33} 为压电材料的弹性柔度系数。对于压电片的中间部分，压电方程为

$$\begin{cases} D_{3\text{middle}} = \varepsilon_{33}E_3 + d_{31}T_1 \\ S_1 = d_{31}E_3 + s_{11}T_1 \end{cases} \tag{2-48}$$

式中，$T_1 = 2F_2/(bt_p)$，b 为压电片宽度；$T_3 = -F_1/(bl_1)$；$D_{3\text{middle}}$ 为压电材料中间部位 3 方向的电位移；S_1 为 1 方向应变；d_{31} 为压电应变常数；s_{11} 为压电材料的弹性柔度系数；ε_{33} 为压电材料的介电常数。压电片在 1 方向上的变形满足几何关系：

$$S_1 l_c = 2w_1 \sin\theta \tag{2-49}$$

因此，F_2 可以通过求解得到：

$$F_2 = \frac{\dfrac{l_2^3 \sin\theta\cos\theta}{3B_s b}N - d_{31}E_3 l_c}{2\dfrac{l_2^3 \sin^2\theta}{3B_s b} + \dfrac{2s_{11}l_c}{bt_p}} \tag{2-50}$$

因为没有外加电场，所以 F_2 可以写为

$$F_2 = \frac{t_p l_2^3 \sin\theta\cos\theta}{2t_p l_2^3 \sin^2\theta + 6s_{11}B_s l_c}N \tag{2-51}$$

由压力 N 产生的电量 Q_g 如下：

$$Q_g = (D_3)_{\text{ends}} A_{\text{ends}} + (D_3)_{\text{middle}} A_{\text{middle}} = \left(-d_{33} + \frac{l_2^3 l_c \sin\theta\cos\theta}{t_p l_2^3 \sin^2\theta + 3s_{11}B_s l_c} d_{31} \right)N \tag{2-52}$$

开路电容为 $C_p = bl\varepsilon_{33}/t_p$，可以求得开路电压 V_{open} 为

$$V_{\text{open}} = \left(-d_{33} + \frac{l_2^3 l_c \sin\theta\cos\theta}{t_p l_2^3 \sin^2\theta + 3s_{11}B_s l_c} d_{31} \right) \frac{t_p}{bl\varepsilon_{33}^T}N \tag{2-53}$$

式中，第 1 项就是被放大了的等效压电应变常数，反映了作用力与电压的关系，即

$$d_{\text{eff}} = -d_{33} + \frac{l_2^3 l_c \sin\theta\cos\theta}{t_p l_2^3 \sin^2\theta + 3s_{11}B_s l_c} d_{31} \tag{2-54}$$

弯张型压电结构在压力 N 作用下产生的变形为

$$\delta = \frac{s_{11}l_c l_2^3 \cos^2\theta}{l_2^3 t_b b \sin^2\theta + 3s_{11}B_s l_c b}N \tag{2-55}$$

弯张型压电结构的等效刚度为

$$k_{\text{eff}} = \frac{l_2^3 t_p b \sin^2\theta + 3s_{11}B_s l_c b}{s_{11}l_c l_2^3 \cos^2\theta} \tag{2-56}$$

弯张型压电单元在压力 N 作用下产生的变形为

$$u = \left(\frac{s_{11} l_c l_2^3 \cos^2 \theta}{l_2^3 t_b b \sin^2 \theta + 3 s_{11} B_s l_c b} + \frac{s_{33} t_p}{l_b b} \right) N \tag{2-57}$$

弯张型压电单元的等效刚度为

$$K_{\text{eff}} = \frac{l_b b \left(l_2^3 t_p b \sin^2 \theta + 3 s_{11} B_s l_c b \right)}{s_{11} l_b l_c l_2^3 b \cos^2 \theta + s_{33} t_p \left(l_2^3 t_p b \sin^2 \theta + 3 s_{11} B_s l_c b \right)} \tag{2-58}$$

弯张型压电结构的弹性势能为

$$U = \frac{1}{2} k_{\text{eff}} \delta^2 = \frac{K_{\text{eff}}^2}{2 k_{\text{eff}}} u^2 \tag{2-59}$$

基于式(2-47)和式(2-48)，压电层的一小体积的电能可以计算如下：

$$\Delta H = \begin{cases} \dfrac{1}{2} T_3 S_3 + \dfrac{1}{2} D_{3\text{ends}} E_3, & \text{粘接区域} \\[2mm] \dfrac{1}{2} T_1 S_1 + \dfrac{1}{2} D_{3\text{middle}} E_3, & \text{空腔区域} \end{cases} \tag{2-60}$$

设电场 $E_3 = V/t_p$，对 ΔH 在压电层的总体积上积分可以获得总能量为

$$\begin{aligned} H &= \int_0^{t_p} \int_0^b \int_0^l \Delta H \mathrm{d}x \mathrm{d}y \mathrm{d}z \\ &= \frac{S_{\text{eff}} N^2}{2} - d_{\text{eff}} N V + \frac{C_p V^2}{2} \\ &= \frac{S_{\text{eff}} K_{\text{eff}}^2 u^2}{2} - d_{\text{eff}} K_{\text{eff}} u V + \frac{C_p V^2}{2} \end{aligned} \tag{2-61}$$

式中，$S_{\text{eff}} = s_{11} t_p l_2^3 \sin \theta \cos \theta \big/ \left(l_2^3 t_p b \sin^2 \theta + 3 s_{11} B_s l_c b \right) + s_{33} t_p \big/ (l_b b)$。

设弯张型压电单元自由端等效质量为 m，则其动能为

$$W_k = \frac{1}{2} m \dot{u}^2 \tag{2-62}$$

弯张型压电单元的拉格朗日函数为

$$L(u, \dot{u}, V) = W_k - U - H \tag{2-63}$$

基于扩展哈密顿原理得到

$$\begin{cases} \dfrac{\mathrm{d}}{\mathrm{d}t} \left(\dfrac{\partial L}{\partial \dot{u}} \right) - \dfrac{\partial L}{\partial u} = -c \dot{u} \\[3mm] \dfrac{\mathrm{d}}{\mathrm{d}t} \left(\dfrac{\partial L}{\partial \dot{V}} \right) - \dfrac{\partial L}{\partial V} = Q \end{cases} \tag{2-64}$$

式中，c 为等效阻尼系数。弯张型压电单元的机电耦合动力学方程可写成

$$\begin{cases} m\ddot{u} + c\dot{u} + \left(\dfrac{K_{\text{eff}}^2}{k_{\text{eff}}} + S_{\text{eff}} K_{\text{eff}}^2 \right) u - d_{\text{eff}} K_{\text{eff}} V = 0 \\ C_p V - d_{\text{eff}} K_{\text{eff}} u = Q \end{cases} \tag{2-65}$$

开路电压和产生的电能可分别表示为

$$V_{\text{open}} = \frac{d_{\text{eff}} K_{\text{eff}} u}{C_p} \tag{2-66}$$

$$U_e = \frac{1}{2} C_p V_{\text{open}}^2 \tag{2-67}$$

式(2-66)和式(2-53)的结果是一致的。在连续激励下，式(2-65)可以改写为

$$\begin{cases} m\ddot{u} + c\dot{u} + \left(\dfrac{K_{\text{eff}}^2}{k_{\text{eff}}} + S_{\text{eff}} K_{\text{eff}}^2 \right) u - d_{\text{eff}} K_{\text{eff}} V = 0 \\ C_p \dot{V} + \dfrac{V}{R} - d_{\text{eff}} K_{\text{eff}} \dot{u} = 0 \end{cases} \tag{2-68}$$

2.5　本　章　小　结

本章介绍了常用的机电能量转换机制，包括电磁式、静电式、磁致伸缩式、压电式和摩擦式五种；重点介绍了压电能量采集技术以及压电能量采集的典型结构。压电能量转换机制是目前小型机械能量采集应用最多的方式之一，具有结构简单、发热量小、无电磁干扰、易于加工制作和小型化、集成化等优点，适用于各类传感及监测系统。

参　考　文　献

[1] Spreemann D, Manoli Y. Electromagnetic Vibration Energy Harvesting Devices: Architectures, Design, Modeling and Optimization[M]. Dordrecht: Springer Netherlands, 2012.

[2] Sterken T, Baert K, van Hoof C, et al. Comparative modelling for vibration scavengers [MEMS energy scavengers] [C]. Proceedings of the IEEE Sensors, Vienna, 2004: 1249-1252.

[3] Ueno T. Performance of improved magnetostrictive vibrational power generator, simple and high power output for practical applications[J]. Journal of Applied Physics, 2015, 117(17): 17A740.

[4] 曹淑瑛, 孙帅帅, 郑加驹, 等. 磁致伸缩振动能量采集器的研究进展[J]. 微纳电子技术, 2017, 54(9): 612-620.

[5] Zou H X, Zhao L C, Gao Q H, et al. Mechanical modulations for enhancing energy harvesting: Principles, methods and applications[J]. Applied Energy, 2019, 255: 113871.

[6] Zhu G, Pan C F, Guo W X, et al. Triboelectric-generator-driven pulse electrodeposition for micropatterning[J]. Nano Letters, 2012, 12(9): 4960-4965.

[7] Mishra S, Unnikrishnan L, Nayak S K, et al. Advances in piezoelectric polymer composites for energy harvesting applications: A systematic review[J]. Macromolecular Materials and Engineering, 2019, 304(1): 1800463.

[8] Safaei M, Sodano H A, Anton S R. A review of energy harvesting using piezoelectric materials: State-of-the-art a decade later (2008—2018)[J]. Smart Materials and Structures, 2019, 28(11): 113001.

[9] Priya S, Song H C, Zhou Y, et al. A review on piezoelectric energy harvesting: Materials, methods, and circuits[J]. Energy Harvesting and Systems, 2019, 4(1): 3-39.

[10] Anton S R, Sodano H A. A review of power harvesting using piezoelectric materials (2003—2006) [J]. Smart Materials and Structures, 2007, 16(3): R1-R21.

[11] 岳鹏, 郑正奇, 张洁, 等. PZT/PVDF 复合材料的制备及介电性能[J]. 功能材料与器件学报, 2008, 14(5): 931-934.

[12] Bowen C R, Kim H A, Weaver P M, et al. Piezoelectric and ferroelectric materials and structures for energy harvesting applications[J]. Energy & Environmental Science, 2014, 7(1): 25-44.

[13] Yang Z B, Zhou S X, Zu J, et al. High-performance piezoelectric energy harvesters and their applications[J]. Joule, 2018, 2(4): 642-697.

[14] Yi Z R, Hu Y L, Ji B W, et al. Broad bandwidth piezoelectric energy harvester by a flexible buckled bridge[J]. Applied Physics Letters, 2018, 113(18): 183901.

[15] Li P, Gao S Q, Cai H T. Modeling and analysis of hybrid piezoelectric and electromagnetic energy harvesting from random vibrations[J]. Microsystem Technologies, 2015, 21(2): 401-414.

[16] Jiang X Y, Zou H X, Zhang W M. Design and analysis of a multi-step piezoelectric energy harvester using buckled beam driven by magnetic excitation[J]. Energy Conversion and Management, 2017, 145: 129-137.

[17] Lee H S, Chung J, Hwang G T, et al. Flexible inorganic piezoelectric acoustic nanosensors for biomimetic artificial hair cells[J]. Advanced Functional Materials, 2014, 24(44): 6914-6921.

[18] Koo M, Park K I, Lee S H, et al. Bendable inorganic thin-film battery for fully flexible electronic systems[J]. Nano Letters, 2012, 12(9): 4810-4816.

[19] Hwang G T, Park H, Lee J H, et al. Self-powered cardiac pacemaker enabled by flexible single crystalline PMN-PT piezoelectric energy harvester[J]. Advanced Materials, 2014, 26(28): 4880-4887.

[20] Xu T B, Siochi E J, Kang J H, et al. Energy harvesting using a PZT ceramic multilayer stack[J]. Smart Materials and Structures, 2013, 22(6): 065015.

[21] Zhao J, You Z. A shoe-embedded piezoelectric energy harvester for wearable sensors[J]. Sensors, 2014, 14(7): 12497-12510.

[22] Feenstra J, Granstrom J, Sodano H. Energy harvesting through a backpack employing a mechanically amplified piezoelectric stack[J]. Mechanical Systems and Signal Processing, 2008, 22(3): 721-734.

[23] Zou H X, Zhang W M, Li W B, et al. Design, modeling and experimental investigation of a magnetically coupled flextensional rotation energy harvester[J]. Smart Materials and Structures, 2017, 26(11): 115023.

[24] Yang Z B, Zhu Y, Zu J. Theoretical and experimental investigation of a nonlinear compressive-mode energy harvester with high power output under weak excitations[J]. Smart Materials and Structures, 2015, 24(2): 025028.

第 3 章 机械调制原理与方法

3.1 引 言

环境中存在太阳能、热能或机械能等能源[1,2]，其中，机械能具有清洁、稳定等许多优点[3]，广泛存在于机电设备、船舶车辆、桥梁建筑、飞行器等各种生产生活设施，也存在于人体运动、血液流动、心脏跳动等生命过程中，还存在于自然环境的风、流水、波浪中[4,5]，且有着较高的能量密度(25～330μW/cm³)。机械运动(往复运动或旋转运动)能量转换为电能，不仅可持续、节能环保，还能实现自供能。

目前，基于机械运动的能量采集技术引起了工业界、学术界的普遍关注，但是输出功率低、环境适应性差和可靠性低等问题制约了该技术的实际应用。虽然环境中的机械运动形式多样，但是大多数运动形式不适于电能的直接转换，或者激励太弱导致换能器无法有效工作，或者激励频率远离换能器的谐振频率，或者冲击较强损坏换能器。因此，自然环境中的机械能需要通过合适的策略来采集，即机械调制方法[6]，然后通过机电转换机制转换为电能。近年来，已有许多关于如何改善机械能采集的新方法、新技术[7,8]的报道。为阐述机械调制作为能量源与机电换能器之间的关键桥梁作用，本章从激励形式转换、升频和力/运动放大作用等三个方面介绍机械调制原理及其在能量采集系统中的应用。

3.2 机械调制原理

环境中的机械能量形式大多数不适合直接进行机电转换，如人体运动、风产生的机械运动或振动通常较弱且频率较低，需要放大激励力或提升频率以增加输出功率。大幅度往复运动，如车辆悬架振动，可以先转换为其他形式的运动，再进行机电转换，不仅可增大采集的能量密度，还能够更容易地将能量采集板块集成到原始系统中。为了提高能量采集系统的耐用性，需要对复杂激励进行机械转换，使激励力更加可控，避免损坏换能器。通过机械转换可以更容易地俘获环境中的能量，也可以提高换能器的能量转换效率，这种机械转换可以称为机械调制，包括激励形式转换、升频、力/运动放大。激励形式转换也可以提高频率或放大激励力。机械调制方法在改善能量采集器的整体性能方面具有巨大潜力，因此可以促进能量采集在如绿色能源[9,10]、无线传感器[11,12]、可穿戴式设备、生物医学、便携式设备[13-15]、智能设备[16,17]、智能城市[18]、结构状态监控[19-21]等方面的应用。

图 3-1 给出了具有机械调制功能的机械能量采集系统示意图，一种形式的机械能首先转换为另一种形式的机械能，然后转换为电能。机械调制不仅能够针对不同的工作环境以及所采用的机电转换机制进行调整，采集更多的机械能并将其转换为电能，而且可以提高器件的可靠性。系统的能量转换效率 η_s 可以表示为

$$\eta_s = \eta_m \eta_t \eta_e \qquad (3-1)$$

式中，η_m 为机械调制效率；η_t 为换能器转换效率；η_e 为电路处理效率。虽然在机械转换过程中会有能量损失，但是机械调制可以提高机电转换效率和电路处理效率，从而提高了整体系统的效率。

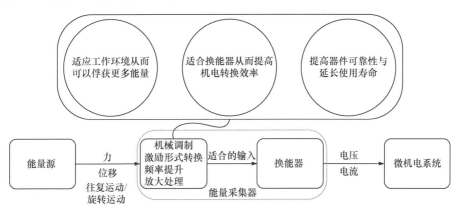

图 3-1　具有机械调制功能的机械能量采集系统示意图

3.3　运动形式转换

环境中机械能存在的形式不太适合用一般的机电转换方法(电磁、压电和静电等)直接转换为电能，或者转换后能量密度太低。实际上，通过转换激励形式可有利于能量采集和机电转换效率提高，并可以提高器件的可靠性和使用寿命，如表 3-1 所示。

表 3-1　运动形式转换

转换	流动力转换为机械运动	机械运动转换为可控作用力	往复运动转换为旋转/滚动	旋转/滚动转换为振动
激励	风、水流	振动、旋转、脉冲	往复运动	旋转或滚动
方法	叶片(旋转)、流致振动	接触、磁力耦合	齿轮或齿条机构、滚珠丝杠机构、滚动	重力场、接触、磁力耦合

转换	流动力转换为机械运动	机械运动转换为可控作用力	往复运动转换为旋转/滚动	旋转/滚动转换为振动
优点	增加能量利用率	增大能量密度增强可靠性	增大能量密度提高设计灵活度	增大能量密度提高设计灵活度
缺点	对流动方向很敏感	反作用力会影响系统运作	增加摩擦，不适合弱激励	容易受激励变化的影响
示例		永磁体	齿条　齿轮	永磁体

3.3.1　流动力转换为机械运动

通常，流体能量采集需要将流动力转换为旋转运动或振动，然后通过电磁感应、压电等方式发电。流体能量采集系统的输出功率 P 与流速 U、机械转换结构以及机电转换机制有关，即

$$P \propto U^3 \Theta_{\text{Mechanical}} \Theta_{\text{Electromechanical}} \tag{3-2}$$

式中，$\Theta_{\text{Mechanical}}$ 和 $\Theta_{\text{Electromechanical}}$ 分别为与机械转换结构和机电换能器相关的耦合系数。机械转换结构对流体能量采集有着关键影响[22]，主要表现为旋转和振动两种模式[23]，如图 3-2 所示。流体可以驱动叶片旋转，然后驱动电磁发电机发电[24]。Zhao 等[25]设计了一种磁力耦合的压电-电磁混合风能采集器。当风驱动顶部叶片旋转时，与之相连的永磁体会相应旋转，从而产生变化磁力作用到弯张换能器，同时使通过线圈的磁通量发生变化。Wang 等[26]提出了一种旋转能量采集器用于自供能风速测量，也是通过风力驱动叶片旋转，然后通过摩擦纳米发电机和电磁感应机制将机械能转换为电能。

流体驱动叶片旋转后，还可以进一步进行机械转换驱动压电梁振动从而发电[27]。此外，采用压电梁结构的流体能量采集器，可以基于流致振动(如颤振[28]、涡激振动(vortex induced vibration，VIV)[29]、驰振[30, 31]和尾流驰振[32])原理设计来采集能量。改变压电梁结构设计也会有效提高能量采集效率，例如，Sirohi 等[33]设计了具有等边三角棱镜的风能采集器，它首先将风能转换为三棱柱的摆动，然后将摆动转换为压电梁的振动从而发电；他们在风洞中测试了尺寸约为 160mm × 250mm 的样机，在风速为 5.2m/s 时最大输出功率为 53mW。Yang 等[34]在风洞中测试了具有不同截面末端(正方形、矩形、三角形和 D 形)压电梁的俘能性能，并建议小型风能驰振能量采集器采用正方形截面。Tan 等[35]为基于驰振的压电能量采集提供了设计理论和优化步骤。这些基于空气动力学现象的机械结构使得流体

能量更容易地被采集并转换为电能。

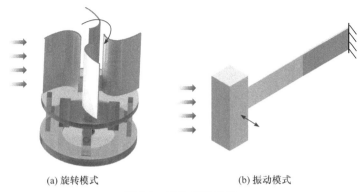

(a) 旋转模式　　　　　　　　　(b) 振动模式

图 3-2　流体能量采集

3.3.2　机械运动转换为可控作用力

　　悬臂梁固有频率较低，在自然环境中很容易被激振[36]。将压电材料粘接在悬臂梁上是振动能量采集中常用的一种结构[37,38]。但压电悬臂梁也存在一定的局限性，如压电陶瓷在弯曲模式下易碎、弯曲模式下变形有限以及能量密度较低等[39]。因此，也探索了将悬臂梁振动转换为作用力，再作用到压电材料上，作用力可控性更强，有利于机电转换。悬臂梁在固定端具有较大的应力，可通过悬臂梁的固定端将振动转换为作用力。图 3-3(a)为一种杠铃式压电能量采集器，它将压电陶瓷上的振动转换成拉力或压力[40]。开路电压可以表示为

$$V_{\text{open}} = \frac{d_{33}}{C_p} F(w) \tag{3-3}$$

式中，d_{33} 为压电应变常数；C_p 为电容；$F(w)$ 为在厚度方向上施加到压电陶瓷的作用力，是广义振动位移 w 的函数。如图 3-3(b)所示，悬臂梁的振动可以通过磁力耦合转换为作用在弯张换能器上的作用力。可以通过多项式近似表达作用在弯张换能器上的磁力[41]：

$$F_x = -a_x + b_x y^2 \tag{3-4}$$

式中，a_x 和 b_x 为多项式系数；y 为悬臂梁末端位移。磁力被弯张型压电结构放大并传递至压电层，压电层基于压电效应产生电压，这种振动能量采集方法具有弯张放大和非线性宽频的优点。在弱激励下，等效压电应变常数可以放大数十到数百倍，并且采集器具有更高的发电潜力和可靠性。Zou 等[42]建立了磁力耦合弯张振动能量采集的机电耦合动力学模型，并通过实验进行了验证，建立的模型可以推广到多种磁力模式，压电陶瓷在拉应力或压应力下比在弯曲应力下更可靠。这种设计不仅使能量采集器能在低频、弱激励下有效工作，而且可以在复杂工况下

可靠工作。

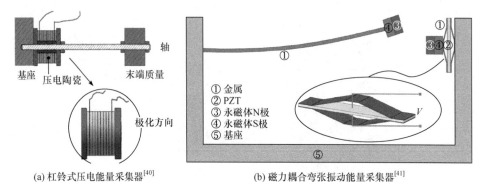

(a) 杠铃式压电能量采集器[40]　　　　(b) 磁力耦合弯张振动能量采集器[41]

图 3-3　运动转换为作用力的能量采集器

在工业和日常生活中，旋转运动是普遍存在的[43]。将旋转运动转换为作用在压电换能器上的力可以增加能量密度和可靠性。旋转的永磁体可以激励压电盘以 33 耦合模式发电[44]。一种高鲁棒性磁力耦合弯张旋转能量采集器被提出[45]，如图 3-4 所示。

图 3-4　磁力耦合弯张旋转能量采集器[45]

当旋转时，变化的磁力施加到弯张换能器，磁力可以表示为[45]

$$F_x = M_m \left\{ \frac{R\sin^2\varphi - 3(R - R\cos\varphi + d)\cos\varphi}{\left[(R - R\cos\varphi + d)^2 + R^2\sin^2\varphi \right]^{5/2}} \right.$$

$$\left. + \frac{5(R - R\cos\varphi + d)^2 \left[-R\sin^2\varphi + (R - R\cos\varphi + d)\cos\varphi \right]}{\left[(R - R\cos\varphi + d)^2 + R^2\sin^2\varphi \right]^{7/2}} \right\}$$

(3-5)

式中，M_m 为与旋转永磁体和被激励永磁体相关的系数；R 为旋转半径；d 为旋转永磁体和被激励永磁体之间的最小中心距离；φ 为角位移。磁力被弯张型压电结构放大传递到压电层，这种设计具有更高的能量密度和可靠性。

另外，可以通过机械结构将冲击载荷转换成相对平缓的力，然后作用在机电换能器上发电，从而可以提高设备在恶劣工作环境中的可靠性。Yan 等[46]通过金属机械结构将冲击激励转换为相对平缓的作用力，然后作用到机电换能器发电，这种装置可以在 20~30MPa 下安全工作。不规则的大幅度往复运动可以通过永磁体阵列转换为稳定幅值的磁力[47]。这种激励形式的转换将直接作用到换能器上的激励变得更加可控。

3.3.3　往复运动转换为旋转/滚动

一般来说，大振幅往复运动(如车辆悬架振动、波浪波动等)频率较低，而且具有不规则性，不适于能量采集的小型化。

机械结构/机构中，齿轮齿条、滚珠丝杠或螺杆机构等可将往复运动转换为旋转运动。Bernitsas 等[48]采用齿条和两个不同尺寸的齿轮将涡流引起的振动转换为旋转运动，即使在低速状态该装置也可以有效地将机械能转换为电能。Li 等[49]设计了一种基于齿轮齿条的再生式减振器，将振动转换为旋转运动，然后通过电磁感应发电，并将不规则往复振动转换成规则的单方向旋转，可以直接产生直流电压，具有机械整流功能，如图 3-5(a)所示，该设计有利于电能存储和使用[50]。如图 3-5(b)所示，机械整流结构设计用于铁轨能量采集，可为铁轨周边设备供电，其作为替代能源有效地提高了铁路运行的安全性[51]。如图 3-5(c)所示，Zhang 等[10]采用齿轮齿条机构将车辆悬架振动产生的往复运动转换为单向旋转运动，产生的能量存储在超级电容器中，可提高电动汽车的续航里程，效率最高可达 54.98%，平均效率为 44.24%。Liu 等[52]提出了一种基于机械运动整流器的能量采集减振器，通过滚珠丝杠机构和两个单向离合器将往复振动转换为发电机的单向旋转，提高了传动装置的耐用性和能量采集效率。

此外，液压整流器包括四个止回阀，也可将双向振动调制为单向旋转以采集能量。Li 等[53]提出了一种带有液压整流器的能量吸振器，用于将振动冲击转换为电磁发电机的单向旋转，在 2Hz 频率和 8mm 振幅的谐波激励下，最大平均功率为 114.1W，能量采集效率最大为 38.81%。Guo 等[54]提出了一种液压电磁能量吸振器，样机在 3Hz 频率和 7mm 振幅的谐波激励下产生了 220W 的平均功率。

如图 3-6 所示，滚压式振动能量采集器设计可以将不规则的往复运动转换成滚动[55]，产生单向稳定的滚动力，提升频率和放大作用力。在不同幅值和不同频率振动输入下，产生了单向、幅值稳定的电压，具有明显的机械整流效果，此外，该能量采集器易于集成到减振器中，不会增加减振器行程，可实现自供能半主动振动控制。

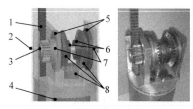

1. 架子　　4. 行星齿轮和电机　7. 球轴承
2. 滚柱　　5. 推力轴承　　　　8. 锥齿轮
3. 小齿轮　6. 滚柱离合器

(a) 机械整流器将双向往复运动　　　　(b) 利用机械整流器进行铁轨能量采集[51]
　　转换为单向旋转运动[50]

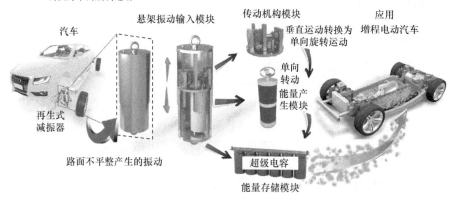

(c) 再生能源吸振器[10]

图 3-5　将往复运动转换为旋转运动的能量采集器

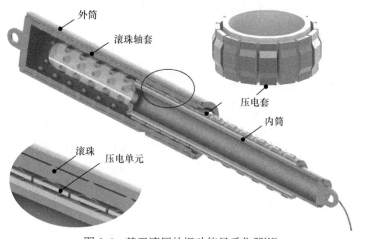

图 3-6　基于滚压的振动能量采集器[55]

传动机构、液压装置和滚压机制等可以将不规则的大振幅、低频往复运动转换为旋转或滚动。转换后的激励力有利于人为控制，如旋转方向、滚压力大小、激励频率等，而且这种转换使设计变得更加灵活，有助于提高能量采集器的性能，并容易集成到其他机电系统中。然而，这些机械机构具有大的摩擦力或阻尼力，通常不适于弱激励情况。

3.3.4 旋转转换为振动

为了利用压电梁等机电换能结构采集旋转运动能量，研究人员提出了将旋转运动转换为振动的模式。将旋转运动转换为振动比较常见的方式有三种：重力作用、接触激励和磁力激励。通过一个实例说明重力作用：当压电悬臂梁在垂直平面内旋转时，梁自由端质量块的重力驱动压电悬臂梁振动，并且重力激励频率等于旋转运动频率，通过重力作用将旋转转换为振动，没有能量损失以及磁场的不良影响。但是，水平面的旋转运动不能被重力场转换为振动，而且激励频率等于旋转频率，不能被提升。通过接触将旋转运动转换为振动，结构简单，不受旋转运动在空间位置的限制，也不需要考虑磁场的影响，并且可以通过多个接触点阵列提升激励频率。然而，接触摩擦会导致更多的能量损失，并且器件更容易磨损和损坏。通过磁力耦合将旋转运动转换为振动，设计灵活，能量损失小，并且可以通过多个永磁体阵列来提升激励频率，使磁力耦合不能在某些特殊情况下使用，以避免产生不利影响。

3.3.5 基于运动转换的多方向振动能量采集

自然环境中能量形式多种多样且可能发生变化，单向能量采集需要在特定的环境下使用，具有很大的局限性。研究者通过运动转换的方式将多个方向的激励转换为电能。如图 3-7(a)所示，通过金属滚珠的滚动激励末端固定有永磁体的压电梁进行发电。因为金属滚珠可以被任意方向激励，所以这种能量采集器适用于不同的激励形式[56]。如图 3-7(b)所示，Xu 等[57]设计了一种基于内共振的多方向振动能量采集器，将激励转换为悬摆的摆动，然后通过内共振转换为压电梁的振动而发电，可以采集多个方向的振动能量。如图 3-7(c)所示，Lin 等[58]设计了三根弹簧悬挂连接永磁体的压电振动能量采集器，可以采集外部任意方向的宽频振动能量。Zhao 等[59]提出了一种任意方向宽频振动能量采集器，包括带有末端磁体的悬臂梁和两个对称的磁力耦合弯张换能器，将任何方向的振动激励转换为可变磁力，然后通过弯张型压电结构将磁力放大传递到压电层。结果表明，这种采集器能够采集从任意方向振动的能量。Wu 等[60]提出了一种基于活页夹结构的压电弹簧结构，可以有效地俘获超低频和多方向的振动能量，在可穿戴式设备、海洋浮标等方面具有良好的应用前景。

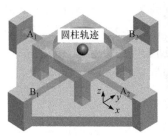

(a) 适合多种运动的压电
能量采集器[56]

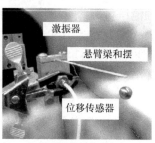

(b) 基于内共振的多方向
能量采集器[57]

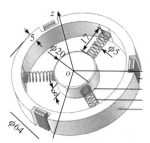

(c) 多方向磁力耦合压
电能量采集器[58](单位：mm)

图 3-7　多方向振动能量采集器

3.4　频率提升方法

生活和工业环境中的机械运动(振动或旋转)频率比较低，而大多数机电换能器在较高的激励频率下才能有效工作，通过机械转换提升激励频率，可以更有效地采集低频能量。

3.4.1　阵列式设计

往复运动或旋转运动可以通过阵列方式转换为多个激励作用于换能器，从而实现激励频率的提升，如图 3-8 所示，梳齿状阵列可以将低频振动转换成高频激励作用到压电梁上[61]。Lin 等[62]设计了一种具有梳齿状阵列的波浪能量采集器。这种频率提升补偿了波浪频率(0.03～1Hz)和换能器工作频率(几百赫兹)之间的差异，可以有效地采集波浪能量。在宽频随机激励下，通过多个永磁体阵列进行的升频转换可以将功率提高 3 倍[63]。通过圆周阵列多个永磁体可将旋转运动频率放大传递到压电悬臂梁，输出功率可以增大 10 倍[64]。

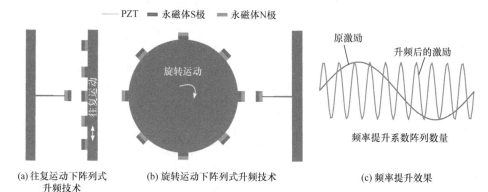

(a) 往复运动下阵列式
升频技术

(b) 旋转运动下阵列式升频技术

(c) 频率提升效果

图 3-8　阵列式频率提升技术

3.4.2 谐振式设计

谐振式能量采集器可以通过低固有频率振动系统从周围环境中俘获机械能量，然后将其传递到高固有频率振动系统进行发电[65, 66]。如图 3-9(a)所示，低频振动能量被低频谐振器吸收，然后通过脉冲泵送到高频谐振器[67]。Yuksek 等[68]设计了一种宽频电磁能量采集器，包括一根谐振频率较高的悬臂梁和两根谐振频率较低的悬臂梁(简称低频悬臂梁，谐振频率分别为 25Hz 和 50Hz)，两根谐振频率较低的悬臂梁自由端固定有质量块，如图 3-9(b)所示。在低频振动激励时，两根低频悬臂梁产生谐振，它们的末端质量块反复敲击谐振频率较高的悬臂梁，从而产生高频输出。将低频的手摇运动转换为球的滚动，然后将球的滚动转换为高频振动进行发电。在加速度峰值为 $2g$ 和频率为 5.8Hz 的手摇激励下，最大输出功率为 103.55μW[69]。

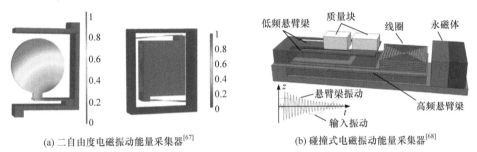

(a) 二自由度电磁振动能量采集器[67]　　　　(b) 碰撞式电磁振动能量采集器[68]

图 3-9　谐振式频率提升

3.5　激励放大机理与方法

3.5.1 弯张放大机理

为了提高输出功率，研究者将外部激励放大作用到换能器，例如，将作用力放大或者将位移放大。弯张型压电结构是一种经典的可以放大位移或力的结构，并且可以增强换能器的负载能力[70, 71]。弯张换能器的力学特性与结构尺寸和材料特性密切相关[72, 73]。一般有圆形弯张压电换能器和矩形弯张压电换能器。本书以矩形弯张压电换能器为例说明弯张型压电结构的放大机理。

如图 3-10 所示，从左到右，粘接面的长度、倾斜板的长度和上板的长度分别为 l_1、l_2 和 l_3，倾斜角度为 θ，压电片的长度和宽度分别为 l 和 b，金属层的厚度为 t_m，压电层的厚度为 t_p。作用在弯张型压电单元上的力可以等效为集中力 N。上板对倾斜板的作用力在 3 方向和 1 方向的分量分别为 F_1 和 F_2。倾斜板对粘接面的作用力在 3 方向和 1 方向的分量分别为 F_3 和 F_4。为了便于描述，设空

腔长度为 $l_c = 2l_2\cos\theta + l_3$，粘接面总长度为 $l_b = 2l_1$。等效压电应变常数为

$$d_{\text{eff}} = -d_{33} + \left[l_2^3 l_c \sin\theta\cos\theta / (t_p l_2^3 \sin^2\theta) + 3s_{11}Dl_c \right] d_{31}$$

它反映了力和电压之间的关系。反映出力与位移之间关系的弯张型压电单元的等效刚度为

$$K_{\text{eff}} = l_b b \left(l_2^3 t_p b\sin^2\theta + 3s_{11}Dl_c b \right) \Big/ \left[s_{11}l_b l_c l_2^3 b\cos^2\theta + s_{33}t_p \left(l_2^3 t_p b\sin^2\theta + 3s_{11}Dl_c b \right) \right]$$

在连续激励下，弯张型压电单元的机电耦合动力学方程为

$$\begin{cases} m\ddot{u} + c\dot{u} + ku - d_{\text{eff}}K_{\text{eff}}V = 0 \\ C_p\dot{V} + \dfrac{V}{R_{\text{Load}}} - d_{\text{eff}}K_{\text{eff}}\dot{u} = 0 \end{cases} \tag{3-6}$$

式中，m 为系统等效质量；c 为系统等效阻尼系数；k 为系统等效刚度；u 为末端位移；C_p 为压电片的开路电容；R_{Load} 为负载电阻；V 为负载电压。空腔长度和倾斜角度是影响等效压电应变常数的关键参数，空腔长度越长，倾斜角度越小，等效压电应变常数越高，但是，还必须考虑粘接是否牢固以及器件体积等问题。弯张型压电单元的谐振频率一般比周围环境中的激励频率高得多，因此通常不必考虑弯张型压电单元的谐振特性。

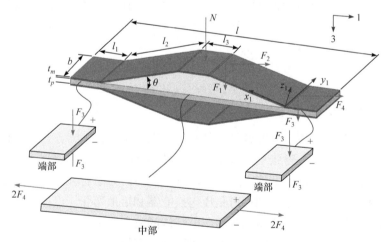

图 3-10　弯张换能器结构示意图

钹形换能器是典型的弯张型压电结构，如图 3-11(a)所示。Kim 等[73-76]对压电钹形换能器进行了一系列研究，钹形结构可以将等效压电应变常数放大数十至数百倍，而且提高了压电陶瓷的耐受力和鲁棒性。Zhao 等[77]对钹形换能器进行了有限元分析，对于直径为 32mm 的钹形换能器，在 20Hz 的车辆负载下，最大可

能的输出功率为 1.2mW。Mo 等[78]将压电层粘接金属层,进一步提高了压电换能器承受高负载的能力。实验结果表明,该结构至少可以承受 1940N 的载荷。Moure 等[79]将钹形换能器嵌入路面,以采集由汽车滚动产生的能量,如图 3-11(b)所示。

如图 3-11(c)所示,Ling 等[80]设计了具有更宽放大范围和更高频率响应的多级放大弯张型压电结构。Li 等[81]提出了一种压缩模式的压电能量采集器,它不同于钹形结构,通过一对拱形结构将横向力放大为纵向力,然后施加到两端的预压缩压电叠层,实验结果表明,装置可以产生 110V 的开路峰值电压。Wang 等[82]设计了一种柔顺压缩模式压电能量收集单元,其具有大负载能力,并且可以调节力传递系数,此设计的负载可以达到 2.8kN,在 600N 和 4Hz 的谐波激励下,最大输出功率可以达到 17.8mW。弯张柔顺机构也可以放大振动位移,增加压电或电磁能量收集的输出功率[83,84]。Shin 等[85]提出了一种安装在高速公路上的大功率压电模块,如图 3-11(d)所示。该模块具有一个桥式位移放大单元,该单元将 2.5mm 的垂直位移转换为 13mm 的水平变形,可以在不影响驾驶体验的同时有效收集能量。

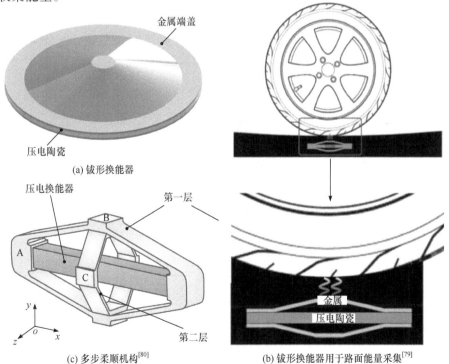

(a) 钹形换能器

(c) 多步柔顺机构[80]

(b) 钹形换能器用于路面能量采集[79]

(d) 安装在路面的高功率输出发电单元[85]

图 3-11　弯张换能器应用于强激励环境

弯张换能器刚度大、变形小、谐振频率高，一般用于负载较大的环境中，如道路、轮胎等。研究人员设计了很多结构使得弯张换能器在弱激励环境能够有效工作并提高了其输出功率。例如，将两个弯张换能器安装在悬臂梁固定端，可以改善在弱振动激励环境的俘能性能[86, 87]。Liu 等[88-90]提出了一种包括两个弯张传感器和中间质量块的双稳态振动能量采集器。Yang 等[91-94]设计了一种基于弯张型压电结构的双稳态振动能量采集器，如图 3-12 所示。这种压缩模式双稳态振动能量采集器可以在宽频、弱激励下有效俘获能量，并可以显著增加能量输出。Li 等[95]研究了这种压缩模式双稳态振动能量采集器在随机激励下的俘能性能，通过磁力耦合的方式在弱激励下使用弯张换能器，使它具有更高的功率提升潜力和可靠性[41, 42]。

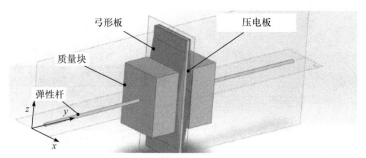

图 3-12　弯张换能器应用于弱激励环境[92]

3.5.2　传动机构放大机理

力和运动可以通过一般的机械机构放大，如杠杆机构、剪式联动机构、双齿轮齿条机构和活塞齿轮齿条机构[96]。这些机械放大机构可以应用于能量采集，虽然在机械转换过程中存在能量损失，但可以从环境中俘获更多能量。Xu 等[97]比较了有齿轮传递(转速放大)风能采集器和无齿轮传递风能采集器的性能，发现有齿轮传递风能采集器在风速较大时输出功率更高。Hua 等[98]设计了一种容易集成的脚踏式能量采集器，可以有效地将人行走时的能量转换为电能，该设计利用杠杆机构放大了压电层的变形，实验结果表明，最高输出功率为 13.6mW，具有为可穿戴式设备充电的可行性。Wang 等[99]设计了一种电缆振动能量采集器，由机械传动系统和电能存储系统组成。电缆的随机振动转换为三个单向旋转运动，并通过齿轮传动模块进行放大，从而提高了能量转换效率，如图 3-13 所示，该设计可为偏远山区的电缆监控设备供电。

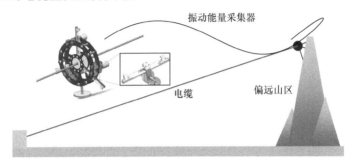

图 3-13　传动放大机构用于电缆振动能量采集器[99]

3.5.3　动力学放大机理

动态放大器等效于换能器和基座之间的弹簧质量系统，也被用于提高振动能量采集器的性能。Zhou 等[100]提出了一种多模态压电梁，通过合理的参数设计可以在所有谐振频率放大能量采集系统的振动幅度，实验结果表明，由于采用了动态放大设计，在很宽的频率范围下能量采集系统俘获的能量增加了 25.5 倍。Aldraihem 等[101]和 Aladwani 等[102]研究了由弹簧质量系统组成的动态放大器，动态放大器设置在换能器和基座之间，基于合理的参数设计提高了能量采集系统的输出功率和有效工作带频宽。Wang 等[103]使用动态放大器放大基座激励，为双稳态系统提供了更多的动能，以克服势能阱，如图 3-14 所示。结果表明，具有动态

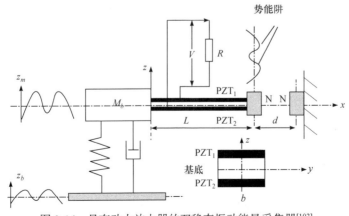

图 3-14　具有动力放大器的双稳态振动能量采集器[103]

· 64 ·　　　　　　　　　压电能量采集动力学设计理论与技术

放大器的双稳态能量采集器可以产生更高的功率输出，与一般双稳态压电能量采集器相比，其在较低的激励下具有更宽的工作频率范围。但是，具有动态放大器的系统需要合理地设计参数才能产生有益效果，如质量刚度比，因此对建模、优化设计以及制造有更高的要求。

3.6　本章小结

新的机电转换机制、机电转换材料对能量采集器的性能提升具有关键作用，但突破也比较困难。因此，能量采集系统设计对于进一步提升能量采集器的性能至关重要。相比于机电转换，机机转换设计更加灵活。机械调制方法对提高能量采集器的性能具有很大潜力，值得探索。机械调制是连接激励环境与换能器的桥梁。通常机械调制能量采集设计需要考虑特定应用环境，可应用于所有环境的机械调制设计几乎是不可能实现的。然而，建立易于修改的模块化设计可以提高机械调制设计的效率和可靠性。此外，有许多机械机构，如连杆机构、齿轮机构等，可以通过合理设计应用于机械能量采集。尽管本章中讨论的大多数设计示例都是压电能量采集和电磁能量采集，但机械调制也可以用于其他机电转换机制，如静电能量采集、摩擦纳米发电等。

参 考 文 献

[1] Akhtar F, Rehmani M H. Energy replenishment using renewable and traditional energy resources for sustainable wireless sensor networks: A review[J]. Renewable and Sustainable Energy Reviews, 2015, 45: 769-784.

[2] Selvan K V, Mohamed Ali M S. Micro-scale energy harvesting devices: Review of methodological performances in the last decade[J]. Renewable and Sustainable Energy Reviews, 2016, 54: 1035-1047.

[3] Khaligh A, Zeng P, Zheng C. Kinetic energy harvesting using piezoelectric and electromagnetic technologies——State of the art[J]. IEEE Transactions on Industrial Electronics, 2010, 57(3): 850-860.

[4] Fan F R, Tang W, Wang Z L. Flexible nanogenerators for energy harvesting and self-powered electronics[J]. Advanced Materials, 2016, 28(22): 4283-4305.

[5] Guo L K, Lu Q. Potentials of piezoelectric and thermoelectric technologies for harvesting energy from pavements[J]. Renewable and Sustainable Energy Reviews, 2017, 72: 761-773.

[6] Zou H X, Zhao L C, Gao Q H, et al. Mechanical modulations for enhancing energy harvesting: Principles, methods and applications[J]. Applied Energy, 2019, 255: 113871.

[7] Yildirim T, Ghayesh M H, Li W H, et al. A review on performance enhancement techniques for ambient vibration energy harvesters[J]. Renewable and Sustainable Energy Reviews, 2017, 71: 435-449.

[8] Zhou S X, Zuo L. Nonlinear dynamic analysis of asymmetric tristable energy harvesters for enhanced energy harvesting[J]. Communications in Nonlinear Science and Numerical Simulation, 2018, 61: 271-284.

[9] Sarmiento J, Iturrioz A, Ayllón V, et al. Experimental modelling of a multi-use floating platform for wave and wind energy harvesting[J]. Ocean Engineering, 2019, 173: 761-773.

[10] Zhang Z T, Zhang X T, Chen W W, et al. A high-efficiency energy regenerative shock absorber using supercapacitors for renewable energy applications in range extended electric vehicle[J]. Applied Energy, 2016, 178: 177-188.

[11] Wang L F, Wong K K, Jin S, et al. A new look at physical layer security, caching, and wireless energy harvesting for heterogeneous ultra-dense networks[J]. IEEE Communications Magazine, 2018, 56(6): 49-55.

[12] Huang J, Zhou Y D, Ning Z L, et al. Wireless power transfer and energy harvesting: Current status and future prospects[J]. IEEE Wireless Communications, 2019, 26(4): 163-169.

[13] Dagdeviren C, Li Z, Wang Z L. Energy harvesting from the animal/human body for self-powered electronics[J]. Annual Review of Biomedical Engineering, 2017, 19(1): 85-108.

[14] Pu X, Hu W G, Wang Z L. Toward wearable self-charging power systems: The integration of energy-harvesting and storage devices[J]. Small, 2018, 14(1): 1702817.

[15] Safaei M, Meneghini R M, Anton S R. Energy harvesting and sensing with embedded piezoelectric ceramics in knee implants[J]. IEEE/ASME Transactions on Mechatronics, 2018, 23(2): 864-874.

[16] Maurya D, Kumar P, Khaleghian S, et al. Energy harvesting and strain sensing in smart tire for next generation autonomous vehicles[J]. Applied Energy, 2018, 232: 312-322.

[17] Xie L H, Li J H, Li X D, et al. Damping-tunable energy-harvesting vehicle damper with multiple controlled generators: Design, modeling and experiments[J]. Mechanical Systems and Signal Processing, 2018, 99: 859-872.

[18] Liu M Y, Lin R, Zhou S X, et al. Design, simulation and experiment of a novel high efficiency energy harvesting paver[J]. Applied Energy, 2018, 212: 966-975.

[19] Cahill P, Hazra B, Karoumi R, et al. Vibration energy harvesting based monitoring of an operational bridge undergoing forced vibration and train passage[J]. Mechanical Systems and Signal Processing, 2018, 106: 265-283.

[20] Wang H, Jasim A, Chen X D. Energy harvesting technologies in roadway and bridge for different applications—A comprehensive review[J]. Applied Energy, 2018, 212: 1083-1094.

[21] Iqbal M, Khan F U. Hybrid vibration and wind energy harvesting using combined piezoelectric and electromagnetic conversion for bridge health monitoring applications[J]. Energy Conversion and Management, 2018, 172: 611-618.

[22] Abdelkefi A, Yan Z M, Hajj M R. Modeling and nonlinear analysis of piezoelectric energy harvesting from transverse galloping[J]. Smart Materials and Structures, 2013, 22(2): 025016.

[23] Abdelkefi A. Aeroelastic energy harvesting: A review[J]. International Journal of Engineering Science, 2016, 100: 112-135.

[24] Han N M, Zhao D, Schluter J U, et al. Performance evaluation of 3D printed miniature

electromagnetic energy harvesters driven by air flow[J]. Applied Energy, 2016, 178: 672-680.

[25] Zhao L C, Zou H X, Yan G, et al. A water-proof magnetically coupled piezoelectric-electromagnetic hybrid wind energy harvester[J]. Applied Energy, 2019, 239: 735-746.

[26] Wang P, Pan L, Wang J, et al. An ultra-low-friction triboelectric-electromagnetic hybrid nanogenerator for rotation energy harvesting and self-powered wind speed sensor[J]. ACS Nano, 2018, 12(9): 9433-9440.

[27] Kan J W, Fan C T, Wang S Y, et al. Study on a piezo-windmill for energy harvesting[J]. Renewable Energy, 2016, 97: 210-217.

[28] Kwon S D. A T-shaped piezoelectric cantilever for fluid energy harvesting[J]. Applied Physics Letters, 2010, 97(16): 164102.

[29] Mehmood A, Abdelkefi A, Hajj M R, et al. Piezoelectric energy harvesting from vortex-induced vibrations of circular cylinder[J]. Journal of Sound and Vibration, 2013, 332(19): 4656-4667.

[30] Abdelkefi A, Hajj M R, Nayfeh A H. Piezoelectric energy harvesting from transverse galloping of bluff bodies[J]. Smart Materials and Structures, 2012, 22(1): 015014.

[31] Abdelkefi A, Hajj M R, Nayfeh A H. Power harvesting from transverse galloping of square cylinder[J]. Nonlinear Dynamics, 2012, 70(2): 1355-1363.

[32] Abdelkefi A, Scanlon J M, McDowell E, et al. Performance enhancement of piezoelectric energy harvesters from wake galloping[J]. Applied Physics Letters, 2013, 103(3): 033903.

[33] Sirohi J, Mahadik R. Piezoelectric wind energy harvester for low-power sensors[J]. Journal of Intelligent Material Systems and Structures, 2011, 22(18): 2215-2228.

[34] Yang Y W, Zhao L Y, Tang L H. Comparative study of tip cross-sections for efficient galloping energy harvesting[J]. Applied Physics Letters, 2013, 102(6): 064105.

[35] Tan T, Yan Z. Analytical solution and optimal design for galloping-based piezoelectric energy harvesters[J]. Applied Physics Letters, 2016, 109(25): 253902.

[36] Tan T, Yan Z M, Huang W H. Broadband design of hybrid piezoelectric energy harvester[J]. International Journal of Mechanical Sciences, 2017, 131/132: 516-526.

[37] Tan T, Yan Z, Hajj M. Electromechanical decoupled model for cantilever-beam piezoelectric energy harvesters[J]. Applied Physics Letters, 2016, 109(10): 101908.

[38] Yan Z M, Lei H, Tan T, et al. Nonlinear analysis for dual-frequency concurrent energy harvesting[J]. Mechanical Systems and Signal Processing, 2018, 104: 514-535.

[39] Anton S R, Sodano H A. A review of power harvesting using piezoelectric materials (2003–2006)[J]. Smart Materials and Structures, 2007, 16(3): R1-R21.

[40] Wu J G, Chen X, Chu Z Q, et al. A barbell-shaped high-temperature piezoelectric vibration energy harvester based on $BiScO_3$-$PbTiO_3$ ceramic[J]. Applied Physics Letters, 2016, 109(17): 173901.

[41] Zou H X, Zhang W M, Wei K X, et al. A compressive-mode wideband vibration energy harvester using a combination of bistable and flextensional mechanisms[J]. Journal of Applied Mechanics, 2016, 83(12): 121005.

[42] Zou H X, Zhang W M, Li W B, et al. Magnetically coupled flextensional transducer for wideband vibration energy harvesting: Design, modeling and experiments[J]. Journal of Sound and Vibration, 2018, 416: 55-79.

[43] Xie X D, Wang Q. Design of a piezoelectric harvester fixed under the roof of a high-rise building[J]. Engineering Structures, 2016, 117: 1-9.

[44] Kan J W, Fu J W, Wang S Y, et al. Study on a piezo-disk energy harvester excited by rotary magnets[J]. Energy, 2017, 122: 62-69.

[45] Zou H X, Zhang W M, Li W B, et al. Design, modeling and experimental investigation of a magnetically coupled flextensional rotation energy harvester[J]. Smart Materials and Structures, 2017, 26(11): 115023.

[46] Yan B P, Zhang C M, Li L L. Design and fabrication of a high-efficiency magnetostrictive energy harvester for high-impact vibration systems[J]. IEEE Transactions on Magnetics, 2015, 51(11): 1-4.

[47] Jiang X Y, Zou H X, Zhang W M. Design and analysis of a multi-step piezoelectric energy harvester using buckled beam driven by magnetic excitation[J]. Energy Conversion and Management, 2017, 145: 129-137.

[48] Bernitsas M M, Ben-Simon Y, Raghavan K, et al. The VIVACE converter: Model tests at high damping and Reynolds number around 105[J]. Journal of Offshore Mechanics and Arctic Engineering, 2009, 131(1): 011102.

[49] Li Z J, Brindak Z, Zuo L. Modeling of an electromagnetic vibration energy harvester with motion magnification[C]. Proceedings of ASME International Mechanical Engineering Congress and Exposition, Denver, 2011: 285-293.

[50] Li Z J, Zuo L, Kuang J, et al. Energy-harvesting shock absorber with a mechanical motion rectifier[J]. Smart Materials and Structures, 2013, 22(2): 025008.

[51] Lin T, Pan Y, Chen S K, et al. Modeling and field testing of an electromagnetic energy harvester for rail tracks with anchorless mounting[J]. Applied Energy, 2018, 213: 219-226.

[52] Liu Y L, Xu L, Zuo L. Design, modeling, lab, and field tests of a mechanical-motion-rectifier-based energy harvester using a ball-screw mechanism[J]. IEEE/ASME Transactions on Mechatronics, 2017, 22(5): 1933-1943.

[53] Li C, Zhu R R, Liang M, et al. Integration of shock absorption and energy harvesting using a hydraulic rectifier[J]. Journal of Sound and Vibration, 2014, 333(17): 3904-3916.

[54] Guo S J, Xu L, Liu Y L, et al. Modeling and experiments of a hydraulic electromagnetic energy-harvesting shock absorber[J]. IEEE/ASME Transactions on Mechatronics, 2017, 22(6): 2684-2694.

[55] Zou H X, Zhang W M, Wei K X, et al. Design and analysis of a piezoelectric vibration energy harvester using rolling mechanism[J]. Journal of Vibration and Acoustics, 2016, 138(5): 051007.

[56] Fan K Q, Chang J W, Pedrycz W, et al. A nonlinear piezoelectric energy harvester for various mechanical motions[J]. Applied Physics Letters, 2015, 106(22): 223902.

[57] Xu J, Tang J. Multi-directional energy harvesting by piezoelectric cantilever-pendulum with internal resonance[J]. Applied Physics Letters, 2015, 107(21): 213902.

[58] Lin Z M, Chen J, Li X S, et al. Broadband and three-dimensional vibration energy harvesting by a non-linear magnetoelectric generator[J]. Applied Physics Letters, 2016, 109(25): 253903.

[59] Zhao L C, Zou H X, Yan G, et al. Arbitrary-directional broadband vibration energy harvesting using magnetically coupled flextensional transducers[J]. Smart Materials and Structures, 2018, 27(9): 095010.

[60] Wu Y P, Qiu J H, Zhou S P, et al. A piezoelectric spring pendulum oscillator used for multi-directional and ultra-low frequency vibration energy harvesting[J]. Applied Energy, 2018, 231: 600-614.

[61] Tieck R M, Carman G P, Lee D G E. Electrical energy harvesting using a mechanical rectification approach[C]. Proceedings of ASME 2006 International Mechanical Engineering Congress and Exposition, Chicago, 2006: 547-553.

[62] Lin Z, Zhang Y L. Dynamics of a mechanical frequency up-converted device for wave energy harvesting[J]. Journal of Sound and Vibration, 2016, 367: 170-184.

[63] Wickenheiser A M, Garcia E. Broadband vibration-based energy harvesting improvement through frequency up-conversion by magnetic excitation[J]. Smart Materials and Structures, 2010, 19(6): 065020.

[64] Ramezanpour R, Nahvi H, Ziaei-Rad S. Electromechanical behavior of a pendulum-based piezoelectric frequency up-converting energy harvester[J]. Journal of Sound and Vibration, 2016, 370: 280-305.

[65] Kulah H, Najafi K. Energy scavenging from low-frequency vibrations by using frequency up-conversion for wireless sensor applications[J]. IEEE Sensors Journal, 2008, 8(3): 261-268.

[66] Sari I, Balkan T, Külah H. An electromagnetic micro power generator for low-frequency environmental vibrations based on the frequency upconversion technique[J]. Journal of Microelectromechanical Systems, 2010, 19(1): 14-27.

[67] Ashraf K, Khir M H M, Dennis J O, et al. Improved energy harvesting from low frequency vibrations by resonance amplification at multiple frequencies[J]. Sensors and Actuators A: Physical, 2013, 195: 123-132.

[68] Yuksek N S, Feng Z C, Almasri M. Broadband electromagnetic power harvester from vibrations via frequency conversion by impact oscillations[J]. Applied Physics Letters, 2014, 105(11): 113902.

[69] Halim M A, Park J Y. Modeling and experiment of a handy motion driven, frequency up-converting electromagnetic energy harvester using transverse impact by spherical ball[J]. Sensors and Actuators A: Physical, 2015, 229: 50-58.

[70] Meyer R J, Dogan A, Yoon C, et al. Displacement amplification of electroactive materials using the cymbal flextensional transducer[J]. Sensors and Actuators A: Physical, 2001, 87(3): 157-162.

[71] Xu T B, Tolliver L, Jiang X N, et al. A single crystal lead magnesium niobate-lead titanate multilayer-stacked cryogenic flextensional actuator[J]. Applied Physics Letters, 2013, 102(4): 042906.

[72] Sun C L, Guo S S, Li W P, et al. Displacement amplification and resonance characteristics of the cymbal transducers[J]. Sensors and Actuators A: Physical, 2005, 121(1): 213-220.

[73] Kim H W, Batra A, Priya S, et al. Energy harvesting using a piezoelectric "cymbal" transducer in dynamic environment[J]. Japanese Journal of Applied Physics, 2004, 43(9A): 6178-6183.

[74] Kim H W, Priya S, Uchino K, et al. Piezoelectric energy harvesting under high pre-stressed cyclic vibrations[J]. Journal of Electroceramics, 2005, 15(1): 27-34.

[75] Kim H, Priya S, Uchino K. Modeling of piezoelectric energy harvesting using cymbal transducers[J]. Japanese Journal of Applied Physics, 2006, 45(7): 5836-5840.

[76] Kim H, Priya S, Stephanou H, et al. Consideration of impedance matching techniques for efficient piezoelectric energy harvesting[J]. IEEE Transactions on Ultrasonics, Ferroelectrics, and Frequency Control, 2007, 54(9): 1851-1859.

[77] Zhao H, Yu J, Ling J. Finite element analysis of Cymbal piezoelectric transducers for harvesting energy from asphalt pavement[J]. Journal of the Ceramic Society of Japan, 2010, 118(1382): 909-915.

[78] Mo C, Arnold D, Kinsel W C, et al. Modeling and experimental validation of unimorph piezoelectric cymbal design in energy harvesting[J]. Journal of Intelligent Material Systems and Structures, 2013, 24(7): 828-836.

[79] Moure A, Rodríguez M A I, Rueda S H, et al. Feasible integration in asphalt of piezoelectric cymbals for vibration energy harvesting[J]. Energy Conversion and Management, 2016, 112: 246-253.

[80] Ling M X, Cao J Y, Jiang Z, et al. Theoretical modeling of attenuated displacement amplification for multistage compliant mechanism and its application[J]. Sensors and Actuators A: Physical, 2016, 249: 15-22.

[81] Li X T, Guo M S, Dong S X. A flex-compressive-mode piezoelectric transducer for mechanical vibration/strain energy harvesting[J]. IEEE Transactions on Ultrasonics, Ferroelectrics, and Frequency Control, 2011, 58(4): 698-703.

[82] Wang X F, Shi Z F, Wang J J, et al. A stack-based flex-compressive piezoelectric energy harvesting cell for large quasi-static loads[J]. Smart Materials and Structures, 2016, 25(5): 055005.

[83] Abdelnaby M A, Arafa M. Motion amplification using a flextensional compliant mechanism for enhanced energy harvesting[C]. Active and Passive Smart Structures and Integrated Systems, Las Vegas, 2016: 138-150.

[84] Abdelnaby M A, Arafa M. Energy harvesting using a flextensional compliant mechanism[J]. Journal of Intelligent Material Systems and Structures, 2016, 27(19): 2707-2718.

[85] Shin Y H, Jung I, Noh M S, et al. Piezoelectric polymer-based roadway energy harvesting via displacement amplification module[J]. Applied Energy, 2018, 216: 741-750.

[86] Xu C D, Ren B, Liang Z, et al. Nonlinear output properties of cantilever driving low frequency piezoelectric energy harvester[J]. Applied Physics Letters, 2012, 101(22): 223503.

[87] Tufekcioglu E, Dogan A. A flextensional piezo-composite structure for energy harvesting applications[J]. Sensors and Actuators A: Physical, 2014, 216: 355-363.

[88] Liu W Q, Badel A, Formosa F, et al. Novel piezoelectric bistable oscillator architecture for wideband vibration energy harvesting[J]. Smart Materials and Structures, 2013, 22(3): 035013.

[89] Liu W Q, Formosa F, Badel A, et al. Self-powered nonlinear harvesting circuit with a mechanical switch structure for a bistable generator with stoppers[J]. Sensors and Actuators A: Physical, 2014, 216: 106-115.

[90] Liu W Q, Badel A, Formosa F, et al. A wideband integrated piezoelectric bistable generator: Experimental performance evaluation and potential for real environmental vibrations[J]. Journal of Intelligent Material Systems and Structures, 2015, 26(7): 872-877.

[91] Yang Z B, Zhu Y, Zu J. Theoretical and experimental investigation of a nonlinear compressive-mode energy harvester with high power output under weak excitations[J]. Smart Materials and Structures, 2015, 24(2): 025028.

[92] Yang Z B, Zu J. Toward harvesting vibration energy from multiple directions by a nonlinear compressive-mode piezoelectric transducer[J]. IEEE/ASME Transactions on Mechatronics, 2016, 21(3): 1787-1791.

[93] Yang Z B, Zu J, Xu Z. Reversible nonlinear energy harvester tuned by tilting and enhanced by nonlinear circuits[J]. IEEE/ASME Transactions on Mechatronics, 2016, 21(4): 2174-2184.

[94] Yang Z B, Zu J, Luo J, et al. Modeling and parametric study of a force-amplified compressive-mode piezoelectric energy harvester[J]. Journal of Intelligent Material Systems and Structures, 2017, 28(3): 357-366.

[95] Li H T, Yang Z, Zu J, et al. Numerical and experimental study of a compressive-mode energy harvester under random excitations[J]. Smart Materials and Structures, 2017, 26(3): 035064.

[96] Shahosseini I, Najafi K. Mechanical amplifier for translational kinetic energy harvesters[J]. Journal of Physics: Conference Series, 2014, 557(1): 012135.

[97] Xu F J, Yuan F G, Hu J Z, et al. Miniature horizontal axis wind turbine system for multipurpose application[J]. Energy, 2014, 75: 216-224.

[98] Hua R, Liu H L, Yang H C, et al. A nonlinear interface integrated lever mechanism for piezoelectric footstep energy harvesting[J]. Applied Physics Letters, 2018, 113(5): 053902.

[99] Wang H K, He C M, Lv S, et al. A new electromagnetic vibrational energy harvesting device for swaying cables[J]. Applied Energy, 2018, 228: 2448-2461.

[100] Zhou W L, Penamalli G R, Zuo L. An efficient vibration energy harvester with a multi-mode dynamic magnifier[J]. Smart Materials and Structures, 2012, 21(1): 015014.

[101] Aldraihem O, Baz A. Energy harvester with a dynamic magnifier[J]. Journal of Intelligent Material Systems and Structures, 2011, 22(6): 521-530.

[102] Aladwani A, Arafa M, Aldraihem O, et al. Cantilevered piezoelectric energy harvester with a dynamic magnifier[J]. Journal of Vibration and Acoustics, 2012, 134(3): 031004.

[103] Wang G Q, Liao W H, Yang B Q, et al. Dynamic and energetic characteristics of a bistable piezoelectric vibration energy harvester with an elastic magnifier[J]. Mechanical Systems and Signal Processing, 2018, 105: 427-446.

第 4 章　磁力耦合非线性振动能量采集

4.1　引　　言

振动无处不在，振动能量采集已经得到研究人员的广泛关注，而振动能量采集最关键的挑战是如何提高其工作频域和能量密度[1-3]。振动能量采集器的谐振频率匹配振源的激励频率可以显著提高功率输出。自然环境中的振动频率一般较低，需要设计很多结构去降低振动能量采集器的谐振频率。此外，有很多宽频振动能量采集器，如由多个具有不同模态压电单元组成的阵列式振动能量采集器，可以主动调节系统固有频率以适应激励频率的自调频振动能量采集系统[4]。非线性系统具有宽频响应，可以更灵活地匹配振源的激励频率[5-7]，因此，很多研究者利用振动系统的非线性特性进行宽频振动能量采集，尤其是双稳态非线性系统两个稳态之间的突跳可以产生较大的振动位移，从而显著提高输出电压[8,9]。压电片在弯曲应力下容易碎裂，而其在压应力下的可靠性和耦合系数更高[10-12]。铙形弯张换能器是一种可以在周期性高压力环境下采集能量的压电结构[13]。尽管如此，弯张换能器不能在弱振动环境中有效俘获能量。为了提高振动能量采集器的工作频域和能量密度，本章提出一种兼具非线性双稳态宽频和弯张放大优点的压电振动能量采集方法，即磁力耦合非线性振动能量采集方法[14]。

4.2　磁力耦合机制与磁力耦合非线性振动能量采集

利用磁力耦合机制传递机械能量，具有无接触、能量损耗小、设计灵活等优点。如图 4-1 所示，将机械振动通过磁力耦合机制转换为变化的磁力作用。永磁体可以采用磁极模型建模。

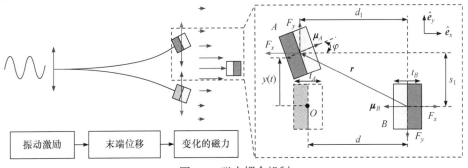

图 4-1　磁力耦合机制

当悬臂梁振动时，末端永磁体移动一段距离 y 以及一个小的旋转角度 φ，角度 φ 可以近似表示为 $\varphi = \arcsin\left[w'(L,t)\right]$。永磁体 A 与永磁体 B 的水平距离为 d_1，垂直距离为 s_1：

$$d_1 = d + \frac{t_A}{2} - \frac{t_A\cos\varphi}{2} + L + \frac{t_A}{2} - \sqrt{\left(L + \frac{t_A}{2}\right)^2 - y^2}$$

$$s_1 = y + \frac{t_A\sin\varphi}{2} \tag{4-1}$$

式中，t_A 为永磁体 A 的厚度；d 为 $y=0$ 时永磁体的水平距离。对于移动永磁体 A，其磁矩矢量为

$$\boldsymbol{\mu}_A = -M_A V_A \hat{\boldsymbol{e}}_x\cos\varphi + M_A V_A \hat{\boldsymbol{e}}_y\sin\varphi \tag{4-2}$$

式中，M_A 为永磁体 A 的磁化矢量大小，可以通过永磁体磁感应强度 B_r 来计算，且 $M_A = B_r/\mu_0$，μ_0 为自由空间的磁导率，$\mu_0 = 1.256\times10^{-6}\text{H/m}$；$V_A$ 为永磁体 A 的体积。对于永磁体 B，当 $y=0$ 时，其磁极与永磁体 A 的磁极相反，磁矩矢量为 $\boldsymbol{\mu}_B$，

$$\boldsymbol{\mu}_B = M_B V_B \hat{\boldsymbol{e}}_x \tag{4-3}$$

式中，M_B 为永磁体 B 的磁化矢量大小，可以通过永磁体磁感应强度 B_r 来计算，且 $M_B = B_r/\mu_0$；V_B 为永磁体 B 的体积。从 $\boldsymbol{\mu}_B$ 到 $\boldsymbol{\mu}_A$ 的距离 $\boldsymbol{r}$ 为

$$\boldsymbol{r} = d_i\hat{\boldsymbol{e}}_x + s_i\hat{\boldsymbol{e}}_y \tag{4-4}$$

永磁体 A 在永磁体 B 位置处产生的磁场可以表示为

$$\boldsymbol{B} = -\frac{\mu_0}{4\pi}\nabla\frac{\boldsymbol{\mu}_A\cdot\boldsymbol{r}}{\|\boldsymbol{r}\|_2^3} \tag{4-5}$$

式中，$\|\cdot\|_2$ 和 ∇ 分别表示欧几里得(Euclidean)范数和向量梯度算子。磁场中的势能可以表示为

$$U_m = -\boldsymbol{B}\cdot\boldsymbol{\mu}_B \tag{4-6}$$

由式(4-6)对 $\boldsymbol{r}$ 进行微分可以求得磁力为

$$\boldsymbol{F} = -\nabla U_m = \frac{3M_A V_A M_B V_B \mu_0\left[(\hat{\boldsymbol{\mu}}_A\cdot\hat{\boldsymbol{\mu}}_B)\hat{\boldsymbol{r}} + (\hat{\boldsymbol{\mu}}_B\cdot\hat{\boldsymbol{r}})\hat{\boldsymbol{\mu}}_A + (\hat{\boldsymbol{\mu}}_A\cdot\hat{\boldsymbol{r}})\hat{\boldsymbol{\mu}}_B - 5(\hat{\boldsymbol{\mu}}_A\cdot\hat{\boldsymbol{r}})(\hat{\boldsymbol{\mu}}_B\cdot\hat{\boldsymbol{r}})\hat{\boldsymbol{r}}\right]}{4\pi\|\boldsymbol{r}\|_2^4}$$

$$\tag{4-7}$$

式中，$\hat{\boldsymbol{\mu}}_A$、$\hat{\boldsymbol{\mu}}_B$ 和 $\hat{\boldsymbol{r}}$ 分别为沿着 $\boldsymbol{\mu}_A$、$\boldsymbol{\mu}_B$ 和 $\boldsymbol{r}$ 的单位矢量。

继续通过两个设计说明磁力耦合非线性振动能量采集方法。图 4-2(a)显示了

一种磁力耦合非线性振动能量采集器的基本设计(设计 1)。该设计包括一根自由端固定有永磁体的悬臂梁，一个自由端固定有永磁体的弯张型压电单元，悬臂梁和弯张型压电单元固定在承受外部激励的框架上。弯张型压电单元包括一个压电片和两个凸起金属片，凸起金属片粘接在压电片的两侧。如图 4-2(b)所示，磁力耦合非线性振动能量采集器的能量转换过程可以描述如下：

(1) 因为振动，梁末端产生位移，梁末端与弯张型压电单元的距离发生周期性变化；

(2) 梁末端永磁体对弯张型压电单元的磁排斥力发生周期性变化；

(3) 磁排斥力被弯张型压电结构放大并传递到压电片；

(4) 由压电效应产生电压。

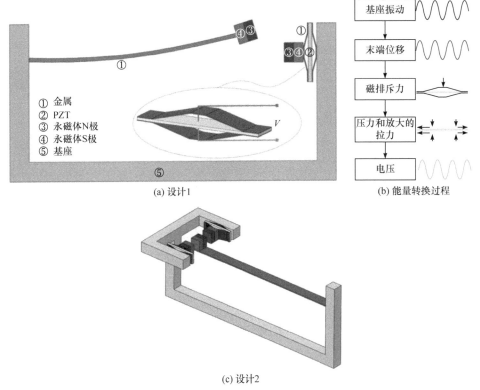

图 4-2　磁力耦合非线性振动能量采集器

磁力耦合非线性振动能量采集器结合了双稳态非线性系统和弯张换能器的优点。梁末端和弯张型压电单元之间存在相互排斥的磁力，梁末端因为受到非线性磁力而成为双稳态系统，可以在宽频范围内有效俘获振动能量。弯张型压电单元受到由振动产生的周期性磁力的激励，磁力可以被放大，而且提高了压电片使用的可靠性。图 4-2(c)显示了一种基于设计 1 拓展的设计(设计 2)。

4.2.1　磁力耦合非线性振动能量采集器建模

对于设计 1，可以得到磁排斥力在 x 方向和 y 方向的分量分别为

$$F_x = \frac{3M_A V_A M_B V_B \mu_0}{4\pi\left\{\left[d+a(1-\cos\varphi)\right]^2 + (y+a\sin\varphi)^2\right\}^{5/2}}$$

$$\cdot\left\{3\left[d+a(1-\cos\varphi)\right]\cos\varphi - (y+a\sin\varphi)\sin\varphi\right. \tag{4-8a}$$

$$\left. + \frac{5\left\{-\left[d+a(1-\cos\varphi)\right]\cos\varphi + (y+a\sin\varphi)\sin\varphi\right\}\left[d+a(1-\cos\varphi)\right]^2}{\left[d+a(1-\cos\varphi)\right]^2 + (y+a\sin\varphi)^2}\right\}$$

$$F_y = \frac{3M_A V_A M_B V_B \mu_0}{4\pi\left\{\left[d+a(1-\cos\varphi)\right]^2 + (y+a\sin\varphi)^2\right\}^{5/2}}$$

$$\cdot\left\{\left[d+a(1-\cos\varphi)\right]\sin\varphi - (y+a\sin\varphi)\cos\varphi\right.$$

$$\left. - \frac{5\left\{-\left[d+a(1-\cos\varphi)\right]\cos\varphi + (y+a\sin\varphi)\sin\varphi\right\}\left[d+a(1-\cos\varphi)\right]\left[y+a\sin\varphi\right]}{\left[d+a(1-\cos\varphi)\right]^2 + (y+a\sin\varphi)^2}\right\}$$

$$\tag{4-8b}$$

式中，M_A、M_B 分别为永磁体 A、B 的磁化矢量大小；V_A、V_B 分别为永磁体 A、B 的体积；μ_0 为自由空间的磁导率，$\mu_0 = 1.256\times10^{-6}$ H/m。通过 $\varphi(t) = 3y(t)/(2L)$ 可以估算长度为 L 的悬臂梁的旋转角度。若式(4-8)在 $y=0$ 附近进行泰勒级数展开，则磁力在 x 方向和 y 方向的分量可以分别近似表示为

$$F_x = -a_x + b_x y^2 \tag{4-9a}$$

$$F_y = a_y y - b_y y^3 \tag{4-9b}$$

式中，

$$a_x = 3M_A V_A M_B V_B \mu_0 / (2\pi d^4)$$

$$b_x = 3M_A V_A M_B V_B \mu_0 [20a^2 + 20ad + 20aL + 5L^2 + 10d^2 + 8Ld + 12ad$$

$$+ 5(L+2a)^2] / (4\pi d^6 L^2)$$

$$a_y = 3M_A V_A M_B V_B \mu_0 (d + 2L + 4a) / (2\pi d^5 L)$$

$$b_y = \frac{M_A V_A M_B V_B \mu_0}{4\pi d^7 L^3}[15(d+2L+4a)(4a^2+4ad+4aL+L^2)+4d^3$$

$$+24d^2L+52d^2a+30d(L+2a)^2+15(L+2a)^3]$$

对于设计 2，磁力可以表示如下：

$$F_x = -a_x + b_x y^2 \tag{4-10a}$$

$$F_y = a_y y - b_y y^3 \tag{4-10b}$$

式中，

$$a_x = 3M_A V_A M_B V_B \mu_0 / (2\pi d^4)$$

$$b_x = 15M_A V_A M_B V_B \mu_0 / (2\pi d^6)$$

$$a_y = 3M_A V_A M_B V_B \mu_0 / (\pi d^5)$$

$$b_y = 45M_A V_A M_B V_B \mu_0 / (4\pi d^7)$$

悬臂梁和永磁体可以表示为一个包含非线性磁力的二次质量阻尼弹簧系统，如图 4-3 所示。动力学方程可以表示为

$$m_{\text{eff}} \frac{\mathrm{d}^2 w}{\mathrm{d}t^2} + c_{\text{eff}} \frac{\mathrm{d}w}{\mathrm{d}t} + k_{\text{eff}} w - F_y = F(t) \tag{4-11}$$

式中，m_{eff} 为等效质量；c_{eff} 为等效阻尼系数；k_{eff} 为梁的等效刚度；w 为梁的挠度；$F(t)$ 为输入激励。当悬臂梁位于平衡位置时，恢复力满足

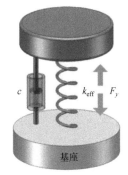

$$a_y w - b_y w^3 - k_{\text{eff}} w = 0 \tag{4-12}$$

如图 4-4 所示，系统有一个不稳定平衡点 $y=0$ 和两个稳定平衡点 $y_{1,2} = \pm\sqrt{(a_y - k_{\text{eff}})/b_y}$。$y$ 方向的磁排

图 4-3　受到非线性磁力的
悬臂梁简化模型

斥力分量满足一定条件时才能实现双稳态，即 $a_y > k_{\text{eff}}$；当系统处于稳态时，有一个预应力施加到弯张型压电单元。预应力 F_{pre} 以如下形式给出：

$$F_{\text{pre}} = -a_x + b_x \frac{a_y - k_{\text{eff}}}{b_y} \tag{4-13}$$

如图 4-5 所示，从左到右的粘接面长度、倾斜板长度和上板长度分别为 l_1、l_2 和 l_3，倾斜板的倾斜角度为 θ，空腔长度为 $l_c = 2l_2\cos\theta + l_3$，粘接面总长度为 $l_b = 2l_1$。压电片的长度和宽度分别为 l 和 b，金属片厚度为 t_m，压电片厚度为 t_p。

作用到弯张型压电单元的磁压力等效为一个集中力 F_x。

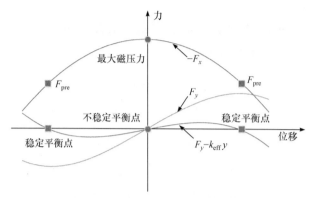

图 4-4　随位移变化的磁力和恢复力

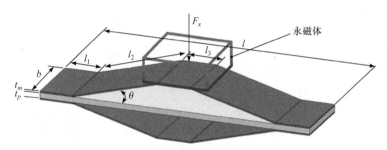

图 4-5　弯张型压电单元结构和受力示意图

开路电压如下：

$$V_{\text{open}} = \left(-d_{33} + \frac{l_2^3 l_c \sin\varphi\cos\varphi}{t_p l_2^3 \sin^2\varphi + 3s_{11}Dl_c} d_{31} \right) \frac{t_p}{bl\varepsilon_{33}^T} N \tag{4-14}$$

式中，$D = E_m t_m^3 / [12(1-\nu_m^2)]$ 为金属板的抗弯刚度，E_m 和 ν_m 分别为金属板的弹性模量和泊松比；d_{31} 和 d_{33} 为压电应变常数；s_{11} 为压电材料的弹性柔度系数；ε_{33} 为压电材料的介电常数。式(4-14)第 1 项就是被放大了的等效压电应变常数，反映了作用力与电压的关系，即

$$d_{\text{eff}} = -d_{33} + \frac{l_2^3 l_c \sin\varphi\cos\varphi}{t_p l_2^3 \sin^2\varphi + 3s_{11}Dl_c} d_{31} \tag{4-15}$$

4.2.2　基座激励下动力学响应

本节数值仿真了原理样机在基座激励下的动力学响应。仿真参数为 $m_{\text{eff}} = 0.049\text{kg}$，$c_{\text{eff}} = 0.3(\text{N}\cdot\text{s})/\text{m}$，$k_{\text{eff}} = 182\text{N}/\text{m}$，$B_r = 0.29\text{T}$，$A_a = A_b = 0.0006\text{m}^2$，$l = 40\text{mm}$，$l_1 = 5\text{mm}$，$l_2 = 12.9\text{mm}$，$l_3 = 5\text{mm}$，$b = 10\text{mm}$，$t_m = 0.25\text{mm}$，

$t_p = 0.8\text{mm}$，$\theta = 15°$。为了验证磁力耦合非线性振动能量采集器的设计优点和理论分析，制造了设计 1 和设计 2 的原理样机，如图 4-6 所示。压电材料为 PZT-5H，按照设计 1 制造的原理样机 1 中，压电片测量的电容为 23nF(压电片厚度为 0.8mm)。按照设计 2 制造的原理样机 2 中，有两种弯张型压电单元，压电片测量的电容分别为 28nF(压电片厚度为 0.5mm)和 17nF(压电片厚度为 1mm)上。如图 4-7 所示，原理样机固定在液压振动台(EVH-50, SAGLNOMIYA)上，实验条件可以通过数字伺服控制器(Model2420, SAGLNOMIYA)进行设置，设定不同的正弦输入进行实验。实验中正反扫频速率为 0.1Hz/s。原理样机 1 固定有一个力传感器，用于测量磁压力，

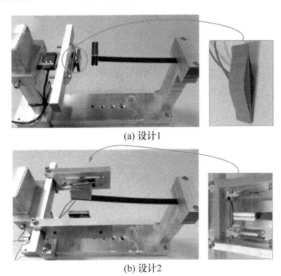

(a) 设计1

(b) 设计2

图 4-6　原理样机

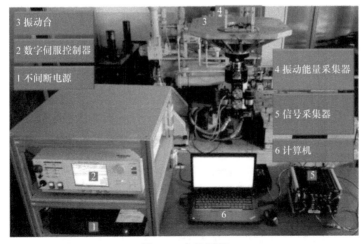

图 4-7　实验设置

压电片和力传感器接入动态信号采集系统(DH5902)，实时记录输入信号。动态信号采集系统的输入内阻为20MΩ，当其没有并联电阻时，可以视为开路。基座激励加速度可以实时显示在数字伺服控制器的屏幕上。

1. 原理样机1的动力学和电学特性

在原理样机1中，悬臂梁长度设置为140mm，悬臂梁自由端永磁体与弯张型压电单元自由端永磁体的中心距离设置为20mm。实验和仿真得到的正反扫频激励下磁排斥力和开路电压如图4-8所示。一般弯张换能器只能在高负载激励下工作，本书提出的设计使得弯张型压电单元可以在弱振动环境中有效俘获能量。基座激励加速度幅值分别为0.2g、0.5g和0.8g。电压随频率变化的趋势与磁压力随频率变化的趋势一致，这说明电压响应正是由磁排斥力产生的。在不同幅值加速度激励下，仿真结果与实验结果在变化趋势上吻合得很好。这说明本节建立的模型能够表征磁力耦合非线性振动能量采集器的动力学和电学特性。工作频域一般定义为峰值电压降低3dB的频宽。在较宽的频率范围内，实验测量的电压响应比较高(超过峰值–3dB的值)。当激励加速度幅值增加时，振动能量采集器的工作频率范围增大。当基座激励加速度幅值为0.8g时，反扫频工作频宽约为10Hz。在扫频实验中，研究者发现了明显的刚度软化现象，这有利于振动能量采集器在环境中常见的低频振动中俘获能量。

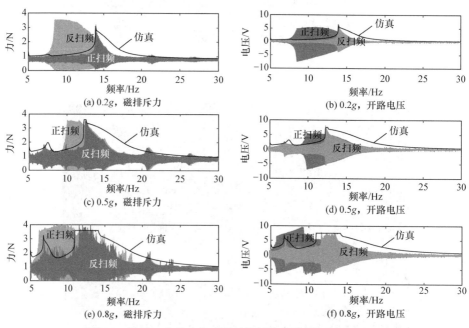

图4-8　设计1实验和仿真正反扫频的磁排斥力和开路电压

压电片的开路电压为 $V_{\text{open}} = -g_{\text{eff}} F t_p / (bl)$，其中 $F = F_x - F_{\text{pre}}$，在原理样机 1 中 F_{pre} 约为 0.8N，g_{eff} 是压电电压常数。图 4-9 显示了理论分析和实验测量的原理样机 1 中弯张型压电单元的压电电压常数。理论分析与实验测量吻合得很好。压电电压常数可以表示为 $g_{\text{eff}} = d_{\text{eff}} / \varepsilon$，其中，$d_{\text{eff}}$ 为等效压电应变常数，而 ε 为介电常数。等效压电应变常数 d_{eff} 按照理论计算约为 4.5421×10^{-8}C/N，实验测量约为 4.3739×10^{-8}C/N。这表示原理样机 1 中的弯张型压电结构增加了 134 倍的 d_{31} 到 d_{33}。

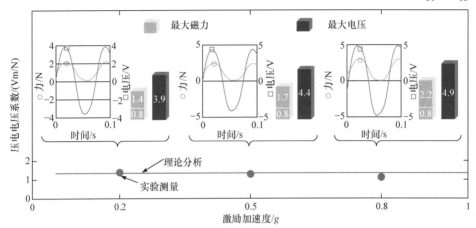

图 4-9　理论分析和实验测量的原理样机 1 中弯张型压电单元的压电电压常数

瞬时功率为 V_{open}^2 / R，平均功率可以将每个周期器件输出的能量进行累加，然后除以总的周期时间而得到。图 4-10 显示了原理样机 1 在不同幅值加速度激励时平均功率和有效电压随电阻的变化，其中激励频率为 13.5Hz，激励加速度幅值分别为 $0.2g$、$0.5g$ 和 $0.8g$。当电阻为 390kΩ时，平均功率达到最大值，这说明弯张型压电单元的最优电阻可能与激励加速度幅值没有关系。随着激励加

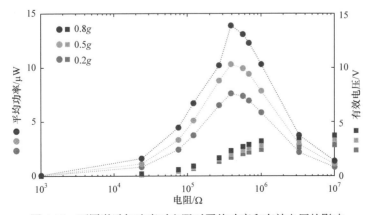

图 4-10　不同激励加速度时电阻对平均功率和有效电压的影响

速度幅值的增加,磁力有所增加,因此输出电压和瞬时功率也随之增加(图 4-11)。当施加的磁力为 2.9N 时，瞬时功率为 31μW。显然，能量采集器产生的电压和输出功率可以通过增大磁力来增大。

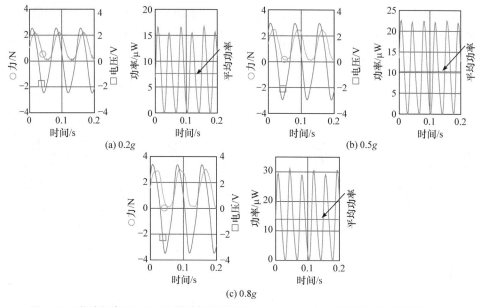

图 4-11　激励频率 13.5Hz 及激励加速度 0.2g、0.5g 和 0.8g 时振动能量采集器的响应

2. 原理样机 2 的动力学和电学特性

图 4-12 显示了用原理样机 2 实验得到的不同幅值加速度扫频激励下的电压响应。基座激励加速度幅值分别为 0.1g、0.2g、0.4g 和 0.8g，它们的电压响应随频率的变化趋势是完全一致的。这是因为两个弯张型压电单元对称放置，即它们受到的磁排斥力应该相等。压电片厚度为 0.5mm 的弯张型压电单元输出电压比压电片厚度为 1mm 的弯张型压电单元输出电压低。随着激励加速度幅值的增加，振动能量采集器的电压幅值和工作频率范围随之增加。但电压幅值增加到一定程度则不再明显增加。原理样机 2 也同样在不同频率、不同幅值的正弦激励下进行了测试。图 4-13 显示了更强的基座激励会降低跳跃频率(最大电压幅值出现时的频率)，即更强的激励使得非线性系统的谐振频率降低。

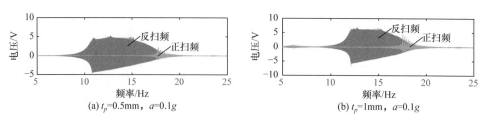

(a) t_p=0.5mm, a=0.1g　　　　(b) t_p=1mm, a=0.1g

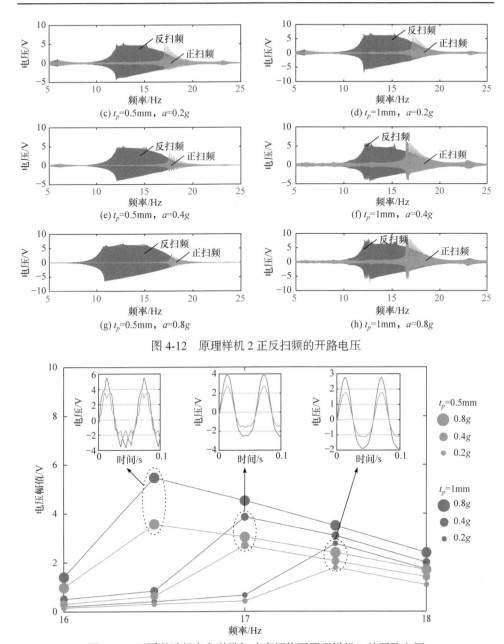

图 4-12　原理样机 2 正反扫频的开路电压

图 4-13　不同激励频率和激励加速度幅值下原理样机 2 的开路电压

图 4-14 显示了原理样机 2 在激励频率 16.5Hz 和激励加速度幅值 0.8g 谐波激励下的平均功率和电压随负载电阻的变化。压电片厚度为 0.5mm(压电片电容为 28nF)的弯张型压电单元在电阻为 240kΩ时的平均功率达到最大值。压电片厚度为 1mm(压电片电容为 17nF)的弯张型压电单元在电阻为 430kΩ时的平均功率达到最

大值。注意到，原理样机 1 中，压电片厚度为 0.8mm(压电片电容为 23nF)的弯张型压电单元在电阻 390kΩ时的平均功率达到最大值。这种趋势与理论上压电片电容与最优匹配电阻成反比是一致的。如图 4-15 所示，原理样机 2 中压电片厚度为 1mm 的弯张型压电单元比压电片厚度为 0.5mm 的弯张型压电单元产生更高的电压和输出更高的平均功率。在激励频率为 16.5Hz 和激励加速度幅值为 0.8g 时，两个弯张型压电单元最大的瞬时功率为 60μW。

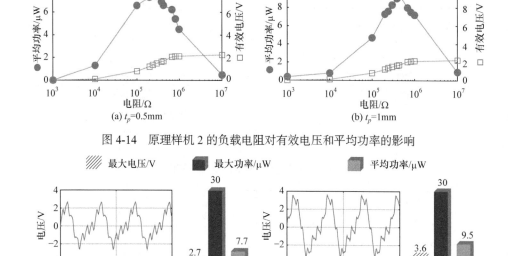

图 4-14　原理样机 2 的负载电阻对有效电压和平均功率的影响

图 4-15　原理样机 2 负载电阻在激励频率 16.5Hz 和激励加速度幅值 0.8g 激励下的响应

4.2.3　脉冲激励下磁力耦合振动能量采集

前面通过理论和实验研究了基座激励下磁力耦合非线性振动能量采集器的动力学和电学特性。接下来，将磁力耦合非线性振动能量采集方法应用于其他激励环境。环境中的振动激励复杂多变，很多是脉冲激励，如阵风、波浪、行走、车辆与道路的相互作用等，但脉冲激励一般冲击较大，容易损坏能量采集装置。将脉冲能量转换为抗冲击的金属悬臂梁的势能和动能，然后通过磁力耦合方式激励弯张型压电单元从而发电。

图 4-16 显示了一种脉冲激励的磁力耦合弯张非线性双稳态振动能量采集器[15]，该采集器包括悬臂梁和两个对称布置的弯张型压电单元。悬臂梁自由端和弯张型压电单元自由端固定相互吸引的永磁体。由于非线性磁力作用，悬臂梁具有两个平衡

位置。作用到弯张型压电单元的磁吸引力的水平分量被弯张型压电结构放大并传递到压电片，由压电效应产生电压。

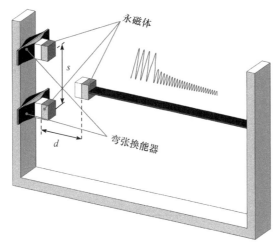

图 4-16　脉冲激励的磁力耦合弯张非线性双稳态振动能量采集器[15]

通过能量法建立描述脉冲激励下磁力耦合非线性振动能量采集机电转换的耦合动力学模型(具体建模过程参考前面)，如下：

$$
\begin{cases}
m_{\text{eff}} \ddot{y} + c_{\text{eff}} \dot{y} + k_{\text{eff}} y + \beta \left(F_{1x} + F_{2x} \right) \dfrac{\mathrm{d} \left(F_{1x} + F_{2x} \right)}{\mathrm{d} y} + \Theta_1 V_1 + \Theta_2 V_2 - F_{1y} - F_{2y} = 0 \\[2mm]
C_p \dot{V}_1 + \dfrac{V_1}{R_{\text{Load}}} + \Theta_1 \dot{y} = 0 \\[2mm]
C_p \dot{V}_2 + \dfrac{V_2}{R_{\text{Load}}} + \Theta_2 \dot{y} = 0 \\[2mm]
y|_{t=0} = y_0, \ \dot{y}|_{t=0} = \dot{y}_0, \ V_1|_{t=0} = 0, \ V_2|_{t=0} = 0
\end{cases}
\tag{4-16}
$$

式中，y 为悬臂梁的自由端位移；m_{eff} 为等效质量；c_{eff} 为等效阻尼系数；k_{eff} 为梁的等效刚度；β 为与弯张型压电单元尺寸参数相关的系数；F_{ix} ($i=1,2$ 分别表示上弯张型压电单元和下弯张型压电单元)为磁吸引力的水平分量；F_{iy} 为磁吸引力的垂直分量；$\Theta_i = d_{\text{eff}}(\mathrm{d}F_{ix}/\mathrm{d}y)$ 为机电耦合系数；V_i 为负载电阻 R 上的电压；C_p 为压电片的电容。假设悬臂梁的初始状态是静止的，根据脉冲动量定理，可以通过初始速度反映脉冲输入。系统的势能可以表示为

$$
U = -\int \left(F_{1y} + F_{2y} - k_{\text{eff}} y \right) \mathrm{d}y
\tag{4-17}
$$

当悬臂梁振动时，自由端永磁体移动距离为 y 并有一个小的旋转角度。永磁体 A 与永磁体 B、C 之间的水平距离分别为 d_1 和 d_2，垂直距离分别为 s_1 和 s_2，如下所示：

$$d_i = d + \frac{t_A}{2} - \frac{t_A \cos\varphi}{2} + L + \frac{t_A}{2} - \sqrt{\left(L + \frac{t_A}{2}\right)^2 - y^2} \tag{4-18}$$

$$s_i = (-1)^i s + y + \frac{t_A \sin\varphi}{2} \tag{4-19}$$

式中，t_A 为永磁体 A 的厚度；d 和 s 分别为 $y=0$ 时永磁体的水平距离和垂直距离；L 为悬臂梁的长度。磁吸引力的水平分量和垂直分量可以分别表示为如下形式：

$$F_{ix} = \frac{3M_A V_A M_B V_B \mu_0 \left[\left(s_i \sin\varphi - 3d_i \cos\varphi\right)\left(d_i^2 + s_i^2\right) + 5d_i^2\left(d_i \cos\varphi - s_i \sin\varphi\right) \right]}{4\pi \left(d_i^2 + s_i^2\right)^{7/2}} \tag{4-20}$$

$$F_{iy} = \frac{3M_A V_A M_B V_B \mu_0 \left[\left(d_i \sin\varphi - s_i \cos\varphi\right)\left(d_i^2 + s_i^2\right) + 5d_i s_i\left(d_i \cos\varphi - s_i \sin\varphi\right) \right]}{4\pi \left(d_i^2 + s_i^2\right)^{7/2}} \tag{4-21}$$

式中，M_A 为永磁体 A 的磁化矢量大小；V_A 为永磁体 A 的体积；M_B 为永磁体 B 的磁化矢量大小；V_B 为永磁体 B 的体积。

原理样机参数有：$d = 31.6\text{mm}$，$s = 20\text{mm}$。弯张型压电单元中的压电片为 PZT-5H，尺寸为 40mm×10mm×0.8mm。悬臂梁材料为 65 Mn，尺寸为 125mm×10mm×1mm。永磁体磁感应强度为 1.2T。固定在弯张型压电单元和悬臂梁的永磁体尺寸分别为 20mm×20mm×5mm 和 20mm×20mm×20mm。如图 4-17 所示，通过手指拨动的方式输入脉冲激励，通过激光位移传感器(LK-G150，KEYENCE)测量悬臂梁位移。所有测量信号同时输入动态信号采集系统(DH5902，DONGHUA)，所有实验都外接 390kΩ电阻。

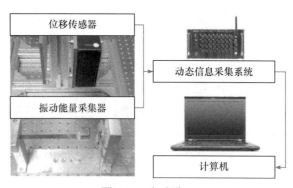

图 4-17　实验设置

图 4-18 显示了实验和仿真的不同脉冲激励下振动能量采集器的动力学响应

以及负载电压,脉冲激励的大小由自由端永磁体的等效初始速度描述。不同脉冲
激励下,实验结果与仿真结果吻合良好,验证了机电耦合动力学模型可用于预测
脉冲激励下磁力耦合非线性振动能量采集器的输出。如图 4-18(a)所示,一个弯张
型压电单元(下)采集的能量远远大于另一个(上)。随着自由端永磁体的初始速度从
0.3m/s 增加到 0.4m/s,从位移-速度轨迹图中观察到围绕两个稳态点旋转的大幅度
周期响应,如图 4-18(b)、(c)和(d)所示。这是因为,在弱脉冲激励下,永磁体振子
在单一平衡点附近运动,当自由端永磁体初始速度增加到 0.4m/s 时,输入的动能
大于双稳态系统两个稳定点之间的势能壁垒,永磁体振子可以在两个平衡点之间
运动。双稳态势能阱间的运动将显著增加俘获的能量。在初始速度为 1.5m/s 的脉
冲激励下,势能阱间运动俘获的能量为 94.3μJ,而势能阱内运动俘获的能量为 3.45μJ,

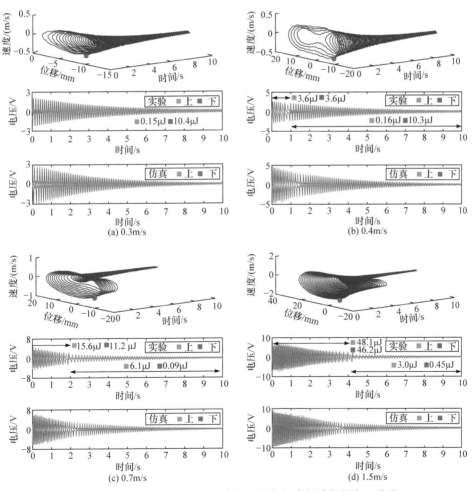

图 4-18　不同脉冲输入下能量采集器的输出(彩图请扫封底二维码)

并且双稳态行为使得两个弯张型压电单元同时产生较高功率输出，俘获的能量增加了 100%。大量实验表明，磁力耦合非线性振动能量采集器既可以在弱脉冲激励下有效工作，也可以在强脉冲激励下可靠使用。

4.3 磁力耦合模式

磁力耦合非线性振动能量采集方法具有宽工作频率范围和高等效压电应变常数的优点，而且这种方式增强了压电片的耐受度，适用于不同激励环境，具有广阔的应用前景。本节通过三种具有代表性的设计进一步研究磁力耦合非线性振动能量采集器。这三种磁力耦合非线性振动能量采集器分别利用单磁排斥力、双磁吸引力和多磁排斥力实现其功能。基于能量法建立磁力耦合非线性振动能量采集器的机电耦合动力学模型。通过数值仿真研究谐波激励和随机激励下三种磁力耦合非线性振动能量采集器的结构参数对动力学特性的影响。最后，在不同激励条件下对理论结果和仿真结果进行实验验证。通过本章的研究揭示影响磁力耦合非线性振动能量采集性能的规律，为具体的振动能量采集器的设计提供理论指导[16]。

4.3.1 磁力耦合模式和机电耦合动力学模型

因为磁力垂直分量的作用，所以磁力耦合非线性振动能量采集系统存在两个平衡位置。外部输入的机械振动被转换为变化的磁力，磁力的水平分量被弯张型压电结构放大并传递到压电片，压电片由压电效应产生电压。图 4-19 显示了三种磁力耦合非线性振动能量采集设计，分别简称为 MF-VEH1、MF-VEH2 和 MF-VEH3。MF-VEH1 包括一根自由端固定永磁体的悬臂梁和一个磁力耦合弯张型压电单元(弯张型压电单元自由端固定有永磁体)，固定在悬臂梁自由端和弯张型压电单元自由端的永磁体相互排斥。MF-VEH2 包括一根自由端固定永磁体的悬臂梁和两个对称的磁力耦合弯张型压电单元，固定在悬臂梁自由端和弯张型压电单元自由端的永磁体相互吸引。与 MF-VEH1 相比，MF-VEH3 多了两个对称的磁力耦合弯张型压电单元，固定在悬臂梁自由端和弯张型压电单元自由端的永磁体相互排斥。MF-VEH3 可以是单稳态系统、双稳态系统或四稳态系统。

为了预测磁力耦合非线性振动能量采集器的特性，基于哈密顿原理的能量法建立了非线性系统的机电耦合动力学模型。悬臂梁的动能可以表示为

$$T_b = \frac{1}{2}\int_0^L \rho A\left(\frac{\partial w}{\partial t} + \frac{\partial y_b}{\partial t}\right)^2 dx \tag{4-22}$$

式中，L 为悬臂梁的长度；w 为挠度；ρ 为悬臂梁的材料密度；A 为悬臂梁的横截面积；y_b 为基座位移。悬臂梁末端质量的动能可以表示为

$$T_m = \frac{1}{2} m \left(\frac{\partial y}{\partial t} + \frac{\partial y_b}{\partial t} \right)^2 \tag{4-23}$$

式中，m 为末端磁体质量，且转动惯量被忽略；y 为末端位移。

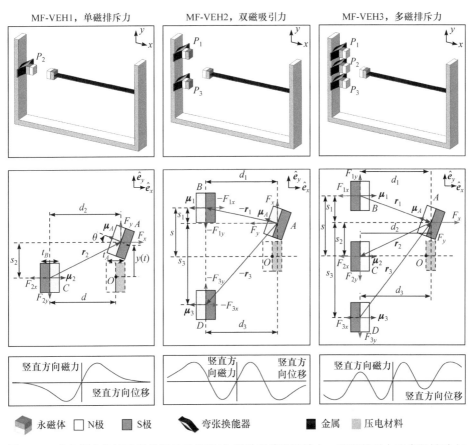

图 4-19　磁力耦合非线性振动能量采集器(分别采用单磁排斥力、双磁吸引力和多磁排斥力)

悬臂梁的势能为

$$U_b = \frac{1}{2} \int_0^L EI \left(\frac{\partial^2 w}{\partial x^2} \right)^2 \mathrm{d}x \tag{4-24}$$

式中，E 为悬臂梁的杨氏模量；$I = Bh^3/12$ 为截面惯性矩，B 和 h 分别为悬臂梁的宽度和厚度。假设函数的伽辽金展开式中第一阶模态占主要部分，横向位移可以

表示为

$$w(x,t) = \psi(x) y(t) \tag{4-25}$$

式中，$\psi(x)$ 为悬臂梁的第一阶模态函数，$\psi(x) = 1 - \cos[\pi x/(2L)]$；$y(t)$ 为随时间变化的广义位移。将式(4-25)代入式(4-22)~式(4-24)，可以得到动能和势能为

$$\begin{cases} T_b = \dfrac{\rho A}{2} \displaystyle\int_0^L \left(\dot{y}^2 \psi^2 + 2\dot{y}\dot{y}_b \psi + \dot{y}_b{}^2 \right) \mathrm{d}x \\[3mm] T_m = \dfrac{m}{2} \left(\dot{y}^2 + 2\dot{y}\dot{y}_b + \dot{y}_b{}^2 \right) \\[3mm] U_b = \dfrac{EI y^2}{2} \displaystyle\int_0^L \left(\dfrac{\mathrm{d}^2 \psi}{\mathrm{d}x^2} \right)^2 \mathrm{d}x \end{cases} \tag{4-26}$$

磁力耦合非线性振动能量采集器中使用的永磁体可以采用磁极模型建模。当悬臂梁振动时，末端永磁体移动一段距离 y 以及一个小的旋转角度 φ，角度 φ 可以近似表示为 $\varphi = \arcsin\left[w'(L,t) \right]$。如图 4-19 所示，永磁体 A 与永磁体 B、C 和 D 的水平距离分别为 d_1、d_2 和 d_3，垂直距离分别为 s_1、s_2 和 s_3，如下所示：

$$\begin{cases} d_i = d + \dfrac{t_A}{2} - \dfrac{t_A \cos\varphi}{2} + L + \dfrac{t_A}{2} - \sqrt{\left(L + \dfrac{t_A}{2} \right)^2 - y^2} - \varDelta_i, \quad i = 1,2,3 \\[3mm] s_1 = -s + y + \dfrac{t_A \sin\varphi}{2} \\[3mm] s_2 = y + \dfrac{t_A \sin\varphi}{2} \\[3mm] s_3 = s + y + \dfrac{t_A \sin\varphi}{2} \end{cases} \tag{4-27}$$

式中，t_A 为永磁体 A 的厚度；$\varDelta_i$ 为固定在弯张型压电单元上的永磁体位移；d 和 s 分别为 $y = 0$ 时永磁体的水平距离和垂直距离。对于移动永磁体 A，磁矩矢量为

$$\boldsymbol{\mu}_A = -M_A V_A \, \hat{\boldsymbol{e}}_x \cos\varphi + M_A V_A \, \hat{\boldsymbol{e}}_y \sin\varphi \tag{4-28}$$

式中，M_A 为永磁体 A 的磁化矢量大小，可以通过永磁体磁感应强度 B_r 计算，且 $M_A = B_r / \mu_0$，μ_0 是自由空间的磁导率，$\mu_0 = 1.256 \times 10^{-6}$ H/m；V_A 为永磁体 A 的体积。对于永磁体 B、C 和 D，当 $y = 0$ 时，它们的磁极与永磁体 A 的磁极相反，磁矩矢量为 $\boldsymbol{\mu}_i \, (i = 1,2,3)$：

$$\boldsymbol{\mu}_i = M_B V_B \, \hat{\boldsymbol{e}}_x \tag{4-29}$$

式中，M_B 为永磁体 B、C 和 D 的磁化矢量大小，可以通过永磁体磁感应强度 B_r 计算，且 $M_B = B_r/\mu_0$；V_B 为永磁体 B、C 和 D 的体积。如果 $y = 0$ 时固定永磁体的磁极与永磁体 A 的磁极相同，则它们的磁矩矢量为 $\boldsymbol{\mu}_i = -M_B V_B \hat{\boldsymbol{e}}_x$。从 $\boldsymbol{\mu}_i$ 到 $\boldsymbol{\mu}_A$ 的距离 $\boldsymbol{r}_i$ 为

$$\boldsymbol{r}_i = d_i \hat{\boldsymbol{e}}_x + s_i \hat{\boldsymbol{e}}_y \tag{4-30}$$

永磁体 A 在永磁体 B、C 和 D 产生的磁场可以表示为

$$\boldsymbol{B}_i = -\frac{\mu_0}{4\pi} \nabla \frac{\boldsymbol{\mu}_A \cdot \boldsymbol{r}_i}{\|r_i\|_2^3} \tag{4-31}$$

式中，$\|\cdot\|_2$ 和 ∇ 分别为欧几里得范数和向量梯度算子。磁场中的势能可以联立式(4-27)～式(4-31)得到，如下：

$$U_{mi} = -\boldsymbol{B}_i \cdot \boldsymbol{\mu}_i \tag{4-32}$$

式(4-32)对 $\boldsymbol{r}_i$ 进行微分可以求得磁力为

$$\boldsymbol{F}_i = -\nabla U_i = \frac{3M_A V_A M_B V_B \mu_0 \left[(\hat{\boldsymbol{\mu}}_A \cdot \hat{\boldsymbol{\mu}}_i)\hat{\boldsymbol{r}}_i + (\hat{\boldsymbol{\mu}}_i \cdot \hat{\boldsymbol{r}}_i)\hat{\boldsymbol{\mu}}_A + (\hat{\boldsymbol{\mu}}_A \cdot \hat{\boldsymbol{r}}_i)\hat{\boldsymbol{\mu}}_i - 5(\hat{\boldsymbol{\mu}}_A \cdot \hat{\boldsymbol{r}}_i)(\hat{\boldsymbol{\mu}}_i \cdot \hat{\boldsymbol{r}}_i)\hat{\boldsymbol{r}}_i \right]}{4\pi \|r_i\|_2^4} \tag{4-33}$$

式中，$\hat{\boldsymbol{\mu}}_A$、$\hat{\boldsymbol{\mu}}_i$ 和 $\hat{\boldsymbol{r}}_i$ 分别为沿着 $\boldsymbol{\mu}_A$、$\boldsymbol{\mu}_i$ 和 $\boldsymbol{r}_i$ 的单位矢量。基于式(4-33)，磁排斥力的 x 方向和 y 方向分量分别如下：

$$F_{ix} = \frac{-3M_A V_A M_B V_B \mu_0 \left[(s_i \sin\varphi - 3d_i \cos\varphi)(d_i^2 + s_i^2) + 5d_i^2(d_i \cos\varphi - s_i \sin\varphi) \right]}{4\pi (d_i^2 + s_i^2)^{7/2}} \tag{4-34a}$$

$$F_{iy} = \frac{-3M_A V_A M_B V_B \mu_0 \left[(d_i \sin\varphi - s_i \cos\varphi)(d_i^2 + s_i^2) + 5d_i s_i(d_i \cos\varphi - s_i \sin\varphi) \right]}{4\pi (d_i^2 + s_i^2)^{7/2}} \tag{4-34b}$$

图 4-20 显示了磁力耦合非线性振动能量采集器中弯张型压电单元示意图。作用到弯张型压电单元的磁力可以等效为一个集中力 N。作用到倾斜板 3 方向和 1 方向的分力等效为 F_P 和 F_T。弯张型压电单元的宽度、内腔长度、倾斜板长度、粘接面长度和倾斜角分别为 b、l_1、l_2、l_3 和 θ。压电陶瓷的长度、宽度和厚度分别为 l、b 和 t_p。金属片的杨氏模量、泊松比和厚度分别为 E_m、v_m 和 t_m。

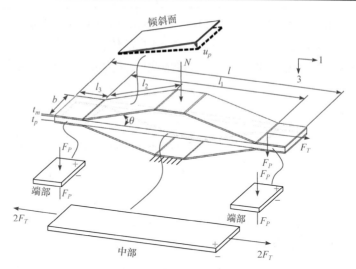

图 4-20　磁力耦合非线性振动能量采集器中弯张型压电单元示意图

倾斜板的挠度可以表示为

$$u_p = \frac{(F_P \cos\theta - F_T \sin\theta)l_2^3}{3B_s b} \tag{4-35}$$

式中，B_s 为弯张型压电单元中金属板的抗弯刚度且 $B_s = E_m t_m^3 / [12(1-v_m^2)]$。当压力 N 作用到弯张型压电单元时，压力 F_P 作用在金属层和 PZT 层粘接的平面区域，拉力 F_T 主要作用于内腔区域的压电层，如图 4-20 所示。当拉力作用于弯张型压电单元时，F_P 和 F_T 方向相反，压电方程可以表示为

$$\begin{cases} S_1 = d_{31}E_3 + s_{11}T_1 \\ S_3 = d_{33}E_3 + s_{33}T_3 \\ D_{3\text{middle}} = \varepsilon_{33}E_3 + d_{31}T_1 \\ D_{3\text{ends}} = \varepsilon_{33}E_3 + d_{33}T_3 \end{cases} \tag{4-36}$$

式中，S_1 和 S_3 分别为 PZT 层在 1 方向和 3 方向的应力；$D_{3\text{middle}}$ 和 $D_{3\text{ends}}$ 分别为压电层内腔区域和粘接区域的电位移；$T_3 = -F_P/(bl_3)$；$T_1 = 2F_T/(bt_p)$；d_{31} 和 d_{33} 为压电应变常数；s_{11} 和 s_{33} 为压电层的弹性柔度系数；ε_{33} 为压电层的介电常数。压电层在 1 方向上近似满足如下几何关系：

$$S_1 l_1 = 2u_p \sin\theta \tag{4-37}$$

将式(4-35)和式(4-36)的第一行代入式(4-37)，可以计算得到 F_T。因为没有外加电场，所以 F_T 可以表示为如下形式：

$$F_T = \frac{l_2^3 t_p \sin\theta \cos\theta}{2 l_2{}^3 t_p \sin^2\theta + 6 s_{11} B_s l_1} N \tag{4-38}$$

作用到倾斜板 3 方向上的分力为 $F_P = N/2$。将式(4-38)代入式(4-35)可以得到

$$u_p = \frac{s_{11} l_1 l_2^3 \cos\theta}{2 l_2^3 b t_p \sin^2\theta + 6 s_{11} B_s b l_1} N \tag{4-39}$$

假设 PZT 层的变形是均匀的，内腔区域的变形和外部压缩区域的变形可以分开计算。可得 PZT 层 1 方向上的变形为

$$\Delta t_p = -\frac{s_{33} t_p}{2 b l_3} N \tag{4-40}$$

可以从式(4-39)和式(4-40)得到固定在弯张型压电单元上的磁体位移：

$$\Delta = -2u \cos\theta + \Delta t_p = -\left(\frac{s_{11} l_1 l_2^3 \cos^2\theta}{l_2{}^3 b t_p \sin^2\theta + 3 s_{11} B_s b l_1} + \frac{s_{33} t_p}{2 b l_3} \right) N \tag{4-41}$$

内腔区域(PZT 层的中间)和粘接区域(PZT 层的端部)的一个很小体积的变形焓可以写为

$$\delta U_p = \begin{cases} \dfrac{1}{2} T_3 S_3 + \dfrac{1}{2} D_{3\mathrm{ends}} E_3, & \text{变形焓,端部区域} \\[2mm] \dfrac{1}{2} T_1 S_1 + \dfrac{1}{2} D_{3\mathrm{middle}} E_3, & \text{变形焓,内腔区域} \end{cases} \tag{4-42}$$

对于第 i 个弯张型压电单元，$N = F_{ix}$，电场强度为 $E_3 = V_i/t_p$。将式(4-36)代入式(4-42)，并且对 δU_p 在整个 PZT 层体积内进行积分，可以得到第 i 个弯张型压电单元的变形焓：

$$U_{pi} = \int_0^{t_p} \int_0^b \int_0^l \delta U_p \, \mathrm{d}x\mathrm{d}y\mathrm{d}z = \frac{F_{ix}{}^2}{2} \left(\frac{\alpha t_p s_{11}}{A_c} + \frac{t_p s_{33}}{A_b} \right) - (-\alpha d_{31} + d_{33}) F_{ix} V_i + \frac{C_p V_i^2}{2} \tag{4-43}$$

式中，$\alpha = \left(l_1 l_2^3 \sin\theta \cos\theta \right) \big/ \left(l_2^3 t_p \sin^2\theta + 3 s_{11} D_m l_1 \right)$ 为放大系数；$A_c = b l_1$ 为内腔区域的面积；$A_b = 2 b l_3$ 为外部粘接区域的面积；$C_p = b l \varepsilon_{33}/t_p$ 为开路下的电容。等效压电应变常数可以表示为

$$d_{\mathrm{eff}} = -\alpha d_{31} + d_{33} \tag{4-44}$$

然后式(4-41)变为

$$\Delta_i = -\left(\frac{\alpha s_{11} l_1 \cos\theta}{A_c \sin\theta} + \frac{s_{33} t_p}{A_b} \right) F_{ix} \tag{4-45}$$

系统总的磁势能为 $U_m = \sum U_{mi}$，总的变形焓为 $U_p = \sum U_{pi}$。系统的拉格朗日函数为动能和势能的差：

$$L(y, \dot{y}, V) = T_b + T_m - U_b - U_m - U_p \tag{4-46}$$

若不考虑机械损失，则非保守力做的虚功为

$$\delta W = -\int_0^L c\dot{w}\delta w \mathrm{d}x - \sum Q_i \delta V_i \tag{4-47}$$

式中，c 为等效阻尼系数；Q_i 为压电层产生的电量；V_i 为压电层产生的电压。以 y 和 V_i 为广义坐标，由式(4-46)得到

$$\begin{cases} \dfrac{\mathrm{d}}{\mathrm{d}t}\left(\dfrac{\partial L}{\partial \dot{y}}\right) - \dfrac{\partial L}{\partial y} = \dfrac{\delta W}{\delta y} \\[3mm] \dfrac{\mathrm{d}}{\mathrm{d}t}\left(\dfrac{\partial L}{\partial \dot{V}_i}\right) - \dfrac{\partial L}{\partial V_i} = \dfrac{\delta W}{\delta V_i} \end{cases} \tag{4-48}$$

MF-VEH1 的机电耦合动力学方程为

$$\begin{cases} m_{\text{eff}}\ddot{y} + c_{\text{eff}}\dot{y} + k_{\text{eff}}y + \beta F_{2x}\dfrac{\mathrm{d}F_{2x}}{\mathrm{d}y} - \Theta_2 V_2 + F_{2y} = -\gamma\ddot{y}_b \\[3mm] C_p\dot{V}_2 + \dfrac{V_2}{R_{\text{Load}}} - \Theta_2\dot{y} = 0 \end{cases} \tag{4-49}$$

式中，$m_{\text{eff}} = m + \rho_b A_b \displaystyle\int_0^L \psi^2 \mathrm{d}x$ 为等效质量；$c_{\text{eff}} = c\displaystyle\int_0^L \psi^2 \mathrm{d}x$ 为等效阻尼；$k_{\text{eff}} = E_b I_b \displaystyle\int_0^L \left(\dfrac{\mathrm{d}^2\psi}{\mathrm{d}x^2}\right)^2 \mathrm{d}x$ 为等效刚度；$\gamma = m + \rho_b A_b \displaystyle\int_0^L \psi\mathrm{d}x$ 为被激励的等效质量；$\Theta_2 = d_{\text{eff}}\dfrac{\mathrm{d}F_{2x}}{\mathrm{d}y}$ 为机电耦合系数。

对于 MF-VEH2，弯张型压电单元受到磁吸引力作用，其机电耦合动力学方程为

$$\begin{cases} m_{\text{eff}}\ddot{y} + c_{\text{eff}}\dot{y} + k_{\text{eff}}y + \beta(F_{1x} + F_{3x})\dfrac{\mathrm{d}(F_{1x} + F_{3x})}{\mathrm{d}y} + \Theta_1 V_1 + \Theta_3 V_3 - F_{1y} - F_{3y} = -\gamma\ddot{y}_b \\[3mm] C_p\dot{V}_1 + \dfrac{V_1}{R_{\text{Load}}} + \Theta_1\dot{y} = 0 \\[3mm] C_p\dot{V}_3 + \dfrac{V_3}{R_{\text{Load}}} + \Theta_3\dot{y} = 0 \end{cases} \tag{4-50}$$

式中，$\Theta_1 = d_{\text{eff}}\dfrac{\mathrm{d}F_{1x}}{\mathrm{d}y}$；$\Theta_3 = d_{\text{eff}}\dfrac{\mathrm{d}F_{3x}}{\mathrm{d}y}$。同理，MF-VEH3 的机电耦合动力学方程为

$$
\begin{cases}
m_{\text{eff}} \ddot{y} + c_{\text{eff}} \dot{y} + k_{\text{eff}} y + \beta \sum_{i=1}^{3} F_{ix} \dfrac{\mathrm{d}\left(\displaystyle\sum_{i=1}^{3} F_{ix}\right)}{\mathrm{d}y} - \sum_{i=1}^{3} \Theta_i V_i + \sum_{i=1}^{3} F_{iy} = -\gamma \ddot{y}_b \\[4mm]
C_p \dot{V}_1 + \dfrac{V_1}{R_{\text{Load}}} - \Theta_1 \dot{y} = 0 \\[3mm]
C_p \dot{V}_2 + \dfrac{V_2}{R_{\text{Load}}} - \Theta_2 \dot{y} = 0 \\[3mm]
C_p \dot{V}_3 + \dfrac{V_3}{R_{\text{Load}}} - \Theta_3 \dot{y} = 0
\end{cases}
\tag{4-51}
$$

将以上三个机电耦合动力学方程在 MATLAB/Simulink 中进行数值求解。根据表 4-1 中的几何和材料参数在 Maple 软件中计算得到仿真参数，并用于 MATLAB/Simulink。

表 4-1　几何和材料参数

参数名称	数值
长度 l	0.04m
宽度 b	0.01m
空腔长度 l_1	0.03m
倾斜板长度 l_2	0.0129m
粘接面长度 l_3	0.005m
倾斜角度 θ	15°
金属层厚度 t_m	0.00025m
压电层厚度 t_p	0.0008m
梁长度 L_b	0.125m
梁宽度 w_b	0.01m
梁厚度 t_b	0.001m
末端质量 m	0.0675kg
永磁体 A 厚度 t_A	0.02m
永磁体 B、C 和 D 厚度 t_B	0.005m
永磁体 A 体积 V_A	0.000008m³
永磁体 B、C 和 D 体积 V_B	0.000002m³
永磁体磁感应强度 B_r	1.2T

4.3.2　参数分析

对弯张型压电单元的性能具有重要影响的关键参数是倾斜板长度 l_2 和倾斜角度 θ 。本质上，这些参数改变的是弯张型压电单元的等效压电应变常数。通过式(4-44)可以得到倾斜板长度和倾斜角度与等效压电应变常数的关系，如图 4-21 所示。等效压电应变常数可以被弯张型压电单元放大数十至上百倍。当倾斜板长度增加和倾斜角度减小时，等效压电应变常数显著增加。尽管如此，在选择结构参数时，也应该综合考虑器件大小、制造装配等因素。

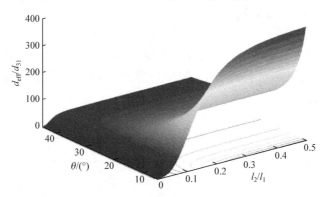

图 4-21　弯张型压电单元的倾斜板长度和倾斜角度对等效压电应变常数的影响

基于式(4-34)、式(4-39)、式(4-40)和式(4-41)，得到了磁感应强度和永磁体间距对机电耦合系数的影响，如图 4-22 所示。磁力耦合非线性振动能量采集的机电耦合系数 Θ_i (i=1, 2, 3)与等效压电应变常数 d_{eff} 成正比，而且随着末端永磁体位移而变化。这与很多压电能量采集研究中将机电耦合系数视为常数不同。图 4-22(a)和(b)显示，当磁力增加时，机电耦合系数 Θ_2 随之增加。在图 4-22(c)和(d)中可见，随着永磁体 B(或永磁体 D)与原点 O 的垂直距离增加，即磁力水平分量在垂直方向远离原点偏移，机电耦合系数 Θ_1 和 Θ_3 曲线也远离原点偏移。随着永磁体垂直距离增加，最大的磁力水平分量略有降低，导致 Θ_1 和 Θ_3 的最大值也略有降低。

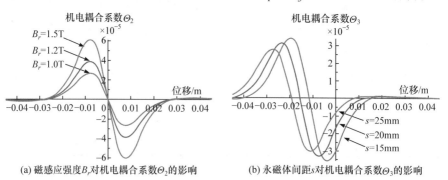

(a) 磁感应强度 B_r 对机电耦合系数 Θ_2 的影响　　　　(b) 永磁体间距 s 对机电耦合系数 Θ_3 的影响

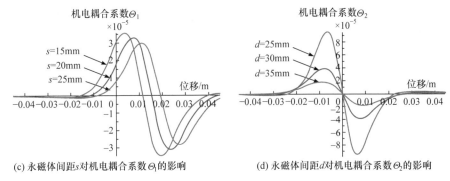

(c) 永磁体间距 s 对机电耦合系数 Θ_1 的影响　　　　(d) 永磁体间距 d 对机电耦合系数 Θ_2 的影响

图 4-22　磁感应强度和永磁体间距对机电转换耦合系数的影响

势能阱对双稳态振动能量采集器的振动特性具有显著影响。较浅的势能阱深度有利于低频激励下增加工作频宽。这是因为较浅的势能阱深度使得振子更容易越过两个势能阱之间的势能壁垒实现大振幅振动。势能可以通过式(4-26)和式(4-32)进行计算。MF-VEH1 的势能阱深度随着磁力的增加而增加，如图 4-23(a)和(b)所示。如

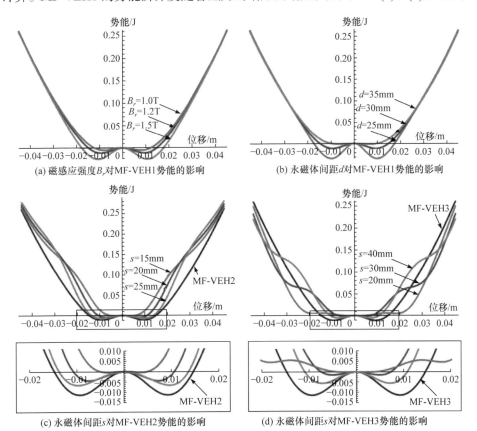

(a) 磁感应强度 B_r 对MF-VEH1势能的影响　　　　(b) 永磁体间距 d 对MF-VEH1势能的影响

(c) 永磁体间距 s 对MF-VEH2势能的影响　　　　(d) 永磁体间距 s 对MF-VEH3势能的影响

图 4-23　磁感应强度和永磁体间距对振动系统势能的影响

图 4-23(c)和(d)所示，MF-VEH2 和 MF-VEH3 的势能阱深度比 MF-VEH1 浅，且势能阱深度随着永磁体垂直距离的增加而增加。

　　更大的磁力有利于增加机电能量转换效率。尽管如此，更大的磁力也会使得双稳态系统的势能阱加深，要求更多的能量去激发，可以产生高功率输出的阱间运动。对于 MF-VEH2 和 MF-VEH3，永磁体 B(或永磁体 D)与原点 O 之间的垂直距离越小，越有利于能量采集。尽管如此，当距离过小时，双稳态系统会变成单稳态系统。

1. 谐波激励下数值仿真

　　对于 MF-VEH1，永磁体间距更小可以产生更大的水平方向磁力作用到弯张型压电单元，从而产生更高的电压。尽管如此，更小的永磁体间距也会产生更大的垂直方向的磁力，增加系统两个势能阱之间的跳跃阈值，需要更多能量去激发，可以产生高功率输出的阱间运动。磁力耦合弯张型压电单元中的弯张型压电单元从高到低分别记为 P_1、P_2 和 P_3，如图 4-19 所示。不同永磁体间距的 MF-VEH2 在不同幅值加速度扫频激励下的负载电压如图 4-24 所示，MF-VEH2 负载电阻为 390kΩ。当 $y=0$ 时，永磁体之间的水平距离保持不变($d=0.0316\text{m}$)，永磁体垂直距离从 0.014m 增加到 0.026m。值得注意的是，当 $s=0.014\text{m}$ 时，MF-VEH2 的动力学特性明显不同。这是因为 MF-VEH2 从双稳态系统变为单稳态系统，这一点也能从图 4-23(c)中发现。对于 MF-VEH3，永磁体之间的垂直距离对电压输出的影响在趋势上与 MF-VEH2 一致，如图 4-25 所示。d 保持为 0.0316m，s 为 0.026~0.038m。当 $s=0.038\text{m}$ 时，MF-VEH3 的平衡位置约为 $y=\pm 0.009\text{m}$。当激励加速度幅值从 $0.3g$ 增加到 $0.4g$ 时，俘获的能量显著增加，如图 4-25(a)~(d)所示。当 $s=0.029\text{m}$，MF-VEH3 的平衡位置也约为 $y=\pm 0.005\text{m}$。较浅的势能阱增加了低频微弱激励下的有效工作频率范围。尽管如此，当 s 从 0.029m 减小到 0.026m 时，有效频宽变窄。

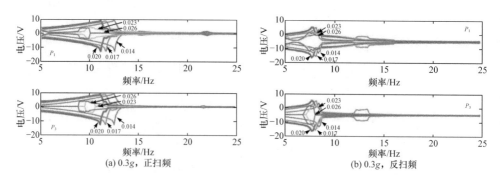

(a) 0.3g，正扫频　　　　　　　　　(b) 0.3g，反扫频

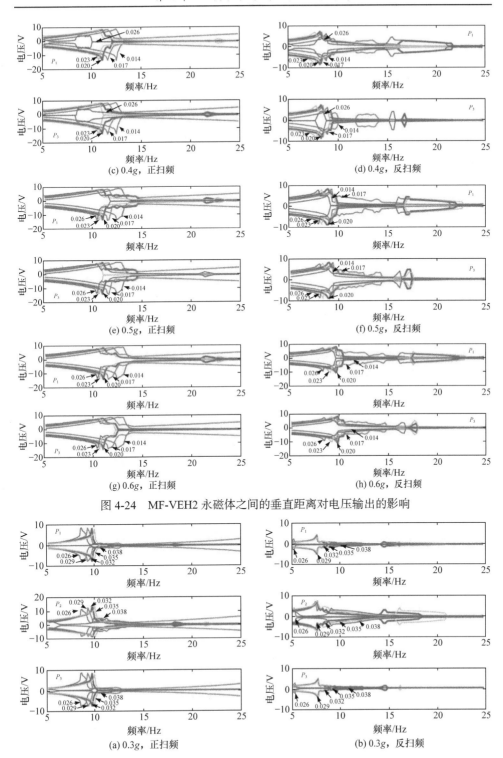

图 4-24　MF-VEH2 永磁体之间的垂直距离对电压输出的影响

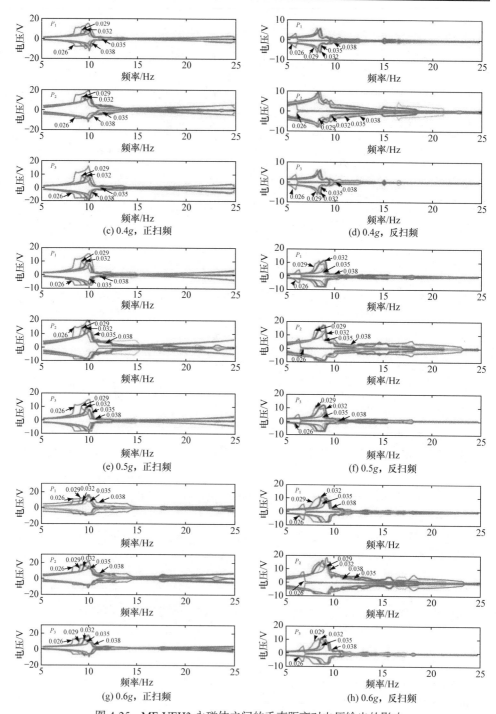

图 4-25 MF-VEH3 永磁体之间的垂直距离对电压输出的影响

2. 随机激励下数值仿真

通过数值仿真分析磁力耦合非线性振动能量采集器在随机激励下的性能。在 MATLAB/Simulink 中产生一个高斯白噪声，然后使用 Welch 方法评估时域开路电压的 PSD 值。图 4-26 给出了 MF-VEH1 永磁体在不同水平距离下的开路电压的 PSD 结果。当 d 为 0.0254m 时，PSD 在较低激励强度下更低。这是因为当 d 为 0.0254m 时，势能阈值比其他情况下更高，系统需要更多能量来越过两个势能阱之间的屏障。在较低激励强度下，振子陷在一个势能阱中产生较低的电压。而随着激励强度增加到 $0.01g^2$/Hz，d 为 0.0254m 时的 PSD 比其他情况下要高。如果系统有足够的动能越过势能屏障，永磁体距离更小，磁力更大，从而产生更高的电压。随机激励下 MF-VEH2 永磁体之间的水平距离对开路电压的影响如图 4-27 所示。当 s 为 0.014m 时，开路电压 PSD 结果显著不同，因为系统从双稳态变为了单稳态，这与谐波激励下的情况很相似。当 $s = 0.020$m 和 $s = 0.026$m 时，MF-VEH2 中的两个弯张型压电单元在低频范围内出现两个峰值。图 4-27 显示了双稳态系统 ($s = 0.020$m 和 $s = 0.026$m)比单稳态系统($s = 0.014$m)在低频范围内可以俘获更多能量。

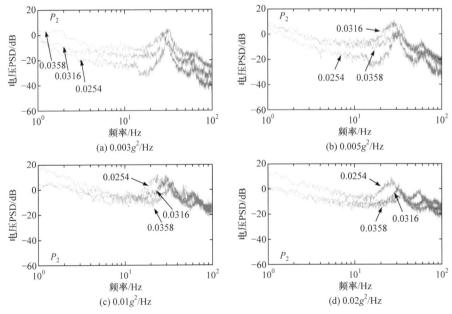

图 4-26　随机激励下 MF-VEH1 永磁体之间的水平距离对开路电压的影响

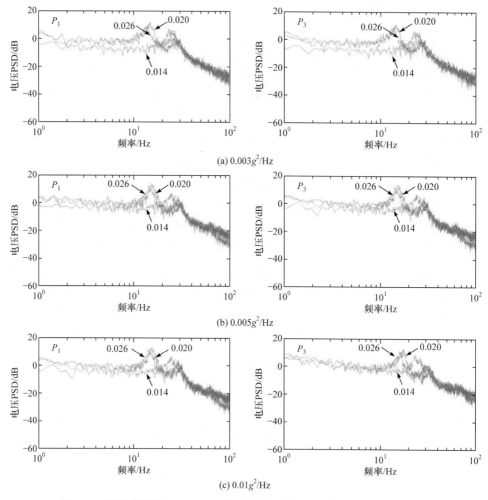

图 4-27　随机激励下 MF-VEH2 永磁体之间的水平距离对开路电压的影响

图 4-28 显示了随机激励下 MF-VEH3 永磁体之间的垂直距离对开路电压的影响。在较低强度激励下，MF-VEH3 中间的弯张型压电单元(P_2)的输出电压比另外两个弯张型压电单元(P_1 和 P_3)的输出电压明显要高。而当激励强度增加时，这种差异变小了。当 $s = 0.026$m 时，MF-VEH3 的平衡位置大约在 $y = \pm 0.001$m。较低的势能阱增加了 P_2 在低频微弱振动激励下的性能，而 P_1(或 P_3)产生了较低的电压。尽管永磁体振子在两个势能阱之间运动，但振动幅值仍然很小。图 4-28 显示随着 s 从 0.026m 增加到 0.038m，共振点向更低的频率偏移。

随机激励下三种磁力耦合非线性振动能量采集器负载 390kΩ 的动力学响应数值仿真将在后面进行详述。

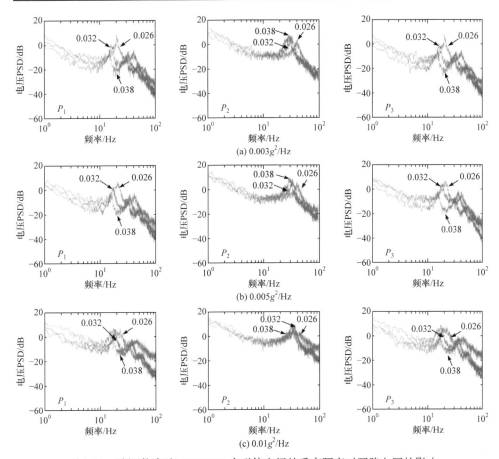

图 4-28　随机激励下 MF-VEH3 永磁体之间的垂直距离对开路电压的影响

4.3.3　实验设置

MF-VEH1、MF-VEH2 和 MF-VEH3 的原理样机分别如图 4-29(a)、(b)和(c)所示。原型参数如表 4-1 所示，固定在弯张型压电单元上的永磁体与原点 O 之间的距离为 31.6mm，MF-VEH2 中永磁体 B(或 D)和原点 O 之间的距离是 20mm，MF-VEH3 中永磁体 B(或 D)和原点 O 之间的距离是 32mm。实验在谐波基座激励下进行。如图 4-29(d)所示，基座激励由液压振动台(EVH-50, SAGLNOMIYA)提供，实验条件可以通过匹配液压振动台的数字伺服控制器进行设置。悬臂梁的位移通过一个激光位移传感器(LK-G150, KEYENCE)进行测量。因为弯张型压电单元的最优电阻已经在先前的工作中找到，所以以下所有的实验连接 390kΩ 的电阻。所有测量信号由动态信号采集系统(DH5902, DONGHUA)同时采集，正扫频和反扫频的扫频速率为 0.05Hz/s。

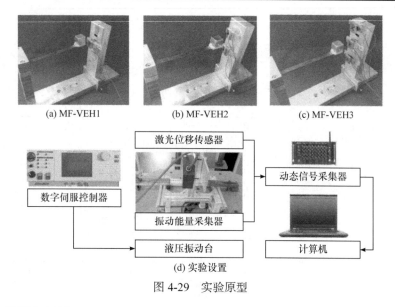

(a) MF-VEH1　　　　　　(b) MF-VEH2　　　　　　(c) MF-VEH3

(d) 实验设置

图 4-29　实验原型

4.3.4　结果与讨论

1. MF-VEH1 的性能

图 4-30 显示 MF-VEH1 在正、反扫频中的位移速度相轨迹。基座激励的加速度幅值分别为 0.3g、0.4g 和 0.5g。当激励更强时，位移和速度响应更大。在速度位移轨迹图中可以观测到围绕着两个稳态点的大振幅周期响应。实验和仿真得到的 MF-VEH1 负载电压如图 4-31 所示。在不同幅值的加速度激励下，实验测量与仿真结果吻合得很好。从实验和仿真中观察到刚度软化现象，导致谐振频率向低频移动。图 4-32 显示了不同激励加速度下 MF-VEH1 负载 390kΩ 的输出功率。当峰值位移因为双稳态突跳急剧增加，如图 4-30(a) 和 (c) 所示，峰值电压只有很小幅度的增加，如图 4-31(a) 和 (c) 所示。对于磁力耦合非线性振动能量采集器，随着振幅增加，输出电压升高；当振幅增加到一定范围时，输出电压不再明显上升。这与传统的压电悬臂梁振动能量采集器有所不同。磁力耦合非线性振动能量采集器的磁体振子存在一个有效工作区域，在这个区域内机电耦合系数大于 0。

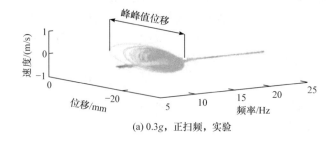

(a) 0.3g，正扫频，实验

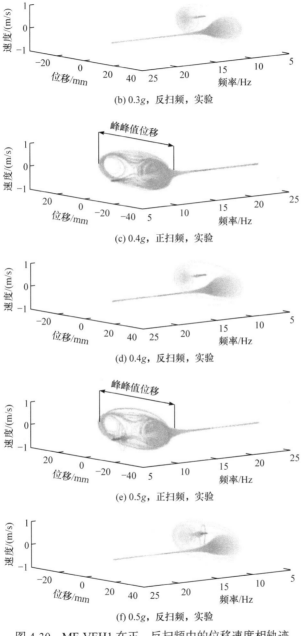

(b) 0.3g，反扫频，实验

(c) 0.4g，正扫频，实验

(d) 0.4g，反扫频，实验

(e) 0.5g，正扫频，实验

(f) 0.5g，反扫频，实验

图 4-30 MF-VEH1 在正、反扫频中的位移速度相轨迹

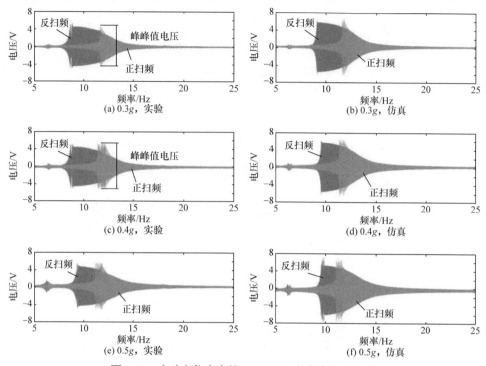

图 4-31 实验和仿真中的 MF-VEH1 的负载电压比较

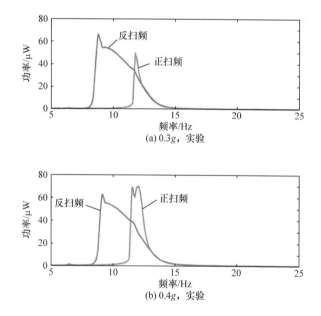

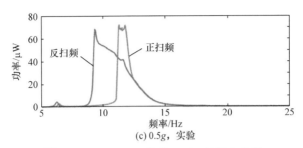

(c) 0.5g，实验

图 4-32　MF-VEH1 负载 390kΩ的输出功率

2. MF-VEH2 的性能

MF-VEH2 在扫频中的位移速度相轨迹如图 4-33 所示。在低频激励下 (<10Hz)永磁体振子围绕两个稳态点大幅振动。在反扫中观察到了主共振和次共振，都可以增加采集的振动能量。图 4-34 显示了实验和仿真中 MF-VEH2 的负载电压。实验结果与仿真结果在趋势上吻合得很好。次共振增加了振动能量采集器的工作频率范围。在不同幅值加速度激励下，电压幅值相差不大。如图 4-35 所示，随着激励加速度幅值的增加，功率也增加。如图 4-36 所示，MF-VEH2 中的两个弯张型压电单元产生的电压方向相反，这有利于将两个弯张型压电单元并联或串联起来使用。图 4-37 显示了 MF-VEH2 负载 390kΩ在加速度幅值 0.5g 的谐波激励下的功率。MF-VEH2 的两个弯张型压电单元在功率分布上是互补的。激励频率为 8.5Hz 时最大功率是 112μW，平均功率是 31.7μW。由图 4-36(d)、图 4-36(e)和图 4-20(b)可知，从大幅周期运动中采集的能量比双稳态混沌运动采集的能量多。

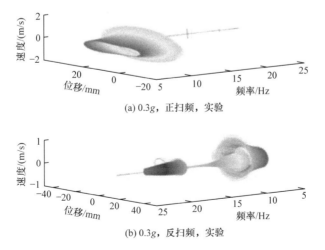

(a) 0.3g，正扫频，实验

(b) 0.3g，反扫频，实验

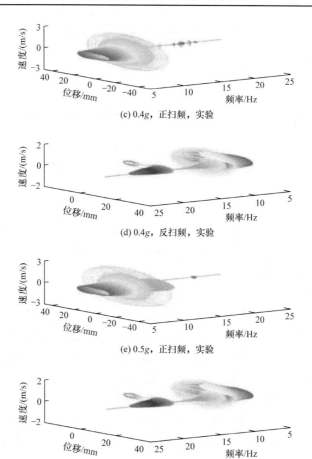

(c) 0.4g，正扫频，实验

(d) 0.4g，反扫频，实验

(e) 0.5g，正扫频，实验

(f) 0.5g，反扫频，实验

图 4-33　MF-VEH2 在扫频中的位移速度相轨迹

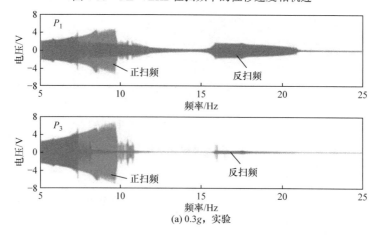

(a) 0.3g，实验

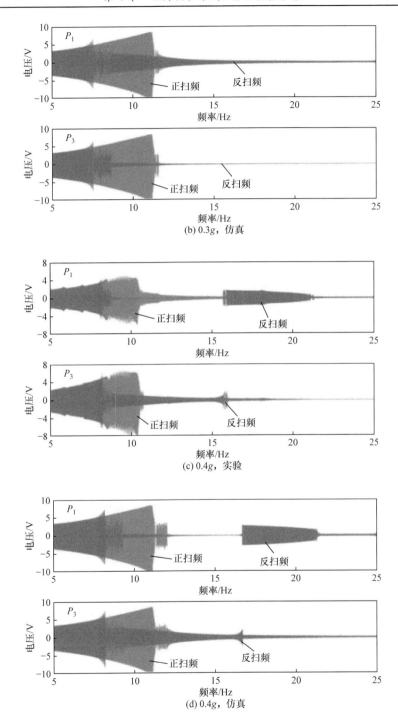

(b) 0.3g，仿真

(c) 0.4g，实验

(d) 0.4g，仿真

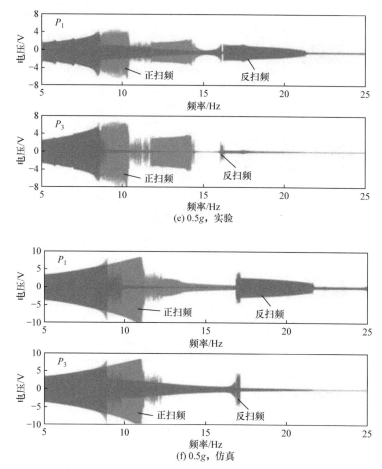

(e) 0.5g，实验

(f) 0.5g，仿真

图 4-34　实验和仿真中 MF-VEH2 的负载电压比较

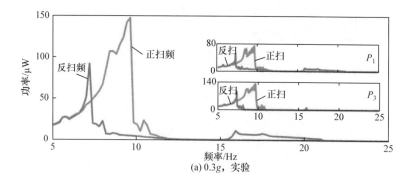

(a) 0.3g，实验

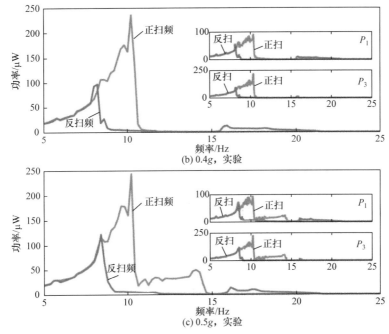

(b) 0.4g，实验

(c) 0.5g，实验

图 4-35　MF-VEH2 负载 390kΩ的输出功率

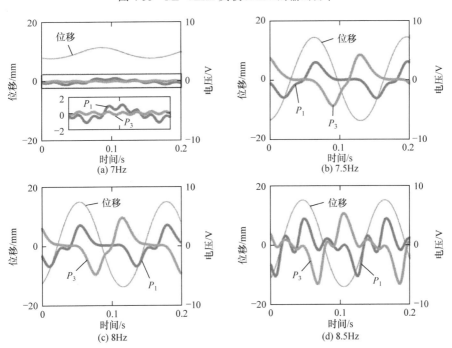

(a) 7Hz

(b) 7.5Hz

(c) 8Hz

(d) 8.5Hz

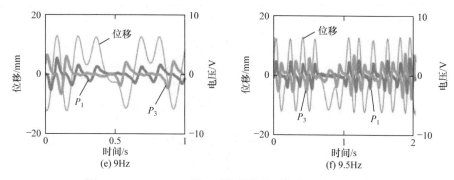

图 4-36　MF-VEH2 在 0.5g 谐波激励下负载 390kΩ的响应

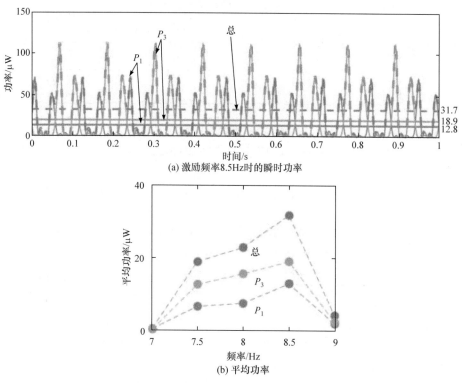

图 4-37　MF-VEH2 在 0.5g 谐波激励下负载 390kΩ的功率

3. MF-VEH3 的性能

图 4-38 描述了 MF-VEH3 在激励加速度幅值 0.3g、0.4g、0.5g 和 0.6g 正、反扫频中的频率位移速度相轨迹。类似 MF-VEH2，永磁体振子在低频微弱激励下可以产生围绕两个稳态点的大位移振动。在反扫频中，观察到了主共振和次共振。当激励加速度为 0.6g 时，正扫频中永磁体振子在两个稳态点之间的振动频宽约为 16Hz。

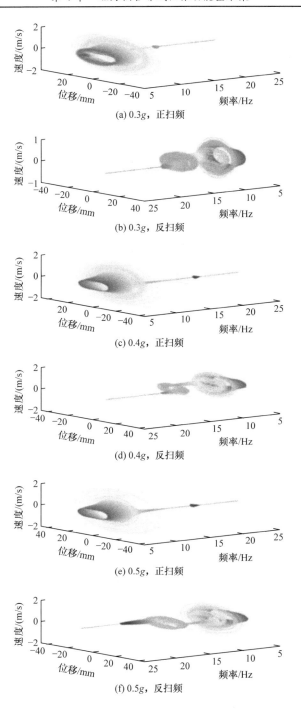

(a) 0.3g，正扫频

(b) 0.3g，反扫频

(c) 0.4g，正扫频

(d) 0.4g，反扫频

(e) 0.5g，正扫频

(f) 0.5g，反扫频

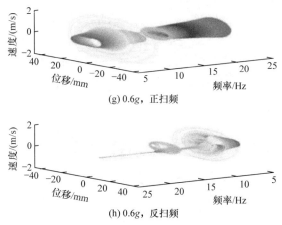

(g) 0.6g, 正扫频

(h) 0.6g, 反扫频

图 4-38　MF-VEH3 的频率位移速度相轨迹

　　图 4-39 显示了实验和仿真得到的 MF-VEH3 在加速度幅值 0.3g、0.4g、0.5g 和 0.6g 激励下的负载电压。实验结果与仿真结果在趋势上吻合得很好。次共振增加了振动能量采集器的工作频率范围。由固定在中间位置的弯张型压电单元(P_2)产生的电压比上、下的弯张型压电单元(P_1 和 P_3)更高。当激励强度增加时，这种差异会变小。

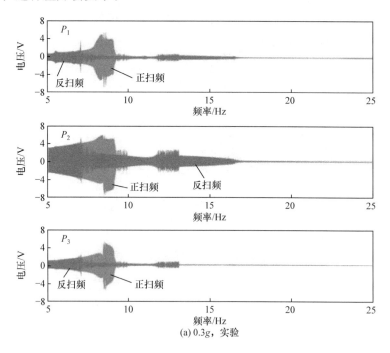

(a) 0.3g, 实验

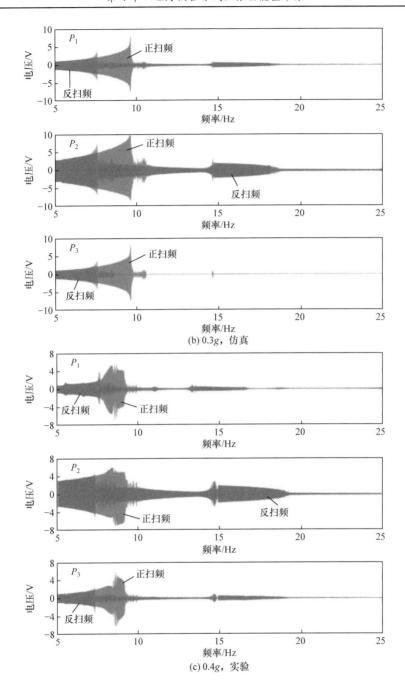

(b) 0.3g, 仿真

(c) 0.4g, 实验

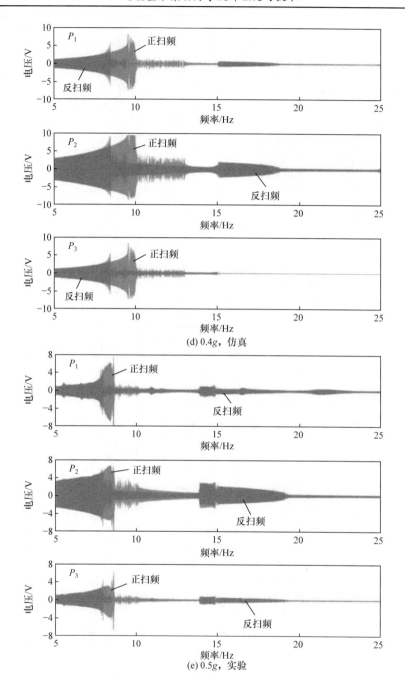

(d) 0.4g，仿真

(e) 0.5g，实验

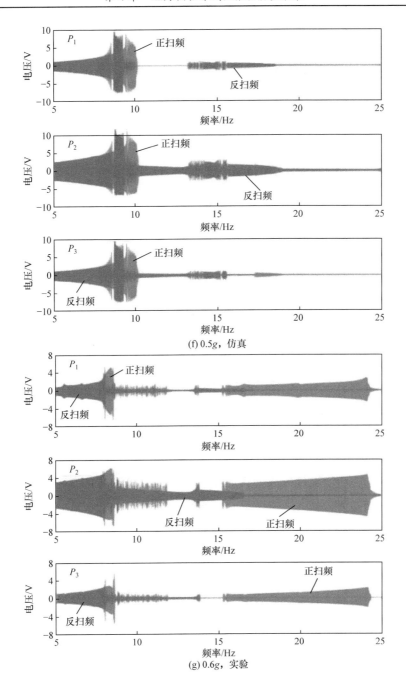

(f) 0.5g，仿真

(g) 0.6g，实验

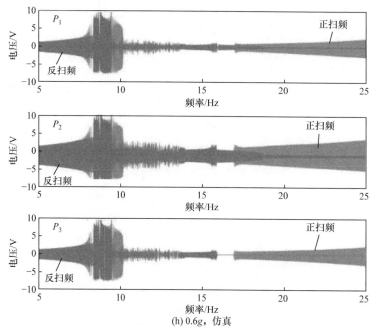

(h) 0.6g，仿真

图 4-39　实验和仿真中的 MF-VEH3 的负载电压比较

如图 4-40 所示，随着激励加速度增加，功率增加。当激励加速度从 0.5g 增加到 0.6g 时，俘获的能量显著增加。这可能是因为振子在弱振动下(<0.5g)陷入一个势能阱，当激励加速度增加到 0.6g 时，振子可以在两个势能阱间运动，从而显著增加了俘获的振动能量。

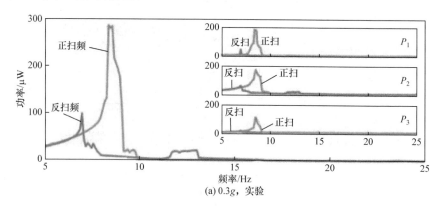

(a) 0.3g，实验

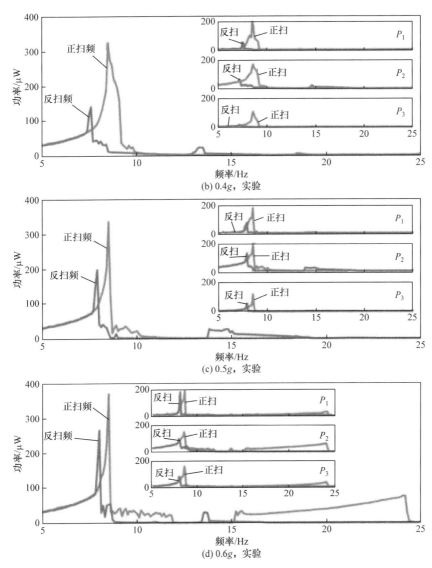

图 4-40　MF-VEH3 负载 390kΩ的输出功率

4. 三种磁力耦合非线性振动能量采集器的性能比较

图 4-41 显示了仿真得到的谐波激励下磁力耦合非线性振动能量采集器负载 390kΩ的输出功率。当 MF-VEH1 的永磁体之间水平距离 d 为 0.0316m 时，其平衡位置为 $y = \pm0.014$m。当 d 保持在 0.0316m 时，MF-VEH2 中的永磁体之间垂直距离 s 为 0.020m，MF-VEH3 中的 s 为 0.038m，其平衡位置约为 $y = \pm0.009$m。

在这样的条件下，MF-VEH2 和 MF-VEH3 的有效工作频带比 MF-VEH1 更宽。尽管 d 为 0.0358m 时，MF-VEH1 的平衡位置变为 $y=\pm0.009$m，MF-VEH1 的性能也不如 MF-VEH2 和 MF-VEH3。在不同的磁力耦合非线性振动能量采集器中，磁力的垂直分量与水平分量的比例是不同的。势能阱深度主要由垂直磁力分量和弹性恢复力决定。当它们水平磁力分量最大值相同时，MF-VEH2(或 MF-VEH3)的势能阱深度比 MF-VEH1 浅。磁力耦合弯张型压电单元的输出电压由水平磁力分量产生。因此，当它们的平衡位置为 $y=\pm0.014$m，MF-VEH2(或 MF-VEH3)的输出功率比 MF-VEH1 高。当它们的平衡位置相同时，MF-VEH3 采集的能量比 MF-VEH2 多，因为在 MF-VEH3 有更多的磁力耦合弯张型压电单元用于能量采集。

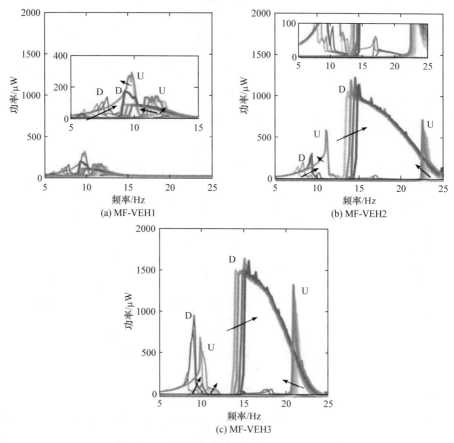

图 4-41　谐波激励下负载 390kΩ的输出功率
(U 表示正扫频，D 表示反扫频)

图 4-42 显示了仿真中随机激励下三种磁力耦合非线性振动能量采集器的性能

比较，负载电阻为 390kΩ。通过 1000s 仿真得到的平均功率来评估磁力耦合非线性振动能量采集器的性能。随机激励强度从 $0.001g^2/Hz$ 增加到 $0.015g^2/Hz$。磁力耦合非线性振动能量采集器有两个平衡位置($y=\pm0.009$m 和 $y=\pm0.014$m)的输出，与谐波激励的情况一致。对于三种磁力耦合非线性振动能量采集器，当激励强度较低时，平衡位置为 $y=\pm0.014$m 的平均功率比平衡位置 $y=\pm0.009$m 的平均功率小，随着激励强度的增加，平衡位置为 $y=\pm0.014$m 的平均功率变得比平衡位置 $y=\pm0.009$m 平均功率更大。这是因为当 $y=\pm0.014$m 时，系统需要更多的能量去跨越两个势能阱之间的屏障。在激励强度较低时，振子在一个平衡位置附近振动，当激励强度超过一个临界值时，振子在两个平衡位置振动，从而显著提高了输出电压。当激励强度较低时，MF-VEH2 和 MF-VEH3 的差异不明显。而当激励强度增加时，MF-VEH3 似乎可以俘获更多的振动能量，这也与谐波激励的情况一致。

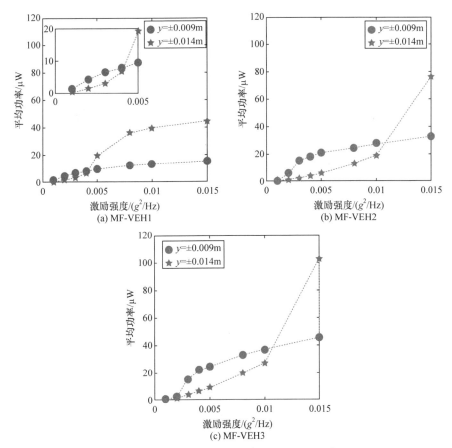

图 4-42　随机激励下负载 390kΩ的平均功率

图 4-43 比较了实验得到的三种磁力耦合非线性振动能量采集器在加速度幅值 0.3*g*、0.4*g* 和 0.5*g* 扫频基座激励下一个扫频过程采集的能量。该能量可以通过扫频过程中的瞬时功率乘以时间间隔累加得到。如图 4-43 所示，随着加速度的增加，MF-VEH1 采集的能量并没有明显增加，MF-VEH2 和 MF-VEH3 采集的能量大于 MF-VEH1 采集的能量；随着激励加速度从 0.3*g* 增加到 0.5*g*，MF-VEH2 向上扫频采集的能量从 1.9mJ 增加到 3.1mJ。从图 4-43 可以看出，MF-VEH2 采集的能量最多。但是，在加速度幅值 0.6*g* 激励下，MF-VEH3 向上扫频采集的能量为 5.0mJ。MF-VEH2 和 MF-VEH3 的性能受实验中选择的几何参数的影响。然而，考虑到器件的尺寸和布局，在较低激励条件下，两个弯张型压电单元能得到更有效的利用，而在较高激励条件下，三个弯张型压电单元可以俘获更多能量。在大多数激励条件下，MF-VEH2 和 MF-VEH3 的性能优于 MF-VEH1。

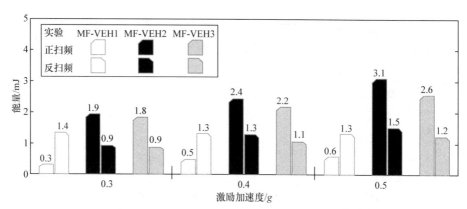

图 4-43　一个扫频过程中 MF-VEH1、MF-VEH2 和 MF-VEH3 采集能量的比较

磁力耦合非线性振动能量采集器具有工作频率宽、等效压电应变常数高和可靠性高等优点。本节建立了不同磁力耦合模式的磁力耦合非线性振动能量采集器的机电耦合动力学模型。从仿真和实验结果可以看出，磁力耦合非线性振动能量采集器的性能主要受势能阱深度(振子越过势能壁垒的能量)、平衡位置(两个势能阱之间的距离)和施加到弯张型压电单元的水平磁力(产生电压的力)的影响。较低的势能阱深度增加了低频弱激励下的有效工作频率范围。然而，两个势能阱之间的适当距离有利于产生较高电压。将更大的水平磁力施加到弯张型压电单元可以产生更高电压，而更大的垂直磁力增加了两个势能阱之间的势能壁垒高度。因此，可以通过多磁力耦合增加磁力水平分量与磁力垂直分量的比例。仿真和实验结果都表明，MF-VEH2 和 MF-VEH3 的性能优于 MF-VEH1。此外，磁力耦合弯张型压电单元的数量及其特性也对其振动能量采集产生了重要影响。

4.4　非线性调控机理

自然环境中的振动一般比较微弱、频率较低且分布范围较广。因此，振动能量采集需要解决两个关键问题，即较低的功率输出和较窄的工作频域。当振动能量采集器的谐振频率与激励频率匹配时，可以产生较高的功率输出。非线性振子具有宽频响应特性，可以在较宽的频率范围内有效俘获能量，特别是，双稳态非线性系统可以从一个稳态跳跃到另一个稳态，因此可以在宽频范围内产生大振幅振动。本章提出的磁力耦合非线性振动能量采集方法，兼具双稳态系统和弯张型压电单元的优点，但双稳态振子需要一定的能量跳跃两个势能阱之间的势能壁垒，产生大幅振动。在低频弱激励下，双稳态振子容易陷入一个势能阱内小幅振动，不能有效工作。本节介绍一种非线性磁力干预机制[17]，并基于这种干预机制，设计一种带约束永磁体的磁力耦合非线性振动能量采集器，利用非线性磁力干预促使双稳态振子在理想工作区域内振动，增强能量采集器在低频弱激励下俘获能量的能力和增大有效工作频率范围。

4.4.1　非线性磁力干预被动控制

下面通过一个设计说明非线性磁力干预机制。图 4-44(a)显示了磁力耦合非线性振动能量采集器，设计包括一根自由端固定永磁体(磁体振子)的悬臂梁和一个自由端固定永磁体(磁体定子)的弯张型压电单元。因为采用磁排斥力作用，所以其也可称为压缩模式双稳态振动能量采集器 (compressive-mode bistable vibration energy harvester, CVEH)。带约束永磁体的压缩模式双稳态振动能量采集器(compressive-mode bistable vibration energy harvester with magnetic stoppers, CVEHMS)设计如图 4-44(b)所示，磁力干预机制如图 4-44(c)所示，原理样机如图 4-44(d)所示，在磁体定子两边对称布置两个永磁体(约束磁体)。为了更有效地进行磁力干预，约束磁体相对磁体定子倾斜一定角度。磁体定子与磁体振子相互排斥，磁体定子驱使磁体振子远离，而约束磁体驱使永磁体回到磁体定子附近，即当磁体振子位移较小时，磁力驱使位移增加；当磁体振子位移较大时，磁力驱使位移减小。这种磁力干预机制实现了振动能量采集的被动控制，可以促进悬臂梁在宽频范围内更容易振动。两个约束磁体也固定在弯张型压电单元上，磁力通过弯张型压电结构放大和传递到压电陶瓷片。垂直作用于弯张型压电单元的磁力分量可以表示为

$$\begin{cases} N_1 = \dfrac{-3M_A V_A M_B V_B \mu_0}{4\pi\left(d_{t2}^2 + s_{t1}^2\right)^{5/2}\cos\psi}\Bigg[-3d_{t2}\cos\varphi\cos\psi - d_{t2}\sin\varphi\sin\psi - s_{t1}\sin\varphi\cos\psi \\ \qquad\qquad - s_{t1}\cos\varphi\sin\psi + \dfrac{5d_{t2}\left(d_{t2}\cos\varphi + s_{t1}\sin\varphi\right)\left(d_{t2}\cos\psi + s_{t1}\sin\psi\right)}{d_{t2}^2 + s_{t1}^2}\Bigg] \\[2mm] N_2 = \dfrac{-3M_A V_A M_B V_B \mu_0}{4\pi\left[d_{t1}^2 + \left(y + a\sin\varphi\right)^2\right]^{5/2}}\Bigg\{-3d_{t1}\cos\varphi + \left(y + a\sin\varphi\right)\sin\varphi \\ \qquad\qquad + \dfrac{5d_{t1}^{\,2}\left[d_{t1}\cos\varphi - \left(y + a\sin\varphi\right)\sin\varphi\right]}{d_{t1}^2 + \left(y + a\sin\varphi\right)^2}\Bigg\} \\[2mm] N_3 = \dfrac{-3M_A V_A M_B V_B \mu_0}{4\pi\left(d_{t2}^{\,2} + s_{t2}^{\,2}\right)^{5/2}\cos\psi}\Bigg[-3d_{t2}\cos\varphi\cos\psi + d_{t2}\sin\varphi\sin\psi + s_{t2}\sin\varphi\cos\psi \\ \qquad\qquad - s_{t2}\cos\varphi\sin\psi - \dfrac{5d_{t2}\left(-d_{t2}\cos\varphi + s_{t2}\sin\varphi\right)\left(d_{t2}\cos\psi + s_{t2}\sin\psi\right)}{d_{t2}^2 + s_{t2}^2}\Bigg] \end{cases}$$

$$(4\text{-}52)$$

其中，

$$\begin{aligned} d_{t1} &= d + a - a\cos\varphi + L + a - \sqrt{\left(L + a\right)^2 - y^2} \\ d_{t2} &= d_{t1} - c\sin\psi - b\cos\psi + b \\ s_{t1} &= s - y - a\sin\varphi + c\cos\psi - b\sin\psi - c \\ s_{t2} &= s + y + a\sin\varphi + c\cos\psi - b\sin\psi - c \end{aligned}$$

式中，M_A 为永磁体 A 的磁化矢量大小；M_B 为永磁体 B、C 和 D 的磁化矢量大小；V_A 为永磁体 A 的体积；V_B 为永磁体 B、C 和 D 的体积；μ_0 为自由空间的磁导率，$\mu_0 = 1.256\times10^{-6}\,\mathrm{H/m}$；$L$ 为梁的伸出长度。

(a) 压缩模式双稳态振动能量采集器　　　　(b) 带约束永磁体的压缩模式双稳态振动能量采集器

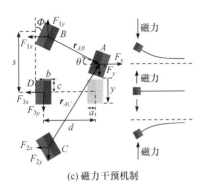

(c) 磁力干预机制　　　　　　　　　(d) 原理样机

图 4-44　结构示意图(彩图请扫封底二维码)

　　磁力耦合非线性振动能量采集器中永磁体之间的磁力随着永磁体间距的增加迅速减小到接近零。随着永磁体间距变化,施加到弯张型压电单元的磁力(磁力水平方向分量)发生变化,从而可以产生电压。产生电压的大小与磁力大小和磁力变化率有关。当两个永磁体间距大于一个临界值时,尽管永磁体之间的距离仍在变化,但施加到弯张型压电单元的磁力已经接近零,不再有明显变化,弯张型压电单元不再有效地采集能量。因此,对于磁力耦合非线性振动能量采集器,越大的振动位移对于能量采集并不是越好的。在悬臂梁自由端磁体振子位移大于一定值后,磁体振子无法激励磁力耦合弯张型压电单元。悬臂梁自由端磁体振子存在一个最优工作区域,如图 4-45(a)所示线框,约束磁体可以限制悬臂梁自由端磁体振子过大的位移。双稳态系统在弱激励下可能陷入单势能阱运动,约束磁体能够驱使单势能阱运动变成阱间运动,而且固定在弯张型压电单元上的约束磁体也能用于发电。悬臂梁受到的垂直方向磁力分量可以表示为

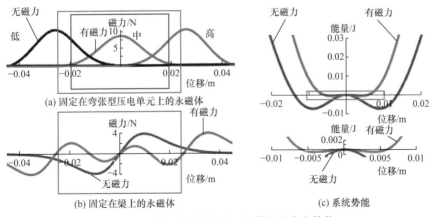

(a) 固定在弯张型压电单元上的永磁体　　　(c) 系统势能

(b) 固定在梁上的永磁体

图 4-45　随末端磁体位移而变化的磁力和势能

$$
\left\{
\begin{aligned}
F_1 &= \frac{3M_A V_A M_B V_B \mu_0}{4\pi\left(d_{t2}^2 + s_{t1}^2\right)^{5/2}}\Bigg[d_{t2}\sin\varphi\cos\psi + d_{t2}\cos\varphi\sin\psi + s_{t1}\cos\varphi\cos\psi \\
&\quad + 3s_{t1}\sin\varphi\sin\psi - \frac{5s_{t1}\left(d_{t2}\cos\varphi + s_{t1}\sin\varphi\right)\left(d_{t2}\cos\psi + s_{t1}\sin\psi\right)}{d_{t2}^2 + s_{t1}^2} \Bigg] \\
F_2 &= \frac{3M_A V_A M_B V_B \mu_0}{4\pi\left[d_{t1}^2 + (y + a\sin\varphi)^2\right]^{5/2}}\Bigg\{ d_{t1}\sin\varphi - (y + a\sin\varphi)\cos\varphi \\
&\quad + \frac{5d_{t1}(y + a\sin\varphi)\left[d_{t1}\cos\varphi - (y + a\sin\varphi)\sin\varphi\right]}{d_{t1}^2 + (y + a\sin\varphi)^2} \Bigg\} \\
F_3 &= \frac{3M_A V_A M_B V_B \mu_0}{4\pi\left(d_{t2}^2 + s_{t2}^2\right)^{5/2}}\Bigg[d_{t2}\sin\varphi\cos\psi - d_{t2}\cos\varphi\sin\psi - s_{t2}\cos\varphi\cos\psi \\
&\quad + 3s_{t2}\sin\varphi\sin\psi - \frac{5s_{t2}\left(-d_{t2}\cos\varphi + s_{t2}\sin\varphi\right)\left(d_{t2}\cos\psi + s_{t2}\sin\psi\right)}{d_{t2}^2 + s_{t2}^2} \Bigg]
\end{aligned}
\right.
\tag{4-53}
$$

多个永磁体作用在磁体振子的磁力合力随悬臂梁自由端位移的变化如图 4-45(b)所示，当末端位移很小时，磁力合力方向和位移方向相同，磁力合力驱使位移增加；当位移较大时，磁力合力方向与位移方向相反，磁力合力驱使位移减小。

设计多个永磁体的间距和倾斜角度，使得磁体振子在理想工作区域内，磁力合力驱使其振动位移增加；当它接近理想工作区域边界时，磁力合力驱使其振动位移减小，即磁力合力总是干预磁体振子使之容易在理想工作区域内起振，又抑制其越过理想工作区域，从而实现振动能量采集的非线性磁力干预被动控制。

系统势能可以通过式(4-54)求得

$$
U = -\int\left(\sum F_i - k_{\text{eff}}\, y\right)\mathrm{d}y
\tag{4-54}
$$

如图 4-45(c)所示，在不减少弯张型压电单元受到的磁力水平方向分量(俘能作用力)，而双稳态系统的势能阱深度可以被约束磁体减小时，较浅的势能阱深度使得双稳态振子更容易越过两个势能阱间的势能壁垒，有益于双稳态振动能量采集器在低频范围内俘获能量并增大能量采集的有效工作频率范围。

非线性系统可以通过质量阻尼弹簧系统和非线性磁力矢量叠加表示。末端位移方程可以表示为

$$
m_{\text{eff}}\ddot{y} + c_{\text{eff}}\dot{y} + k_{\text{eff}}\, y - \sum F_i = m_{\text{eff}}\ddot{y}_b
\tag{4-55}
$$

式中，m_{eff} 为等效质量；c_{eff} 为等效阻尼系数；k_{eff} 为悬臂梁的等效刚度；y 为梁的末端位移；$\ddot{y}_b$ 为基座激励加速度。

弯张型压电单元的等效压电应变常数可以表示为

$$d_{\text{eff}} = -d_{33} + \frac{l_2^{3}l_1\sin\theta\cos\theta}{l_2^{3}t_p\sin^2\theta + 3B_s s_{11}l_1}d_{31} \tag{4-56}$$

式中，B_s 为弯张型压电单元中金属片的抗弯刚度；l_1、l_2、θ 分别为弯张型压电单元金属片的内腔长度、倾斜板长度和倾斜角；s_{11} 为压电片的弹性柔度系数；t_p 为压电片厚度。开路电压 V_{open} 为

$$V_{\text{open}} = d_{\text{eff}}\frac{t_p}{A_p\varepsilon_{33}}N_i \tag{4-57}$$

式中，ε_{33} 为压电片的介电常数；A_p 为压电片的面积；N_i 为 i 个弯张型压电单元上的垂直作用力。

4.4.2　实验验证

原理样机参数为：$B_r = 1.2\text{T}$，$a = c = 10\text{mm}$，$b = 2.5\text{mm}$，$A_a = A_b = 400\text{mm}^2$，$d = 31.6\text{mm}$，$s = 39.3\text{mm}$，$\psi = \pi/6$。悬臂梁的材料为 65Mn，尺寸为 125mm×10mm×1mm。弯张型压电单元中压电材料为 PZT-5H，尺寸为 40mm×10mm×0.8mm，相关参数如下：$s_{11} = 1.65\times10^{-11}\text{m}^2/\text{N}$，$d_{31} = -3.2\times10^{-10}\text{C/N}$，$d_{33} = 6.5\times10^{-10}\text{C/N}$。弯张型压电单元的宽度、内腔长度、倾斜板长度、粘接面长度、倾斜角度、金属层厚度分别为 10mm、30mm、12.9mm、5mm、$\pi/12$、0.25mm。金属层的抗弯刚度 $D = E_m t_m^3/[12(1-v_m^2)]$，$E_m$ 和 v_m 分别是金属层的弹性模量和泊松比，本节根据金属层的尺寸和材料参数计算得到 D 为 0.28N·m。由前面的理论和实验结果可知，弯张型压电单元的等效压电应变常数为 $4.54\times10^{-8}\text{C/N}$，这意味着 d_{31} 被放大了 142 倍，仿真和实验都采用谐波基座激励。

图 4-46 显示了仿真得到的正、反扫频激励下 CVEH 和 CVEHMS 的输出电压。正扫频和反扫频的速率都为 0.05Hz/s。激励加速度幅值为 0.2g、0.3g 和 0.4g。下面实验的扫频设置与数值仿真一致。可以发现，CVEH 的输出电压随着激励加速度幅值的增加改变并不明显。而 CVEHMS 的有效工作频率范围随着激励加速度幅值的增加而增大，CVEHMS 的工作频率更低。当外加激励增强时，观测到 CVEHMS 出现主共振和次共振，次共振增大了有效工作频率范围。实验中，基座激励由液压振动台(EVH-50, SAGLNOMIYA)提供，实验条件可以通过数字伺服控制器(Model 2420, SAGLNOMIYA)进行设置。通过一个激光位移传感器(LK-G150, KEYENCE)测量悬臂梁的位移，负载电阻为 390kΩ。所有的测量数据由动态信号采集器(DH5902, DONGHUA)进行采集。

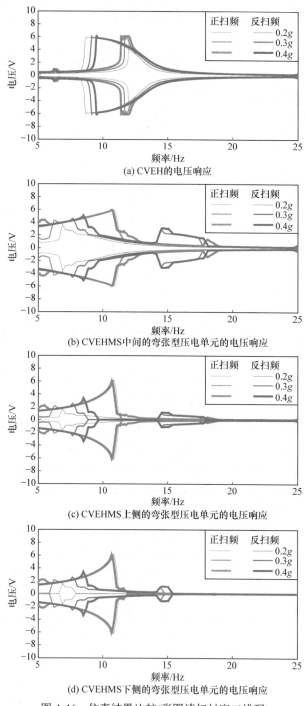

(a) CVEH的电压响应

(b) CVEHMS中间的弯张型压电单元的电压响应

(c) CVEHMS上侧的弯张型压电单元的电压响应

(d) CVEHMS下侧的弯张型压电单元的电压响应

图 4-46　仿真结果比较(彩图请扫封底二维码)

　　为了验证非线性磁力干预的作用，实验比较了 CVEH 和 CVEHMS 的性能。图 4-47 显示了 CVEH 和 CVEHMS 在不同加速度幅值正、反扫频激励下的动力学响应。相比 CVEH，CVEHMS 在低频激励下具有较大的速度位移响应。当激励强度增加时，可以观察到 CVEHMS 的主共振和次共振现象，主次共振都会大幅增加功率输出。图 4-48 显示了 CVEH 和 CVEHMS 在不同幅值加速度正、反扫频激励下的负载电压和输出功率。图 4-48(a)～(d)所示的实验结果与图 4-46 所示的仿真结果吻合得比较好。图 4-48 显示了 CVEHMS 比 CVEH 的工作频率更低，有效工作范围更宽，输出功率更高。如图 4-48(e)所示，在基座加速度为 0.4g、激励频率为 9.9Hz 时，CVEHMS 原理样机最大的瞬时功率为 387μW。这表示 CVEHMS 可以在低频微弱振动激励下产生较高的电压。因为次共振的作用 CVEHMS 中间的弯张型压电单元的有效工作频率范围增大了近 1 倍。

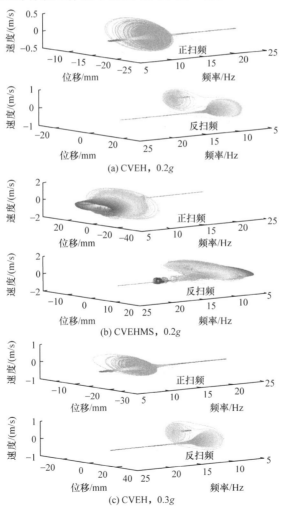

(a) CVEH，0.2g

(b) CVEHMS，0.2g

(c) CVEH，0.3g

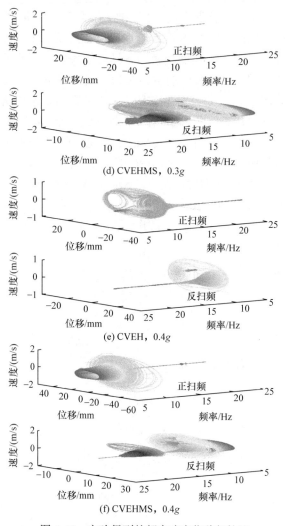

(d) CVEHMS, 0.3g

(e) CVEH, 0.4g

(f) CVEHMS, 0.4g

图 4-47　实验得到的频率速度位移相轨迹

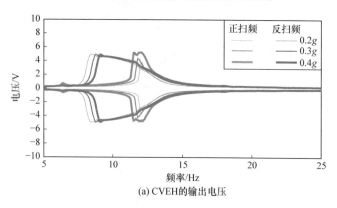

(a) CVEH的输出电压

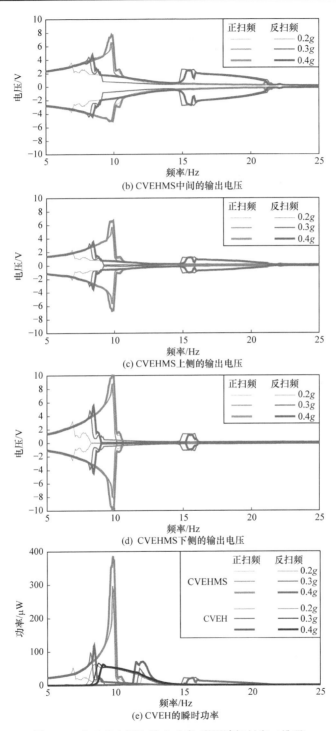

(b) CVEHMS中间的输出电压

(c) CVEHMS上侧的输出电压

(d) CVEHMS下侧的输出电压

(e) CVEH的瞬时功率

图 4-48　实验的电压和输出功率(彩图请扫封底二维码)

图 4-49(a)显示了 CVEH 在 0.5g、8.5Hz 谐波激励下的混沌响应，图 4-49(b)显示了奇异运动的相图。可以从图 4-49(c)得到，CVEHMS 在谐波激励下大幅周期运动会明显提高负载电压和输出功率，能量采集器的平均功率从 7.5μW 增加到 29.5μW。从图 4-49(d)可以发现，上中下磁力驱动的弯张型压电单元具有明显不同的机电属性。当位移为正时，由下侧弯张型压电单元产生的电压一直为正。当位移为负时，由上侧弯张型压电单元产生的电压一直为正。因为单向的压力没有预加载地施加到弯张型压电单元，所以只有单向的电压产生，这有利于将三个弯张型压电单元并联或串联使用。

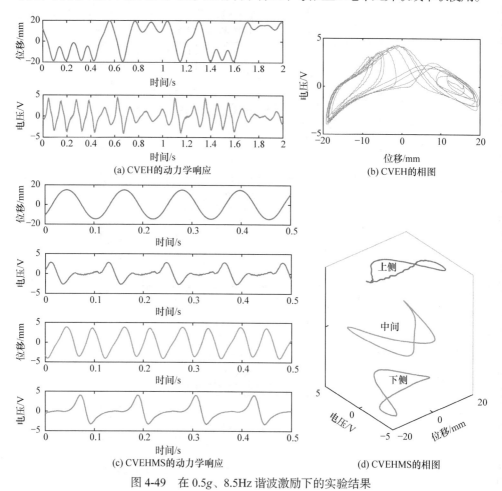

(a) CVEH的动力学响应

(b) CVEH的相图

(c) CVEHMS的动力学响应

(d) CVEHMS的相图

图 4-49　在 0.5g、8.5Hz 谐波激励下的实验结果

4.5　磁力耦合多方向振动能量采集

环境中的振源可能随时间变化，也可能具有较宽的频率范围和不确定的激励

方向。因此，提高振动能量采集器的环境适应性对其在复杂环境中的应用十分关键。但是，目前很少有研究关注任意方向宽频振动能量采集，一些研究也只是讨论了有限几个方向。本节提出利用磁力耦合弯张换能器有效采集空间任意方向宽频振动能量的方法。这种任意方向宽频振动能量采集器(arbitrary-directional broadband vibration energy harvester, AB-VEH)还具有高等效压电应变常数和高可靠性的优点，具有良好的环境适应性[18]。

4.5.1　设计与工作原理

基于磁力耦合弯张换能器的任意方向宽频振动能量采集器示意图如图 4-50 所示，它由一个带有末端永磁体的悬臂杆和两个对称的磁力耦合弯张换能器组成。固定在两个弯张换能器上的永磁体与固定在悬臂杆上的永磁体相互吸引。由于磁力作用，悬臂杆存在两个平衡位置。在外部激励下，任何方向的振动都可以转换为变化的磁力，y 方向的磁力被弯张型压电结构放大并传递到压电层，由压电效应产生电压。为了更清楚地进行描述，设置了两个角度 β 和 γ，激励方向和 y 轴之间的夹角是 β，激励方向和 x 轴之间的夹角是 γ。

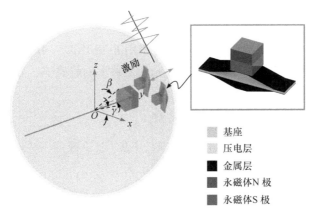

图 4-50　基于磁力耦合弯张换能器的任意方向宽频振动能量采集器示意图(彩图请扫封底二维码)

图 4-51 描述了所提出的振动能量采集器的受力和几何参数示意图。悬臂杆的长度和直径分别为 L_r 和 d_r。固定在杆末端的永磁体沿小旋转角 α 的位移为 u。u 在 xOz 平面上的投影分量是 u_p，当 $u = 0$ 时，在 y 方向上的动磁体和静磁体之间的中心距离是 s_y，在 x 方向上两个静磁体之间的中心距离是 s_x，ϕ_x 是 u_p 和 x 轴之间的夹角。动磁体的体积是 $V_A = a_A b_A c_A$，每个静磁体的体积是 $V_B = a_B b_B c_B$。弯张换能器的参数如下：金属层的宽度、空腔长度、倾斜板长度、粘接面长度、倾斜角和厚度分别为 b、l_1、l_2、l_3、θ 和 t_m。对于压电陶瓷层，其宽度、长度和厚度分别为 b、l 和 t_p。

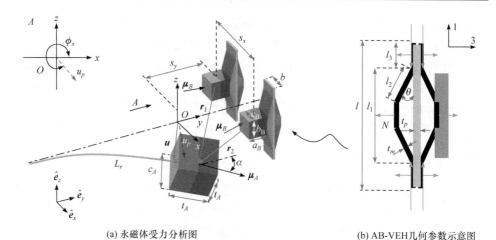

(a) 永磁体受力分析图　　　　　　　　　　　　(b) AB-VEH几何参数示意图

图 4-51　AB-VEH 的受力和几何参数示意图

4.5.2　动力学模型

首先计算固定在悬臂杆上动磁体的磁矩矢量：

$$\boldsymbol{\mu}_A = M_A V_A \sin\alpha\cos\phi_x\,\hat{\boldsymbol{e}}_x + M_A V_A \cos\alpha\,\hat{\boldsymbol{e}}_y + M_A V_A \sin\alpha\sin\phi_x\,\hat{\boldsymbol{e}}_z \tag{4-58}$$

式中，M_A 为动磁体的磁化矢量大小，可以用 B_r 来计算，$M_A = B_r/\mu_0$，μ_0 为自由空间的磁导率。然后，考虑固定在弯张换能器上的静磁体，静磁体的磁矩矢量可以写成

$$\boldsymbol{\mu}_B = M_B V_B\,\hat{\boldsymbol{e}}_y \tag{4-59}$$

式中，M_B 为静磁体的磁化矢量大小，$M_B = B_r/\mu_0$。此外，位移 $\boldsymbol{r}_i$ 表示动磁体和静磁体之间中心距离的三维向量，可以表示为

$$\boldsymbol{r}_i = r_{ix}\,\hat{\boldsymbol{e}}_x + r_{iy}\,\hat{\boldsymbol{e}}_y + r_{iz}\,\hat{\boldsymbol{e}}_z, \quad i = 1,2 \tag{4-60}$$

式中，

$$r_{ix} = \left(\frac{u\sqrt{4L_r^2 - u^2}}{2L_r} + \frac{a_A}{2}\sin\alpha\right)\cos\phi_x + (-1)^{i+1}\frac{n}{2}$$

$$r_{iy} = -\frac{u^2}{2L_r} + \frac{a_A}{2}\cos\alpha - m - \frac{a}{2}$$

$$r_{iz} = \left(\frac{u\sqrt{4L_r^2 - u^2}}{2L_r} + \frac{a_A}{2}\sin\alpha\right)\sin\phi_x$$

动磁体在静磁体位置处产生的磁场可以定义为

$$\boldsymbol{B}_i = -\frac{\mu_0}{4\pi} \nabla \frac{\boldsymbol{\mu}_A \cdot \boldsymbol{r}_i}{\|\boldsymbol{r}_i\|_2^3}, \quad i = 1, 2 \tag{4-61}$$

式中，∇ 和 $\|\cdot\|_2$ 分别表示向量梯度算子和欧几里得范数。然后，磁场中的势能可以表示为

$$U_{mi} = -\boldsymbol{B}_i \cdot \boldsymbol{\mu}_B$$
$$= \frac{M_A V_A M_B V_B \mu_0 \left[\left(r_{ix}^2 + r_{iy}^2 + r_{iz}^2 \right) \cos\alpha - 3 r_{iy} \left(r_{ix} \sin\alpha \cos\phi_x + r_{iy} \cos\alpha + r_{iz} \sin\alpha \sin\phi_x \right) \right]}{4\pi \left(r_{ix}^2 + r_{iy}^2 + r_{iz}^2 \right)^{5/2}}$$
$$\tag{4-62}$$

系统的总势能可根据方程(4-55)表示为 $U_m = \sum U_{mi}$。磁力可以通过对 $\boldsymbol{r}_i$ 进行求导得到：

$$\boldsymbol{F}_i = -\nabla U_{mi}$$
$$= \frac{3 M_A V_A M_B V_B \mu_0 \left[(\hat{\boldsymbol{\mu}}_A \cdot \hat{\boldsymbol{\mu}}_B) \hat{\boldsymbol{r}}_i + (\hat{\boldsymbol{\mu}}_B \cdot \hat{\boldsymbol{r}}_i) \hat{\boldsymbol{\mu}}_A + (\hat{\boldsymbol{\mu}}_A \cdot \hat{\boldsymbol{r}}_i) \hat{\boldsymbol{\mu}}_B - 5 (\hat{\boldsymbol{\mu}}_A \cdot \hat{\boldsymbol{r}}_i)(\hat{\boldsymbol{\mu}}_B \cdot \hat{\boldsymbol{r}}_i) \hat{\boldsymbol{r}}_i \right]}{4\pi \|\boldsymbol{r}_i\|_2^4} \tag{4-63}$$

式中，$\hat{\boldsymbol{\mu}}_A$、$\hat{\boldsymbol{\mu}}_B$ 和 $\hat{\boldsymbol{r}}_i$ 分别为 $\boldsymbol{\mu}_A$、$\boldsymbol{\mu}_B$ 和 $\boldsymbol{r}_i$ 的单位向量。根据方程(4-63)，磁力由 x 方向分量、y 方向分量和 z 方向分量组成，因此磁力表示如下：

$$F_{ix} = \frac{3 M_A V_A M_B V_B \mu_0}{4\pi \left(r_{ix}^2 + r_{iy}^2 + r_{iz}^2 \right)^{7/2}} \Big[\left(r_{ix} \cos\alpha + r_{iy} \sin\alpha \cos\phi_x \right) \left(r_{ix}^2 + r_{iy}^2 + r_{iz}^2 \right)$$
$$- 5 r_{ix} r_{iy} \left(r_{ix} \sin\alpha \cos\phi_x + r_{iy} \cos\alpha + r_{iz} \sin\alpha \sin\phi_x \right) \Big] \tag{4-64}$$

$$F_{iy} = \frac{3 M_A V_A M_B V_B \mu_0}{4\pi \left(r_{ix}^2 + r_{iy}^2 + r_{iz}^2 \right)^{7/2}} \Big[\left(3 r_{iy} \cos\alpha + r_{ix} \sin\alpha \cos\phi_x + r_{iz} \sin\alpha \sin\phi_x \right) \left(r_{ix}^2 + r_{iy}^2 + r_{iz}^2 \right)$$
$$- 5 r_{iy}^2 \left(r_{ix} \sin\alpha \cos\phi_x + r_{iy} \cos\alpha + r_{iz} \sin\alpha \sin\phi_x \right) \Big]$$
$$\tag{4-65}$$

$$F_{iz} = \frac{3 M_A V_A M_B V_B \mu_0}{4\pi \left(r_{ix}^2 + r_{iy}^2 + r_{iz}^2 \right)^{7/2}} \Big[\left(r_{iz} \cos\alpha + r_{iy} \sin\alpha \sin\phi_x \right) \left(r_{ix}^2 + r_{iy}^2 + r_{iz}^2 \right)$$
$$- 5 r_{iy} r_{iz} \left(r_{ix} \sin\alpha \cos\phi_x + r_{iy} \cos\alpha + r_{iz} \sin\alpha \sin\phi_x \right) \Big] \tag{4-66}$$

施加在弯张换能器上的磁力可以等效为集中力 N。因此，对于第 i 个弯张换能器，有

$$N_i = F_{iy} \tag{4-67}$$

在 x 和 z 方向的位移确定之后，在 y 方向的位移也可以被确定，因此只有在

x 和 z 方向上的振动需要被考虑。系统的机电耦合方程可以被表示为如下公式:

$$\begin{cases} m_{\text{eff}}\ddot{\boldsymbol{u}} + c_{\text{eff}}\dot{\boldsymbol{u}} + k_{\text{eff}}\boldsymbol{u} + \left(s_{\text{eff}}N_1 + d_{\text{eff}}V_1\right)\dfrac{\partial N_1}{\partial \boldsymbol{u}} + \left(s_{\text{eff}}N_2 + d_{\text{eff}}V_2\right)\dfrac{\partial N_2}{\partial \boldsymbol{u}} \\ \qquad + \dfrac{\partial U_m}{\partial \boldsymbol{u}} = m\ddot{u}_b\left(\sin\beta + \cos\beta\sin\alpha\right) \\ C_p\dot{V}_1 + \dfrac{V_1}{R_{\text{Load}}} + d_{\text{eff}}\dfrac{\partial N_1}{\partial \boldsymbol{u}^{\text{T}}}\dot{\boldsymbol{u}} = 0 \\ C_p\dot{V}_2 + \dfrac{V_2}{R_{\text{Load}}} + d_{\text{eff}}\dfrac{\partial N_2}{\partial \boldsymbol{u}^{\text{T}}}\dot{\boldsymbol{u}} = 0 \end{cases} \tag{4-68}$$

式中,m_{eff}、c_{eff}、k_{eff} 分别为系统的等效质量、等效阻尼系数和等效刚度。这些等效参数可以由装置原型参数或实验测量得到。此外,V_1 和 V_2 分别表示在弯张换能器 1 和弯张换能器 2 中的压电层产生的电压。开路电容 $C_p = bl\varepsilon_{33}/t_p$,$R$ 表示负载电阻,并且有

$$\boldsymbol{u} = \begin{bmatrix} x & z \end{bmatrix}^{\text{T}}, \quad \ddot{\boldsymbol{u}}_{\boldsymbol{b}} = \begin{bmatrix} \ddot{x}_b & \ddot{z}_b \end{bmatrix}^{\text{T}}$$

$$s_{\text{eff}} = \frac{s_{11}t_p l_2^3 \sin\theta\cos\theta}{l_2^3 bt_p \sin^2\theta + 3s_{11}B_s bl_1} + \frac{s_{33}t_p}{2bl_3}$$

$$d_{\text{eff}} = d_{33} - d_{31}\frac{l_1 l_2^3 \sin\theta\cos\theta}{l_2^3 t_p \sin^2\varphi + 3s_{11}B_s l_1}$$

图 4-52 说明了激励角 β 对等效激励系数的影响。方程(4-68)中的等效激励系数定义为 $\sin\beta + \cos\beta\sin\alpha$。当 β 在 $\pi/2$ 附近时,η 接近 1;当 β 远离 $\pi/2$ 时,η 减小。当振动位移增大时,等效激励系数也相应增大。图 4-53 显示了 x 和 z 方向的势能。在 $x=0$ 的两侧有两个对称的最低势能点。为了实现力的平衡,作用在

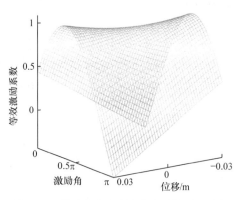

图 4-52　激励角 β 对等效激励系数 η 的影响

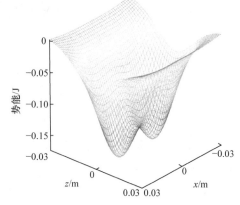

图 4-53　x 与 z 方向的势能

磁振子上的恢复力朝向势能的最低点。同时，磁振子的振动方向也受到非线性磁力和激励力的影响。如果激励方向与 z 轴一致，则激励力与磁力方向相同，因此磁振子的振动方向与激励方向更可能保持一致。如果激励方向与 z 轴不一致，则振动方向和激励方向可能不一致。当激励对振荡器的影响比较大时，振动方向可能更接近激励方向。无论末端永磁体在 xOz 平面内如何振动，在 y 方向上总能产生作用于弯张换能器的变化的磁力，然后由压电效应产生电能。动力学模型在 MATLAB/Simulink 模块进行数值仿真。除特别说明外，仿真参数如表 4-2 和表 4-3 所示。

表 4-2　材料属性

材料	参数名称	数值
弯张换能器	金属层的杨氏模量 E_m	$2×10^{11}$Pa
	PZT 的杨氏模量 E_p	$7×10^{10}$Pa
	泊松比 ν_m	0.28
	柔度系数 s_{11}	$1.65×10^{-11}$m^2/N
	柔度系数 s_{13}	$-8.45×10^{-12}$m^2/N
	柔度系数 s_{33}	$2.07×10^{-11}$m^2/N
	压电应变常数 d_{31}	$-3.2×10^{-10}$C/N
	压电应变常数 d_{33}	$6.5×10^{-10}$C/N
	相对介电常数	3800
悬臂杆	密度 ρ	7850kg/m^3
	杨氏模量 E_m	$2×10^{11}$Pa
永磁体	磁感应强度 B_r	1.2T

4.5.3　实验装置

原理样机如图 4-54(a)所示，其结构参数如表 4-3 所示，固定在弯张换能器上的永磁体中心与原点 O 之间在 y 方向上的距离是 26mm，固定在两个弯张换能器上的永磁体在 x 方向上的中心距离是 29mm。如图 4-54(b)所示，电磁振动台(V8-640，LDS)提供基座激励。信号发生器(AFG 3022B，Tektronix)产生谐波信号，然后输入电磁振动台。电磁振动台上装有加速度计，实时测量加速度。振动能量采集器负载电阻为 390kΩ。所有测量信号通过动态信号采集系统(DH5902，DONGHUA)同步采集。

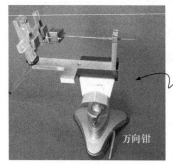

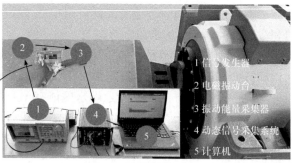

(a) 原理样机　　　　　　　　　　　　　　　　　(b) 实物图

图 4-54　实验装置

表 4-3　结构参数

材料	参数名称	数值
弯张换能器	长度 l	0.04m
	宽度 b	0.01m
	空腔长度 l_1	0.03m
	倾斜板长度 l_2	0.0129m
	粘接面长度 l_3	0.005m
	粘接面倾斜角度 θ	15°
	金属层厚度 t_m	0.00025m
	PZT-5H 厚度 t_p	0.0008m
悬臂杆	长度 L_r	0.098m
	直径 d_r	0.002m
	末端质量 m	0.071kg
永磁体	永磁体 A 厚度 t_A	0.02m
	永磁体 B 和 C 厚度 t_B	0.005m
	永磁体 A 体积 V_A	0.000008m³
	永磁体 B 和 C 体积 V_B	0.000002m³

4.5.4　结果与讨论

图 4-55 和图 4-56 分别描述了实验和仿真得到的在不同激励强度下 AB-VEH 的峰峰值电压和平均功率，其中负载电阻为 390kΩ，激励方向为 $\gamma=0°$、$\beta=90°$，激励频率为 5～30Hz，间隔为 1Hz 或 0.5Hz，激励加速度幅值分别为 0.5g、0.8g、1.0g。结果表明，由于振动系统的非线性，AB-VEH 能够在较宽的频率范围内有效工作。当激励加速度为 0.5g、激励频率为 11.5Hz 时，输出平均功率为 63μW。此外，在 7Hz 和 28Hz 的频率下，系统会产生谐波共振。当激励加速度幅值为 0.8g 且激励频率为 10Hz 时，换能器 1 和换能器 2 的峰峰值电压分别为 26.7V 和 24.8V，

总输出平均功率为 174μW。随着激励加速度幅值从 0.5g 增加到 1.0g，AB-VEH 的工作频率范围变宽，振动系统的谐振频率减小，并且次谐波共振对能量采集的贡献随之增大。从图 4-55 和图 4-56 可以看出，在不同激励下，实验结果与仿真结果趋势吻合较好。

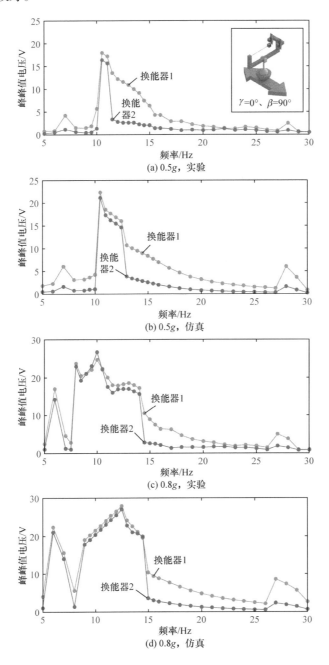

(a) 0.5g，实验

(b) 0.5g，仿真

(c) 0.8g，实验

(d) 0.8g，仿真

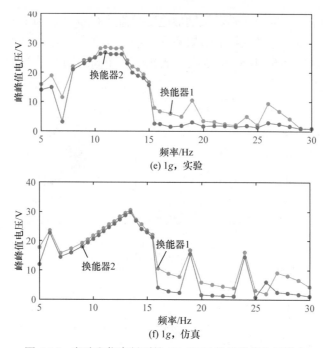

图 4-55　实验和仿真得到的 AB-VEH 的峰峰值电压输出

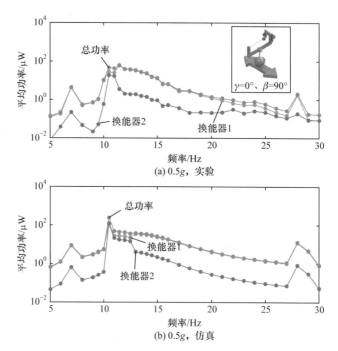

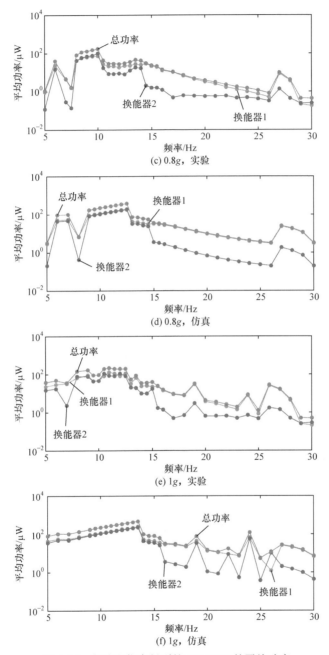

图 4-56　实验和仿真得到的 AB-VEH 的平均功率

　　图 4-57 描述了当激励方向为 $\gamma = 45°$、$\beta = 90°$，激励加速度幅值为 $0.8g$ 时，从实验和仿真中获得的 AB-VEH 的峰峰值电压和平均功率输出。由于非线性磁力的变化，AB-VEH 的动态特性发生了明显变化。相比于在激励方向为 $\gamma = 0°$、$\beta = 90°$

时，AB-VEH 有效工作频率范围更窄。尽管如此，它仍然可以在宽频率范围内有效采集能量。在激励频率为 12Hz 时，总输出平均功率为 94μW。AB-VEH 开始工作的最低频率降低到约为 7Hz，这有利于从周围环境的低频振动中获取能量。

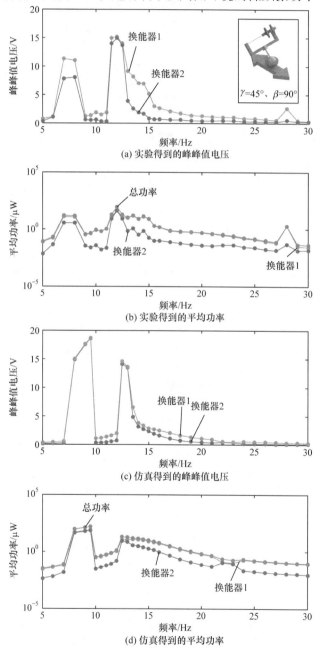

图 4-57　实验和仿真得到的 AB-VEH 的峰峰值电压和平均功率($\gamma=45°$、$\beta=90°$)

将激励方向调整为 $\gamma=90°$、$\beta=90°$，并保持激励加速度幅值为 $0.8g$，AB-VEH 的响应如图 4-58 所示。根据上述分析，由于末端永磁体平行于 z 轴振动，此时振动系统不再是双稳态系统。由于磁吸引力的作用，磁振子偏离中心位置。相应地，在仿真中设置初始偏差。因此，靠近磁振子的磁力耦合的弯张换能器采集的能量远大于另一个。然而，AB-VEH 仍可在多个频域有效工作，当激励频率等于 10Hz 时，平均输出功率为 39μW。此外，随着 γ 的变化，仿真趋势与实验结果的趋势基本一致。

将激励方向变为 $\gamma=0°$、$\beta=45°$，并保持激励加速度幅值为 $0.8g$，由实验和仿真获得的 AB-VEH 的峰峰值电压和平均功率输出如图 4-59 所示。将图 4-59 与图 4-56 进行比较，AB-VEH 在激励方向为 $\gamma=0°$、$\beta=45°$的共振响应与在激励方向为 $\gamma=0°$、$\beta=90°$时的共振响应非常相似。虽然 AB-VEH 的有效工作频率范围相比于 $\gamma=0°$、$\beta=90°$时有所变窄，但它仍然可以在宽频率范围内有效俘获能量。即使在激励方向为 $\beta=45°$时，等效激励强度有所减小，等效激励强度仍随着位移的增加而增加。因此，如果产生大幅度的振动位移，AB-VEH 在 $\gamma=0°$、$\beta=45°$激励方向上的响应非常类似于在 $\gamma=0°$、$\beta=90°$激励方向上的响应。当激励频率为 10Hz 时，平均输出功率为 134μW。随着 β 的变化，仿真结果的整体趋势与实验结果吻合良好。

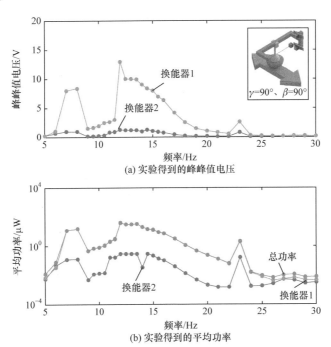

(a) 实验得到的峰峰值电压

(b) 实验得到的平均功率

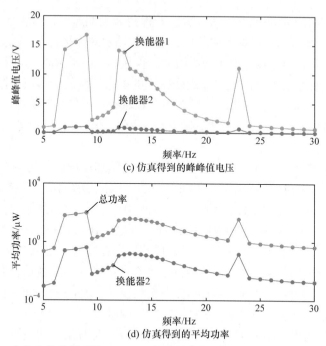

(c) 仿真得到的峰峰值电压

(d) 仿真得到的平均功率

图 4-58　实验和仿真得到的 AB-VEH 的峰峰值电压和平均功率($\gamma = 90°$、$\beta = 90°$)

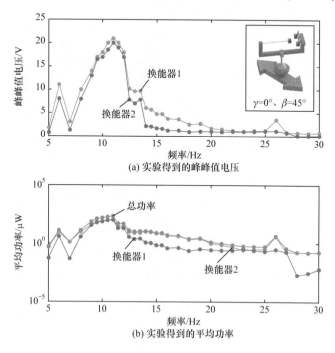

(a) 实验得到的峰峰值电压

(b) 实验得到的平均功率

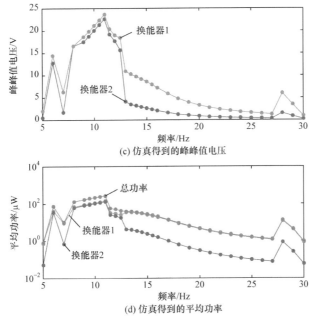

图 4-59　实验和仿真得到的 AB-VEH 的峰峰值电压和平均功率($\gamma=0°$、$\beta=45°$)

当激励方向为 $\gamma=45°$、$\beta=45°$，激励的加速度幅值为 0.8g 时，实验和仿真得到的 AB-VEH 的峰峰值电压和平均功率输出如图 4-60 所示。与上述情况相比，AB-VEH 的峰峰值电压略有降低，工作带宽变窄。当激励频率为 12Hz 时，输出平均功率为 17μW。当 γ 和 β 同时变化时，仿真结果仍与实验结果在趋势上保持一致。

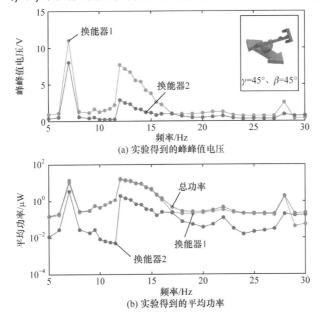

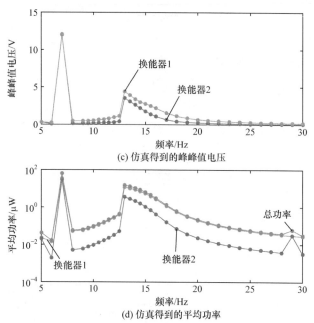

(c) 仿真得到的峰峰值电压

(d) 仿真得到的平均功率

图 4-60 实验和仿真得到的 AB-VEH 的峰峰值电压和平均功率($\gamma = 45°$、$\beta = 45°$)

如图 4-61 所示,通过实验和仿真得到了在$\gamma = 90°$、$\beta = 45°$激励方向上的 AB-VEH 的峰峰值电压和平均功率输出。激励加速度的幅度为 0.8g,激励频率为 5~30Hz,间隔为 1Hz 或 0.5Hz。与激励方向为$\gamma = 90°$、$\beta = 90°$的结果相似,一个磁

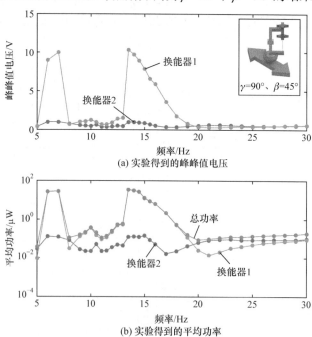

(a) 实验得到的峰峰值电压

(b) 实验得到的平均功率

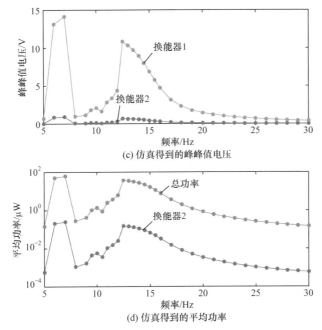

(c) 仿真得到的峰峰值电压

(d) 仿真得到的平均功率

图 4-61　实验和仿真得到的 AB-VEH 的峰峰值电压和平均功率($\gamma = 90°$、$\beta = 45°$)

力耦合弯张换能器采集的能量远大于另一个弯张换能器采集的能量，原因是当 $\gamma =$ 90°时，磁振子由于磁吸引力偏离中心位置。然而，AB-VEH 还是能够在多个频域中有效工作。此外，当激励频率为 13.5Hz 时，平均输出功率为 35μW。将实验数据与仿真结果进行比较，两者在趋势上吻合较好。

当 $\beta = 0°$时，激励方向垂直于 xOz 平面，不需要考虑 γ 的变化。在这种情况下，激励是沿着杆方向的。末端质量的动惯性力使杆处于不稳定状态，杆将垂直于激励方向振动。等效激励 $m\ddot{u}_b \sin \alpha$ 与振动位移有关。由于非线性磁力的作用，尖端质量具有初始位移，当激励沿杆方向时，这个初始位移有利于振动能量的俘获。如图 4-62 所示，仿真和实验结果之间存在一些差异，可能的原因是在弱激励下振动方向受非线性磁力的影响较大，从而使振动无序。随着共振引起的振动位移的增大，等效激励强度也相应增大，振动方向受激励力影响较大，仿真中的主要共振行为与实验结果保持一致，在 11.5Hz 的激励频率下，平均输出功率为 10μW。

图 4-63 中列出了在激励加速度幅值为 0.8g、激励频率为 5～30Hz 时不同激励方向上 AB-VEH 的最大平均功率。在一些激振方向上的平均功率来自实验数据，其他方向的平均功率基于对称性进行估计。当 $\beta = 90°$时，激励加速度的方向与振动方向在同一平面上，可以获得更多的能量。此外，可以看出，如果 β 远离 90°，则最大平均功率降低。这是因为激励和振动方向之间的偏差导致等效激励强度有所降低。然而，当振动位移较大时，等效激励强度可能增加。因此，AB-VEH 的输出平均功率在 $\beta =$

45°和$\gamma = 0°$位置处较高。此外，如果$\gamma = 0°$，则 AB-VEH 能够俘获更多能量，这意味着对称的双稳态系统有利于振动能量的收集；当$\beta = 0°$时，输出平均功率相对较小。

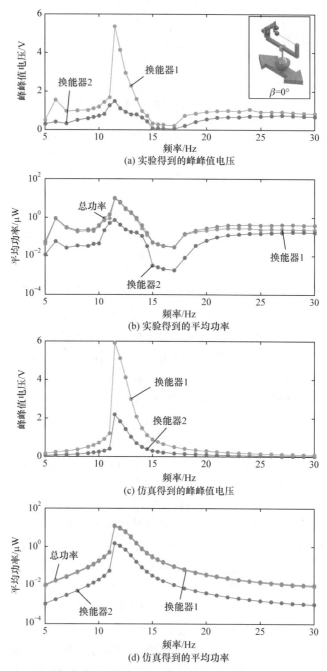

图 4-62　实验和仿真得到的 AB-VEH 的峰峰值电压和平均功率($\beta = 0°$)

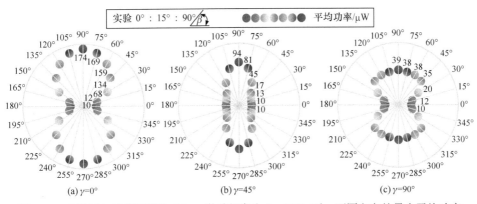

图 4-63 在激励加速度幅值为 0.8g、激励频率为 5～30Hz 下，不同方向的最大平均功率

(彩图请扫封底二维码)

保持激励方向 $\beta=0°$ 不变并增加等效激励强度，AB-VEH 的负载电压如图 4-64 所示。在 0.8g 的激励下谐振频率约为 11.5Hz，因此激励频率选择为 10.5Hz、11Hz、11.5Hz 和 12Hz。从图 4-64 中可以看出，负载电压随着激励加速度的增加而增大。当激励加速度幅值从 0.8g 增加到 1.2g 时，在激励频率为 11Hz 时的电压幅值最大。当激励加速度幅值为 1.6g 时，激励频率为 10.5Hz 的电压幅值高于其他频率。这是因为非线性振动系统的谐振频率随着等效激励强度的增加而减小。

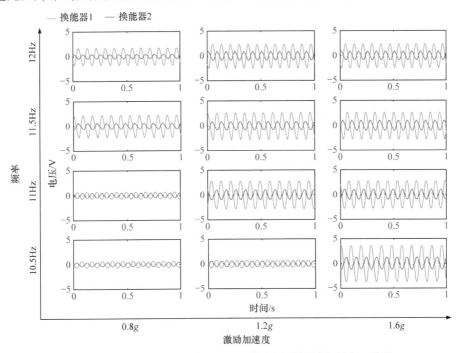

图 4-64 激励方向 $\beta=0°$ 时 AB-VEH 的电压(彩图请扫封底二维码)

4.6 本 章 小 结

本章提出了磁力耦合非线性振动能量采集方法，并在基座激励下进行了仿真和实验。结果表明，磁力耦合弯张非线性振动能量采集器可以在宽频范围内有效工作。实验得到的等效压电应变常数约为 d_{31} 的 137 倍。研究了磁力耦合非线性振动能量采集方法的三种具有代表性的磁力耦合模式：单磁排斥力、双对称磁吸引力和多磁排斥力。通过能量法建立了适用不同磁力耦合模式振动能量采集器的机电耦合动力学模型。在谐波激励和随机激励下，研究了结构参数对磁力耦合非线性振动能量采集器动力学特性的影响，并进行了实验验证以评估三种能量采集器的性能。理论、仿真和实验的结果表明：本章建立的数学模型可用于精确表征各种磁力耦合模式的磁力耦合非线性振动能量采集器。磁力耦合非线性振动能量采集器的性能主要受势能阱深度、平衡位置和水平磁力分量的影响。可以通过合理布置多个磁体来增加磁力水平分量和磁力垂直分量的比例，这有助于降低势能壁垒并增加俘能作用力。将磁力耦合非线性振动能量采集方法用于脉冲激励，结果表明，磁力耦合非线性振动能量采集器既可以在弱脉冲激励下有效工作，也可以在强脉冲激励下可靠使用。

本章提出了一种非线性磁力调控机制，实现了振动能量采集的被动控制，降低了能量采集器工作频率并增加了能量采集器工作频宽。设计多个磁力矢量叠加的合力随位移按期望趋势变化，调节磁体振子在理想工作区域内振动，从而提高了能量转换效率。仿真和实验验证了非线性磁力调控机制能显著提高磁力耦合非线性振动能量采集器的性能。

研究还表明，磁力耦合非线性振动能量采集方法可以用于任意方向宽频振动能量采集，具有良好的环境适应性。

参 考 文 献

[1] Siddique A R M, Mahmud S, Heyst B V. A comprehensive review on vibration basedmicro powergenerators using electromagnetic and piezoelectric transducermechanisms[J]. Energy Conversion and Management, 2015, 106: 728-747.

[2] Abdelkareem M A, Xu L, Ali M K A, et al. Vibration energy harvesting in automotive suspension system: A detailed review[J]. Applied Energy, 2018, 229: 672-699.

[3] Yang Z B, Zhou S X, Zu J, et al. High-performance piezoelectric energy harvesters and their applications[J]. Joule, 2018, 2(4): 642-697.

[4] Xiao Z, Yang T Q, Dong Y, et al. Energy harvester array using piezoelectric circular diaphragm for broadband vibration[J]. Applied Physics Letters, 2014, 104(22): 223904.

[5] Yang K, Wang J L, Yurchenko D. A double-beam piezo-magneto-elastic wind energy harvester for

improving the galloping-based energy harvesting[J]. Applied Physics Letters, 2019, 115(19): 193901.

[6] Zhang Y W, Lu Y N, Chen L Q. Energy harvesting via nonlinear energy sink for whole-spacecraft[J]. Science China Technological Sciences, 2019, 62(9): 1483-1491.

[7] Huang D M, Zhou S X, Han Q, et al. Response analysis of the nonlinear vibration energy harvester with an uncertain parameter[J]. Proceedings of the Institution of Mechanical Engineers, Part K: Journal of Multi-Body Dynamics, 2020, 234(2): 393-407.

[8] Yildirim T, Ghayesh M H, Li W H, et al. A review on performance enhancement techniques for ambient vibration energy harvesters[J]. Renewable and Sustainable Energy Reviews, 2017, 71: 435-449.

[9] Harne R L, Wang K W. A review of the recent research on vibration energy harvesting via bistable systems[J]. Smart Materials and Structures, 2013, 22(2): 023001.

[10] Yang Z B, Zhu Y, Zu J. Theoretical and experimental investigation of a nonlinear compressive-mode energy harvester with high power output under weak excitations[J]. Smart Materials and Structures, 2015, 24(2): 025028.

[11] Yang Z B, Zu J. Toward harvesting vibration energy frommultiple directions by a nonlinear compressive-mode piezoelectric transducer[J]. IEEE/ASME Transactions on Mechatronics, 2016, 21(3): 1787-1791.

[12] Yang Z B, Zu J, Xu Z. Reversible nonlinear energy harvester tuned by tilting and enhanced by nonlinear circuits[J]. IEEE/ASME Transactions on Mechatronics, 2016, 21(4): 2174-2184.

[13] Li H T, Yang Z, Zu J, et al. Numerical and experimental study of a compressive-mode energy harvester under random excitations[J]. Smart Materials and Structures, 2017, 26(3): 035064.

[14] Zou H X, Zhang W M, Wei K X, et al. A compressive-mode wideband vibration energy harvester using a combination of bistable and flextensional mechanisms[J]. Journal of Applied Mechanics, 2016, 83(12): 121005.

[15] Zou H X, Zhang W M, Li W B, et al. Magnetically coupled flextensional transducer for impulsive energy harvesting[C]. IEEE International Conference on Manipulation, Manufacturing and Measurement on theNanoscale (3M-NANO), Shanghai, 2017: 138-141.

[16] Zou H X, Zhang W M, Li W B, et al. Magnetically coupled flextensional transducer for wideband vibration energy harvesting: Design, modeling and experiments[J]. Journal of Sound and Vibration, 2018, 416: 55-79.

[17] Zou H X, Zhang W M, Li W B, et al. A broadband compressive-mode vibration energy harvester enhanced bymagnetic force intervention approach[J]. Applied Physics Letters, 2017, 110(16): 163904.

[18] Zhao L C, Zou H X, Yan G, et al. Arbitrary-directional broadband vibration energy harvesting using magnetically coupled flextensional transducers[J]. Smart Materials and Structures, 2018, 27(9): 095010.

第5章　往复运动压电能量采集

5.1　引　　言

往复运动是指在某一位置附近两侧来回往返运动，是环境中常见的一种运动形式，可以来自汽车悬架振动[1,2]、波浪波动[3,4]、人体运动[5,6]等，一般幅值较大、频率较低，不适合通过一般的机电转换方式直接转换为电能。往复运动可能是随机、不规则的，在变换运动方向时可能会产生较大的冲击等。这些都给能量采集带来众多问题：如何提高大振幅往复运动能量采集的机电转换效率；如何提高大振幅往复运动能量采集器件的鲁棒性和可靠性；如何实现能量采集与系统的高度集成。对于大幅低频不规则往复运动，为了采集更多的机械能量并减小振动冲击力，有必要在机电转换之前将不规则往复运动转换为其他形式的规则的运动或力[7-10]。本章主要介绍两种具有代表性的往复运动压电能量采集方法与技术。

5.2　滚压式往复运动压电能量采集

滚压运动主要是将往复运动转换为单向的、稳定性高的滚压力，可以降低振动产生的冲击力，而且滚动摩擦相比滑动摩擦来说能量损耗较小，从而可以俘获更多的振动能量，在能量采集设计中具有一定的优势。

图 5-1 给出了一种滚压式压电振动能量采集器[11]，该器件是基于弯张放大机理设计而成的，主要由外筒、滚珠轴套、内筒和压电套构成，结构紧凑，镶嵌有滚珠阵列的滚珠轴套安装在外筒的内侧，压电套安装在内筒的外侧，每个压电套筒圆周方向上都安装多个弯张型压电单元。其中，每个弯张型压电单元含有一个压电陶瓷层和两个凸型金属层，且凸型金属层粘接在压电陶瓷层的两侧。

如图 5-2 所示，滚压式压电振动能量采集器中的能量转换过程可以描述如下：外部往复运动激励驱使内筒与外筒产生相对运动，滚珠随之滚动；滚珠与弯张型压电单元的相对位置发生变化，当滚珠接触弯张型压电单元的凸起部分时，可以产生滚压力并施加到弯张型压电单元；滚压力通过弯张金属结构放大和传递到压电陶瓷层，压电陶瓷层承受压力和被转换放大的拉力；最后，压电陶瓷层由于压电效应产生电压。

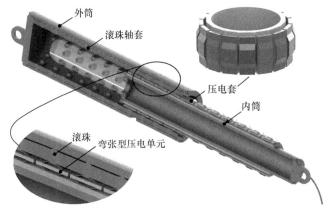

图 5-1　滚压式压电振动能量采集器[11]

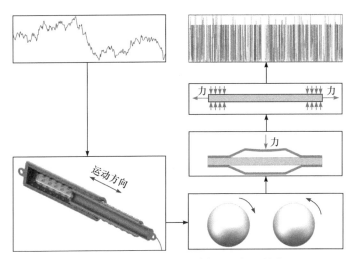

图 5-2　滚压式压电振动能量采集器的能量转换过程

在设计过程中，滚压力的大小可以根据实际应用需求来确定。如果内筒与外筒在运动过程同轴心，则滚压力不会随往复运动激励频率和幅值变化而发生变化。在任意往复运动激励下，滚压力不会超过设计的最大值，这有利于降低冲击及提高压电陶瓷层的耐久性和可靠性。因为滚珠阵列布置，一个往复运动周期内可以产生多次滚动接触，提升了对弯张型压电单元的激励频率，提高了机电能量转换效率。无论往复运动的方向如何，滚珠都可以施加滚压力作用到弯张型压电型压电单元，也会提高机电能量转换效率。在压电层两侧分别粘接凸型金属层的弯张型压电结构可以在循环高负载下使用[12-14]。施加到压电陶瓷层的应力更加均匀并且放大了作用到压电陶瓷层的力，可以增大功率输出以及延长压电陶瓷的使用寿命。滚珠和弯张型压电单元可以分别集成在具有相对运动的两个部分中。因此，滚压式压电振动能量采集设计非常简单紧凑，如滚珠和弯张型压电单元可以分别集成在汽车减振器的内筒、外筒。

5.2.1 滚压机理与力学分析

假设滚珠所嵌入的基体为刚体，则滚珠在垂直方向受到约束，单个滚珠滚压弯张型压电单元的运动过程，如图 5-3 所示，滚珠中心位移为 $s(t) = s_t$，滚珠半径为 R，滚珠中心与弯张型压电单元受滚压面之间的距离为 d(在 $d < R$ 时，滚珠可以滚压接触压电单元)。金属层厚度与滚珠位移相比非常小，可以忽略不计。在 xoz 坐标平面中，滚珠的投影为圆，圆心坐标是($s_t, -d$)，下半圆的曲线方程可以表示为

$$z(x) = \sqrt{R^2 - (x - s_t)^2} - d \tag{5-1}$$

在 xoz 坐标平面中，凸型金属层从左到右的长度分别为 l_1、l_2 和 l_3，l_2 线的倾角为 θ，高度为 h_1。凸型金属层的投影曲线方程为

$$z(x) = \begin{cases} h_1, & x \in [-l_1 - h_1 c \tan\theta, -h_1 c \tan\theta) \\ -x\tan\theta, & x \in [-h_1 c \tan\theta, 0) \\ 0, & x \in [0, l_3) \\ (x - l_3)\tan\theta, & x \in [l_3, l_3 + h_1 c \tan\theta) \\ h_1, & x \in [l_3 + h_1 c \tan\theta, l_3 + l_1 + h_1 c \tan\theta] \end{cases} \tag{5-2}$$

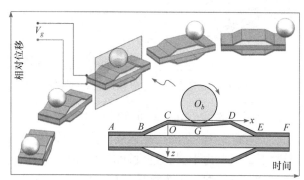

图 5-3 滚压运动过程示意图

由于 $d < R$，滚珠首先与凸型金属层倾斜板上的某点接触，联立式(5-1)和式(5-2)可得

$$(1 + \tan^2\theta)x^2 - 2[d\tan\theta + s(t)]x + d^2 + s_t^2 - R^2 = 0, \quad x \in [-h_1 c \tan\theta, 0] \tag{5-3}$$

由于圆和斜线段有两个交点，滚珠会滚压凸型金属层的倾斜板。为了减小振动引起的冲击力，设计时需要使施加在压电层上的应力均匀分布。滚珠与凸型金

属层受滚压平面的边缘相接触，然后在压电单元上滚动，滚压力方向始终保持与滚珠的运动方向相垂直，从而可以减少滚珠与凸型金属层相接触冲击引起的能量损失，则 d 满足

$$R\sqrt{\frac{1}{1+\tan^2\theta}} \leqslant d < R \tag{5-4}$$

当滚珠脱离凸型金属层时（$s_t = l_3 + \sqrt{R^2 - d^2}$），滚压力可以通过接触曲面进行估算分析。假设滚珠与凸型金属层接触部分为球形曲面，并且半径为 $c = \sqrt{Rw}$，其中 w 为受滚压面的屈曲变形，则力密度 $p(r)$ 在接触的中心区域最大且随着远离中心点而减小，等效集中力可以写成 $N = \int_0^c \int_0^{2\pi} p(r) r \mathrm{d}r \mathrm{d}\theta$。接触区域单位面积上的滚压力，即力密度 $p(r)$ 可以写成

$$p(r) = \begin{cases} p\sqrt{1-\dfrac{r^2}{c^2}}, & r \leqslant c \\ 0, & r > c \end{cases} \tag{5-5}$$

滚珠在凸型金属层受滚压面滚动时产生摩擦力，由此造成的能量损失可以通过估算弹性迟滞损失求得。当滚珠滚压压电单元时，开始接触的边受到的压力大于脱离接触的边受到的压力。将接触区域中心作为极坐标系的原点，对于在 (r,θ) 的面单元 $r\mathrm{d}r\mathrm{d}\theta$，滚压中心线的弹性力矩为 $\mathrm{d}M = r\cos\theta p(r) r \mathrm{d}r \mathrm{d}\theta$，接触区域前半部分的阻力矩为 $M = \iint \mathrm{d}M = 3Nc/16$，后半部分接触区域所产生的恢复力矩小于前半部分接触区域受到的阻力矩，导致弹性能量的损失。假设弹性迟滞损失系数为 α_h，滚动摩擦力引起的能量损失可以写成

$$W_f = \frac{3\alpha_h}{16R}\int_0^{l_3} Nc\mathrm{d}x \tag{5-6}$$

由于凸型金属层可看成薄板结构，所以粘接影响可忽略不计，粘接层的应力应变假设是连续的，压电陶瓷层的内部电场沿着厚度方向均匀分布。弯张型压电单元在 z 方向上的变形位移等于滚压深度 g，由几何关系可得 g 的表达式为

$$g = R - d = \Delta_1 + 2\left(\Delta_2\frac{l_3-s_t}{l_3} + \Delta_3\frac{s_t}{l_3}\right) + 2\left(\frac{l_2\cos\theta+l_3-s_t}{2l_2\cos\theta+l_3}\Delta_4 + \frac{l_2\cos\theta+s_t}{2l_2\cos\theta+l_3}\Delta_5\right)$$

$$\tag{5-7}$$

式中，$\Delta_i(i=1,2,\cdots,5)$ 分别为 G、C、D、B 和 E 点 z 方向上的位移，如图 5-3 所示。注意：因为弯张型压电单元有两个凸型金属层，所以式(5-7)第二项和第三项被计算了两次。施加在弯张型压电单元的滚压力可以等效为集中力 N，受滚压板

对倾斜板的力可以等效为集中力 $F_i(i=1,2,3,4)$ ，如图 5-4 所示。此外，倾斜板对粘接板的力可以等效为集中力 $F_i(i=5,6,7,8)$ 。在点 C、B、D 和 E 处截面的力矩为 $M_i(i=1,2,3,4)$ ，根据力和力矩的平衡关系，可得

$$F_1 = \frac{l_3 - s_t}{l_3} N, \quad F_3 = \frac{s_t}{l_3} N,$$

$$F_2 = F_4 = F_6 = F_8, \quad F_5 = F_1, \quad F_7 = F_3 \tag{5-8}$$

$$M_1 = M_3 = 0, \quad M_2 = -(F_1 \cos\theta - F_2 \sin\theta)l_2, \quad M_4 = -(F_3 \cos\theta - F_2 \sin\theta)l_2$$

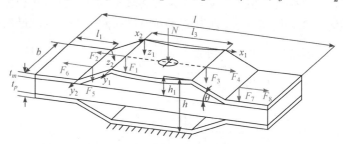

图 5-4　滚珠滚压压电单元时凸型金属层受力分析图

如果忽略滚压区域中心点 G 在 y_1 方向的变化，考虑其在 z_1 方向的位移，根据 Kirchhoff 假设可得受滚压板的挠度 w_1 满足

$$\frac{\partial^4 w_1}{\partial x_1^4} = \frac{p(x_1)}{D} \tag{5-9}$$

式中，$D = E_m t_m^3 / [12(1-\nu_m^2)]$ 为板的抗弯刚度，E_m 和 ν_m 分别为板(金属层)的弹性模量和泊松比。考虑到接触区域半径 c 较小，将 $y_1 = 0.5b$ 代入式(5-5)，并将 $p(x_1)$ 在 s_t 点进行泰勒级数展开，接触区域单位面积的滚压力可写成

$$p(x_1) = \begin{cases} p\left[1 - \dfrac{(x_1 - s_t)^2}{2c^2} - \dfrac{(x_1 - s_t)^4}{8c^4}\right], & |x_1 - s_t| \leqslant c \\ 0, & |x_1 - s_t| > c \end{cases} \tag{5-10}$$

受滚压板的边界条件为

$$w_1\big|_{x_1=0,l_3} = 0, \quad -D\frac{\partial^2 w_1}{\partial x_1^2}\bigg|_{x_1=0} = 0, \quad -D\frac{\partial^2 w_1}{\partial x_1^2}\bigg|_{x_1=l_3} = 0 \tag{5-11}$$

在接触点 G 附近足够小的区域内，单位面积滚压力 $p(x_1)$ 可以近似为一个常数 p 。由此可得受滚压板的挠度 w_1 为

$$\varDelta_1 = w_1 = \sqrt{\frac{Nl_3^4}{16\pi RD}(s_t^{*4} - 2s_t^{*3} + s_t^*)} \tag{5-12}$$

因为板在 z_2 方向上没有负载作用，可以计算得到倾斜板的挠度 w_2 为

$$w_2 = \frac{6(F_1\cos\theta - F_2\sin\theta)l_2^2 t_m \theta}{Db} + \frac{(F_1\cos\theta - F_2\sin\theta)l_2^3}{3Db} \tag{5-13}$$

倾斜板在 x_2 方向的压缩变形为 $\Delta l = -(F_1\sin\theta + F_2\cos\theta)l_2/(E_m b t_m)$。可以估算得到点 C 在 z 方向上的位移 Δ_2 为

$$
\begin{aligned}
\Delta_2 &= -\Delta l \sin\theta + w_2\cos\theta \\
&= \left(\frac{l_2^3\cos^2\theta + 18l_2^2 t_m\theta\cos^2\theta}{3Db} + \frac{l_2\sin^2\theta}{E_m b t_m} \right)F_1 \\
&\quad + \left(\frac{l_2\sin\theta\cos\theta}{E_m b t_m} - \frac{18l_2^2 t_m\theta\sin\theta\cos\theta + l_2^3\sin\theta\cos\theta}{3Db} \right)F_2
\end{aligned} \tag{5-14}
$$

类似地，也可以计算得到 Δ_3 为

$$
\begin{aligned}
\Delta_3 &= \left(\frac{l_2^3\cos^2\theta + 18l_2^2 t_m\theta\cos^2\theta}{3Db} + \frac{l_2\sin^2\theta}{E_m b t_m} \right)F_3 \\
&\quad + \left(\frac{l_2\sin\theta\cos\theta}{E_m b t_m} - \frac{18l_2^2 t_m\theta\sin\theta\cos\theta + l_2^3\sin\theta\cos\theta}{3Db} \right)F_2
\end{aligned} \tag{5-15}
$$

因为金属层与压电陶瓷层粘接，长度为 l_1 的复合层的等效弹性模量可以通过刚度复合得到：

$$E^* = E_m \frac{2t_m}{2t_m + t_p} + E_p \frac{t_p}{2t_m + t_p} \tag{5-16}$$

对于压电陶瓷层的左端，考虑上下金属层的对称性，压电方程可以写为

$$
\begin{cases}
D_{3l} = \varepsilon_{33}E_3 + d_{31}T_{1l} + d_{33}T_{3l} \\
S_{1l} = d_{31}E_3 + s_{11}T_{1l} + s_{13}T_{3l} \\
S_{3l} = d_{33}E_3 + s_{13}T_{1l} + s_{33}T_{3l}
\end{cases} \tag{5-17a}
$$

式中，$T_{1l} = 2E_p F_2 / \left[E^* b\left(2t_m + t_p \right) \right]$；$T_{3l} = -F_1/(bl_1)$；$d_{31}$ 和 d_{33} 为压电应变常数；s_{11} 和 s_{33} 为压电材料的弹性柔度系数；ε_{33} 为压电材料的介电常数。对于压电陶瓷层的右端，压电方程为

$$
\begin{cases}
D_{3r} = \varepsilon_{33}E_3 + d_{31}T_{1r} + d_{33}T_{3r} \\
S_{1r} = d_{31}E_3 + s_{11}T_{1r} + s_{13}T_{3r} \\
S_{3r} = d_{33}E_3 + s_{13}T_{1r} + s_{33}T_{3r}
\end{cases} \tag{5-17b}
$$

式中，$T_{1r} = 2E_p F_2 / \left[E^* b\left(2t_m + t_p \right) \right]$；$T_{3r} = -F_3/(bl_1)$。对于压电陶瓷层的中间部分，即

$$
\begin{cases}
D_{3m} = \varepsilon_{33}E_3 + d_{31}T_{1m} \\
S_{1m} = d_{31}E_3 + s_{11}T_{1m} \\
S_{3m} = d_{33}E_3 + s_{13}T_{1m}
\end{cases} \tag{5-17c}
$$

式中，$T_{1m} = 2F_2/(bt_p)$。由此，压电陶瓷层在 x 方向上的位移可近似表示为

$$
\begin{aligned}
& S_{1m}(2l_2\cos\theta + l_3) \\
& = \frac{(F_1\cos\theta - F_2\sin\theta)(18l_2^2 t_m\theta + l_2^3)}{3Db}\sin\theta - \frac{(F_1\sin\theta + F_2\cos\theta)l_2}{Ebt_m}\cos\theta \\
& + \frac{(F_3\cos\theta - F_2\sin\theta)(18l_2^2 t_m\theta + l_2^3)}{3Db}\sin\theta - \frac{(F_3\sin\theta + F_2\cos\theta)l_2}{Ebt_m}\cos\theta
\end{aligned} \tag{5-18}
$$

因此可以求解 F_2，即

$$
F_2 = \frac{\left[\dfrac{(l_2^3 + 18l_2^2 t_m\theta)\sin\theta\cos\theta}{3Db} - \dfrac{l_2\sin\theta\cos\theta}{E_m bt_m}\right]N - d_{31}E_3(2l_2\cos\theta + l_3)}{2\left[\dfrac{(l_2^3 + 18l_2^2 t_m\theta)\sin^2\theta}{3Db} + \dfrac{l_2\cos^2\theta}{E_m bt_m}\right] + \dfrac{2s_{11}(2l_2\cos\theta + l_3)}{bt_p}} \tag{5-19}
$$

因为只有压电效应产生的电场，而没有施加外部电场，所以 F_2 可以简化为

$$
F_2 = \frac{\left[\dfrac{(l_2^3 + 18l_2^2 t_m\theta)\sin\theta\cos\theta}{3Db} - \dfrac{l_2\sin\theta\cos\theta}{E_m bt_m}\right]N}{2\left[\dfrac{(l_2^3 + 18l_2^2 t_m\theta)\sin^2\theta}{3Db} + \dfrac{l_2\cos^2\theta}{E_m bt_m}\right] + \dfrac{2s_{11}(2l_2\cos\theta + l_3)}{bt_p}} = \beta N \tag{5-20}
$$

由此可得 Δ_4 和 Δ_5，即

$$
\begin{aligned}
\Delta_4 &= -\left[s_{13}\frac{2F_2 t_p}{b(2t_m + t_p)}\left(\frac{E_p}{E^*}\right) - s_{33}\frac{F_1 t_p}{bl_1}\right] \\
\Delta_5 &= -\left[s_{13}\frac{2F_2 t_p}{b(2t_m + t_p)}\left(\frac{E_p}{E^*}\right) - s_{33}\frac{F_3 t_p}{bl_1}\right]
\end{aligned} \tag{5-21}
$$

合并式(5-12)、式(5-14)、式(5-15)和式(5-21)，并采用无量纲参数 $s_t^* = s_t / l_3$，滚压力可写成

$$
N = \left(\frac{-f_1 + \sqrt{f_1^2 + 4f_2 g}}{2f_2}\right)^2 \tag{5-22}
$$

式中，

$$
\begin{cases}
f_1 = \dfrac{l_3^2}{4}\sqrt{\dfrac{1}{\pi RD}}\sqrt{(s_t^{*4} - 2s_t^{*3} + s_t^{*})} \\[4mm]
f_2 = 4\left[\dfrac{(l_2^3 + 18l_2^2 t_m\theta)\cos^2\theta}{3Db} + \dfrac{l_2\sin^2\theta}{E_m b t_m} + \dfrac{\dfrac{s_{33}t_p}{bl_1}}{2\dfrac{l_2}{l_3}\cos\theta + 1}\right](s_t^{*2} - s_t^{*}) \\[8mm]
{} + 2\left[\dfrac{(l_2^3 + 18l_2^2 t_m\theta)\cos^2\theta}{3Db} + \dfrac{l_2\sin^2\theta}{E_m b t_m}\right] + 2\dfrac{s_{33}t_p}{bl_1}\dfrac{\dfrac{l_2}{l_3}\cos\theta + 1}{2\dfrac{l_2}{l_3}\cos\theta + 1} \\[8mm]
{} + 2\left[\dfrac{l_2\sin\theta\cos\theta}{E_m b t_m} - \dfrac{(l_2^3 + 18l_2^2 t_m\theta)\sin\theta\cos\theta}{3Db}\right]\beta - \dfrac{4s_{13}E_p t_p}{E^* b(2t_m + t_p)}\beta
\end{cases}
$$

假设滚珠滚压、脱离金属层的滚压力满足线性规律，则运动过程中滚压力 N 可以表示为

$$
N(x) = \begin{cases}
0, & s_t^* \in \left[\dfrac{-(l_1 + l_2\cos\theta)}{l_3}, \dfrac{-\sqrt{R^2 - d^2}}{l_3}\right] \\[4mm]
N(0)\left(\dfrac{x + \sqrt{R^2 - d^2}}{\sqrt{R^2 - d^2}}\right), & s_t^* \in \left[\dfrac{-\sqrt{R^2 - d^2}}{l_3}, 0\right] \\[4mm]
N(s_t^*), & s_t^* \in [0,1] \\[4mm]
N(1)\left(\dfrac{x - l_3 - \sqrt{R^2 - d^2}}{-\sqrt{R^2 - d^2}}\right), & x \in \left[1, 1 + \dfrac{\sqrt{R^2 - d^2}}{l_3}\right] \\[4mm]
0, & x \in \left[1 + \dfrac{\sqrt{R^2 - d^2}}{l_3}, 1 + \dfrac{(l_1 + l_2\cos\theta)}{l_3}\right]
\end{cases}
$$

$$(5\text{-}23)$$

定义沿着滚压力方向的位移为滚压深度 $g = R - d$，滚压力做功 W_N 为

$$
W_N = \frac{1}{2}N(0)(R - d) \tag{5-24}
$$

考虑滚动摩擦力导致的能量损失，其他机械能量损失忽略不计，滚珠滚压力作用产生的机械能量为

$$
W_{in} = W_N + W_f \tag{5-25}
$$

当滚珠滚压弯张型压电单元时，存储的能量可以写成

$$
\begin{cases}
dU_r = \dfrac{1}{2}T_{1r}S_{1r} + \dfrac{1}{2}T_{3r}S_{3r} + \dfrac{1}{2}D_{3r}E_3 \\[2mm]
dU_l = \dfrac{1}{2}T_{1l}S_{1l} + \dfrac{1}{2}T_{3l}S_{3l} + \dfrac{1}{2}D_{3l}E_3 \\[2mm]
dU_m = \dfrac{1}{2}T_{1m}S_{1m} + \dfrac{1}{2}D_{3m}E_3
\end{cases}
\tag{5-26}
$$

合并式(5-17)和式(5-20)，并且令 $E_3 = V/t_p$ ，其中 V 为电压，对整个压电片积分可求得总的转换能量为

$$
\begin{aligned}
U_{\text{total}} &= \int_0^{t_p}\int_0^b\int_0^l (dU_r + dU_m + dU_l)\,\mathrm{d}x\mathrm{d}y\mathrm{d}z \\
&= \left[\frac{4\beta^2 E_p^2 s_{11} t_p l_1}{E^{*2}(2t_m+t_p)^2 b} - \frac{2\beta E_p s_{13} t_p}{E^* b(2t_m+t_p)} + \frac{s_{33}t_p}{bl_1}(s_t^{*2} - s_t^* + 0.5) \right. \\
&\quad \left. + \frac{2\beta^2 s_{11}(2l_2\cos\theta + l_3)}{bt_p} \right]N^2 \\
&\quad + \left[\frac{4\beta E_p d_{31}l_1}{E^*(2t_m+t_p)} - d_{33} + \frac{2\beta d_{31}(2l_2\cos\theta + l_3)}{t_p} \right]NV + \frac{bl\varepsilon_{33}}{2t_p}V^2
\end{aligned}
\tag{5-27}
$$

对式(5-27)进行微分计算可得总电量为

$$
Q = \left[\frac{4\beta E_p d_{31}l_1}{E^*(2t_m+t_p)} - d_{33} + \frac{2\beta d_{31}(2l_2\cos\theta + l_3)}{t_p} \right]N + \frac{bl\varepsilon_{33}}{t_p}V
\tag{5-28}
$$

由此，滚压力作用产生的电量为

$$
Q_g = \left[\frac{4\beta E_p d_{31}l_1}{E^*(2t_m+t_p)} - d_{33} + \frac{2\beta d_{31}(2l_2\cos\theta + l_3)}{t_p} \right]N
\tag{5-29}
$$

由于 $Q = CV$ ，开路下的电容为 $C_p = bl\varepsilon_{33}/t_p$ ，所以滚压力作用产生的开路电压为

$$
V_{\text{open}} = \frac{Q_g}{C_p} = \left[\frac{4\beta E_p d_{31}l_1 t_p}{E^* bl\varepsilon_{33}(2t_m+t_p)} - \frac{d_{33}t_p}{bl\varepsilon_{33}} + \frac{2\beta d_{31}(2l_2\cos\theta + l_3)}{bl\varepsilon_{33}} \right]N
\tag{5-30}
$$

同时，可得滚压力作用产生的电能为

$$
U_g = \frac{1}{2}C_f V_{\text{open}}^2 = \frac{t_p}{2bl\varepsilon_{33}}\left[\frac{4\beta E_p d_{31}l_1}{E^*(2t_m+t_p)} - d_{33} + \frac{2\beta d_{31}(2l_2\cos\theta + l_3)}{t_p} \right]^2 N^2
\tag{5-31}
$$

负载 R_L 的瞬时功率可以写为

$$P = \frac{V_{\text{open}}^2 R_L}{(R_s + R_L)^2} \tag{5-32}$$

式中，R_s 为压电陶瓷片的内阻，$R_s = 1/(\omega C)$。

　　机械能量与电能的转换效率可以表示为 $\eta_{\text{conversion}} = \eta_1 \eta_2 \eta_3$。第一个能量转换效率 η_1 是滚压力对弯张型压电单元做功与外部往复运动输入的能量之比，即滚压机械转换效率；第二个能量转换效率 η_2 是传递到压电陶瓷层的能量与滚压力对弯张型压电单元做功之比，即弯张型压电结构机械转换效率；第三个能量转换效率 η_3 是产生的电能与传递到压电陶瓷层的能量之比，即压电陶瓷层的机电转换效率。为了评估系统的能量转换效率，将最大的滚压力代入式(5-31)可得滚压力作用产生的电能 U_g，由此能量转换效率 $\eta_{\text{conversion}}$ 可以表示为

$$\eta_{\text{conversion}} = \frac{U_g}{W_{in}} \tag{5-33}$$

5.2.2　设计参数分析

　　滚压式压电能量采集器的性能受到许多设计参数的影响，以下综合分析滚压深度、滚珠几何尺寸、粘接面尺寸等几个重要设计参数对滚压力、输出电压、输出能量及能量转换效率的影响。能量采集器的几何参数见表 5-1。

表 5-1　能量采集器的几何参数

参数名称	数值
金属层厚度 t_m	0.2mm
压电片厚度 t_p	2mm
金属层杨氏模量 E_m	2×10^{11}Pa
压电层杨氏模量 E_p	7×10^{10}Pa
泊松比 v_m	0.28
柔度系数 s_{11}	1.65×10^{-11}m²/N
柔度系数 s_{13}	-8.45×10^{-12}m²/N
柔度系数 s_{33}	2.07×10^{-11}m²/N
压电应变常数 d_{31}	-2.74×10^{-10}C/N
压电应变常数 d_{33}	5.93×10^{-10}C/N
相对介电常数	3400

1. 滚压深度的影响

滚珠在滚压过程中，其滚压深度直接决定着弯张型压电单元的变形情况，从而影响压电能量采集器的性能，图 5-5 给出了不同滚压深度时能量采集器压电单元所受滚压力、输出产生的电压、输出能量及能量转换效率的变化。由图 5-5(a)、(b)可看出，随着滚压深度的增大，滚压力和电压均增大。当滚珠滚压压电单元在中间位置时，滚压力和输出电压增大更明显，当滚压深度从 $g = 0.1\text{mm}$ 增大到 $g = 0.3\text{mm}$ 时，最大输出电压从 $V_{max} = 14.3\text{V}$ 上升到 $V_{max} = 125.7\text{V}$，主要原因在于弯张型压电单元等效刚度高，增大滚压深度会使压电单元变形增大，滚压力急剧增大，输出电压也会急剧上升。采集系统的输出能量也会随着滚压深度的增大而显著增加，且滚珠半径越大，输出能量的增加速率越大，如图 5-5(c)所示。图 5-5(d)给出了采集系统的能量转换效率随着滚压深度的变化情况，滚压深度越大，能量转换效率越高，且滚珠半径对能量转换效率有着较大影响，滚珠半径越大，能量转换效率也越高。滚珠滚压深度的选择对于能量采集至关重要，在器件设计时需要满足式(5-4)的要求，滚压深度越大，产生的输出滚压力越大，产生的输出电压

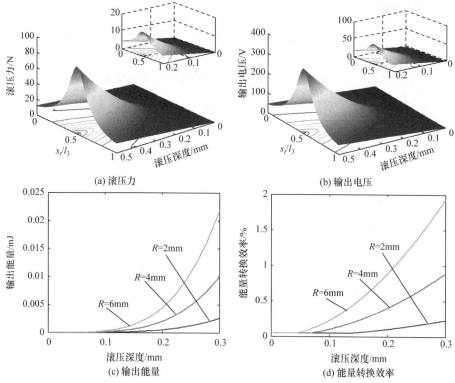

图 5-5　滚压深度对滚压力、输出电压、输出能量和能量转换效率的影响

越高，采集的电能就越多，但是设计时需要考虑弯张型压电单元的负载极限以及滚动摩擦阻力的影响。

2. 滚珠半径的影响

如图 5-6 所示，滚压深度 $g = 0.2\mathrm{mm}$，其他参数保持不变。如图 5-6(a)所示，当滚珠滚压弯张型压电单元中间部位时，滚压力和输出电压随着滚珠半径的增加而增加；而当滚珠滚压弯张型压电单元两端时，滚压力和输出电压随着滚珠半径的变化并没有发生明显变化。这是因为滚珠滚压弯张型压电单元时，滚珠与受滚压面紧密接触，受滚压面变形与滚珠半径相关，滚珠半径越大，受滚压面的变形越大，因此产生的弹性恢复力也越大。而当滚珠滚压弯张型压电单元两端时，受滚压面的变形比较小，即与滚珠半径的关系比较小，因此滚压力和产生的电压不随滚珠半径的变化发生明显变化。随着滚珠半径的增加，首先滚珠滚压弯张型压电单元两端时的电压比滚压中间部位时的电压高，然后滚压中间部位产生的电压比滚压两端时的电压高。如图 5-6(c)和(d)所示，输出能量和能量转换效率随着滚珠半径的增加而增加，而且当滚压深度更大时，输出能量和能量转换效率随滚珠半径变化的幅度更大。滚珠半径也对滚压压电能量采集器的特性具有关键影响。

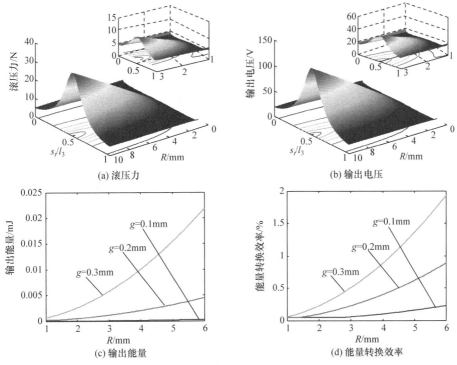

(a) 滚压力　　　　　　　　　　(b) 输出电压

(c) 输出能量　　　　　　　　　(d) 能量转换效率

图 5-6　滚珠半径的影响

3. 粘接面长度的影响

图 5-7 显示了粘接面长度对滚压压电能量采集器性能的影响。如图 5-7(a)所示，随着粘接面长度变化，滚压力几乎没有变化。这是因为相对倾斜板和受滚压面的变形，粘接面产生的变形可以忽略不计，因此粘接面长度对滚压力和等效压电应变常数几乎没有影响。随着粘接面长度增加，输出能量和能量转换效率略有增加，如图 5-7(c)和(d)所示。图 5-7(b)显示了输出电压随着粘接面长度增加略有降低。这是因为粘接面长度增加导致压电片的电容增加，在相同的压力下，压电片产生的电压降低。需要特别注意，必须设计足够的粘接面长度保证金属片与压电片的粘接牢固可靠，避免弯张型压电单元损坏。

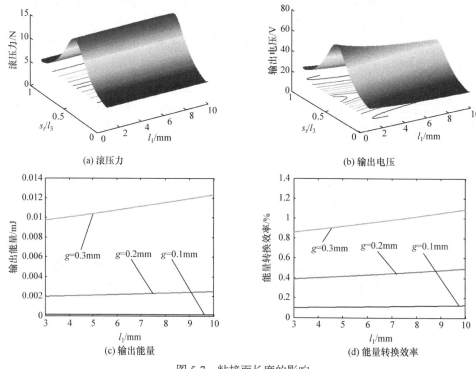

图 5-7　粘接面长度的影响

4. 倾斜板长度的影响

图 5-8 显示了滚压力、输出电压、输出能量和能量转换效率随倾斜板长度的变化。如图 5-8(a)所示，随着倾斜板长度增加，当滚珠滚压弯张型压电单元两端时，输出电压减少，而当滚珠滚压弯张型压电单元中间部位时，输出电压几乎没有变化。这是因为滚珠滚压弯张型压电单元两端时主要是倾斜板发生变形，当倾斜板变长时，在相同的压力下产生的变形更大，即相同的滚压深度下，输出压力

变小。而滚珠滚压弯张型压电单元中间部位时主要是受滚压板影响发生变形,因此受倾斜板长度的影响较小。如图 5-8(a)和(b)所示,倾斜板长度对滚压力和输出电压的影响在趋势上一致。倾斜板长度增加可以增加输出能量。倾斜板长度对滚压压电能量采集器的能量转换效率具有关键影响,如图 5-8(d)所示,能量转换效率随着倾斜板长度的增加而显著增加,滚压深度越大,增加的幅度越大。

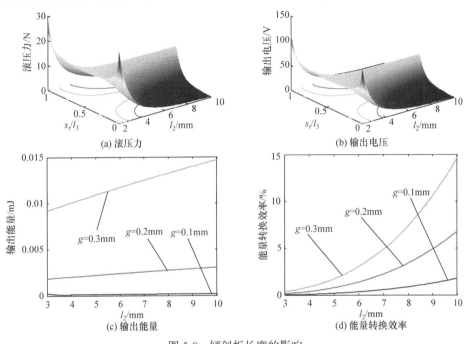

图 5-8　倾斜板长度的影响

5. 倾斜板角度的影响

图 5-9 显示了滚压力、输出电压、输出能量和能量转换效率随倾斜板角度的变化。随着倾斜板角度增加,当滚珠滚压弯张型压电单元两端时,滚压力有所增加,滚压中间部位时滚压力保持不变,如图 5-9(a)所示。这是因为滚珠滚压弯张型压电单元中间部位时主要受滚压板影响发生变形,与倾斜板角度的关系不大。如图 5-9(b)所示,随着倾斜板角度增加,输出电压减小。这说明倾斜板角度对滚压力和输出电压具有不同的影响。因为倾斜板角度对弯张型压电单元的等效压电应变常数具有关键影响,所以当倾斜板角度增加,等效压电应变常数减小时,即便滚压力增加,输出电压反而可能变小。随着倾斜板角度增大,输出能量减少,能量转换效率也有所降低,并且滚压深度越大,变化的幅度越大,如图 5-9(c)、(d)所示。这说明滚压力做功增加,但因为等效压电应变常数减小,实际转换的电能并没有随之增加,甚至反而减小。

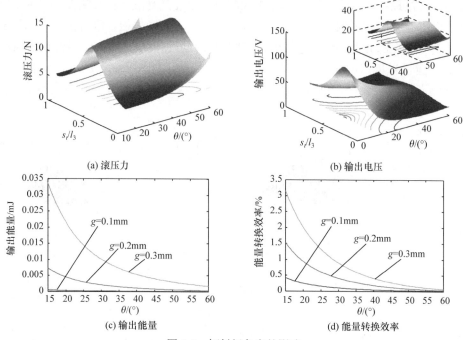

(a) 滚压力　　　　　　　　　　　　　　　(b) 输出电压

(c) 输出能量　　　　　　　　　　　　　　(d) 能量转换效率

图 5-9　倾斜板角度的影响

6. 受滚压板长度的影响

如图 5-10(a)和(b)所示，当受滚压板长度很小，滚珠滚压弯张型压电单元中间部位时，滚压力和输出电压随着受滚压板长度的增加急剧减小，然后比较缓慢地减小，这是因为滚珠滚压弯张型压电单元中间部位时主要是受滚压板发生变形，所以受滚压板长度对滚压力有显著影响。而滚珠滚压弯张型压电单元两端时的滚压力和输出电压几乎保持不变，这是因为滚珠滚压弯张型压电单元两端主要是倾斜板发生变形，与受滚压板长度关系不大。如图 5-10(c)和(d)所示，随着受滚压板长度增加，输出能量和能量转换效率显著减小。因此，受滚压板长度是很关键的设计参数。

7. 宽度的影响

如图 5-11(a)所示，随着宽度增加，当滚珠滚压弯张型压电单元两端时，滚压力增加，而滚压中间时，滚压力没有发生明显变化。如图 5-11(b)所示，随着宽度增加，滚珠滚压弯张型压电单元中间时，输出电压降低，而滚珠滚压弯张型压电单元两端时产生的电压几乎没有明显变化。图 5-11(c)和(d)分别描述了输出能量随着宽度的增加而减少，能量转换效率随着宽度的增加而降低。

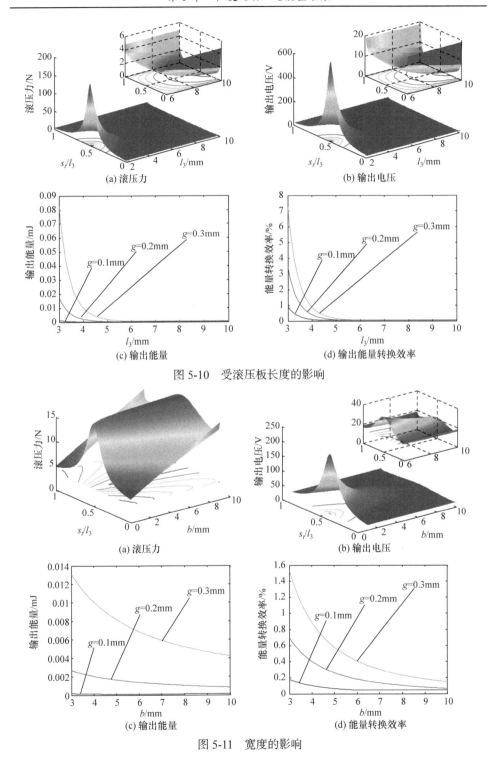

(a) 滚压力　　　　　　　　　　　(b) 输出电压

(c) 输出能量　　　　　　　　　(d) 输出能量转换效率

图 5-10　受滚压板长度的影响

(a) 滚压力　　　　　　　　　　　(b) 输出电压

(c) 输出能量　　　　　　　　　(d) 能量转换效率

图 5-11　宽度的影响

8. 压电片厚度的影响

如图 5-12(a)所示，随着压电片厚度发生变化，滚压力几乎没有变化。这是因为相比弯张型压电结构，压电片产生的变形很小，因此压电片厚度对滚压力影响不大。滚珠滚压弯张型压电单元两端时产生的电压几乎不随压电片厚度的变化而发生变化，如图 5-12(b)所示。图 5-12(c)和(d)显示了随着压电片厚度增加，输出能量减少，能量转换效率降低，并且当压电片厚度为 1mm 以下时变化很快，当压电片厚度大于 1mm 时，变化程度没有之前显著。

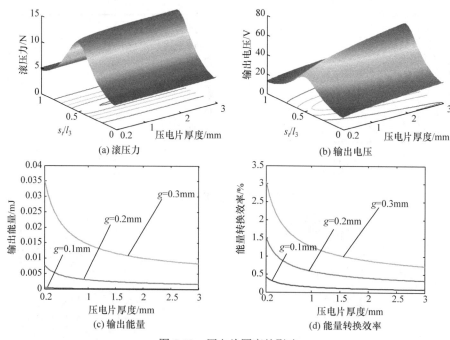

图 5-12　压电片厚度的影响

较大的滚压深度能够采集更多能量，但增加滚压深度也会增加滚动摩擦力，而且必须考虑弯张型压电单元所能负载的极限以及结构尺寸限制。滚珠半径、倾斜板长度、倾斜角度、受滚压板长度，以及弯张型压电单元的宽度对电压幅值和波形具有较大影响。可以增加倾斜板长度、减小倾斜板角度，从而提高能量转换效率。这也说明增加等效压电应变常数能够增大能量转换效率。特别需要注意，尽管粘接面长度对能量俘获的性能影响比较小，但粘接面必须有足够的长度以保证足够的粘接强度，这对装置的可靠性至关重要。压电片厚度对弯张型压电单元的性能有显著影响，不能太厚，影响力的传递，也不能太薄，影响弯张型压电单元的负载能力。

5.2.3　实验结果及分析

为了验证设计优点，制造了原理样机并进行了实验。图 5-13 显示了制造的滚压式压电振动能量采集器的原理样机。压电材料为 PZT-5A。弯张型压电单元的尺寸如下：l_1=4mm，l_2=6.5mm，l_3=5mm，θ=π/6，b=8mm，t_m=0.2mm，t_p=2mm，R=3mm，g=0.14mm。压电片的电容测量值为 2.56nF。原理样机在 MTS 322 液压式振动加载测试系统进行实验，如图 5-14 所示。实验条件可以通过计算机上的控制软件进行设置，然后加载到测试系统的控制器。实验中采用了不同频率、不同幅值的正弦波输入。压电片两侧焊接导线连接到动态信号采集器(DH5902)，动态信号采集器可以实时记录电压信号。它的内阻为 20MΩ，当没有并联外部电阻时，可以视为开路。

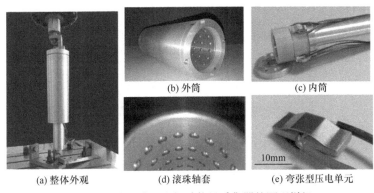

(a) 整体外观　　(b) 外筒　　(c) 内筒　　(d) 滚珠轴套　　(e) 弯张型压电单元

图 5-13　滚压式压电振动能量采集器的原理样机

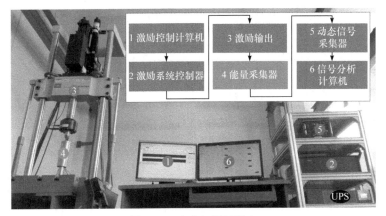

图 5-14　实验与测试平台

如图 5-15 所示，仿真结果与实验结果较为接近。仿真与实验结果存在差异的可能原因有：电压随时间的分布与滚珠和弯张型压电单元的初始相对位置有关，滚珠与弯张型压电单元的初始相对位置很难准确测量，在仿真中使用的估计值与实验中的准确值存在差异；振动加载测试系统采用液压驱动，当振动位移方向改变时，需要更多时间，所以实验测试中输入的是近似的正弦波，比数值仿真采用的正弦波波形更狭窄；制造和装配误差导致滚压式压电振动能量采集器原理样机的外筒和内筒在测试中不是完全同心的；弯张型压电结构的压缩变形恢复速度可能比滚压速度慢，因此滚压过程相对不完整，实际测试中的滚压时间比仿真时间短。仿真结果显示无论振动位移是负还是正，产生的电压都为正，并且幅值没有变化；而实验数据显示尽管滚压力始终是向下的，但响应并不是始终为负的。这是因为压电单元在低频激励下电荷泄漏很快。

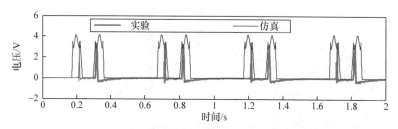

图 5-15　实验结果与仿真结果的比较(彩图请扫封底二维码)

图 5-16 显示了滚压式压电振动能量采集器在不同激励频率下的电压，分别为 1Hz、2Hz 和 3Hz，电压频率与激励频率成正比。因为测试系统能够输出的振幅有限，所以只进行了单个滚珠滚压弯张型压电单元的实验。如果滚压式压电振动能量采集器接收到振幅更大的输入，将有多个滚珠滚压弯张型压电单元，产生的电压频率会大于激励频率。当激励频率变化时，电压幅值几乎没有变化。实验和仿

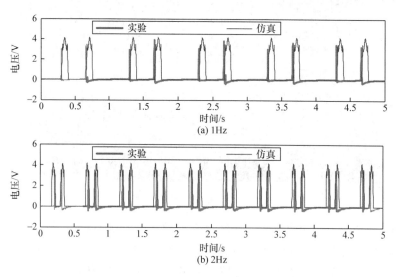

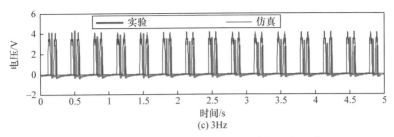

图 5-16　不同频率下产生的电压(彩图请扫封底二维码)

真结果说明滚压式压电能量采集可以产生单向、幅值稳定的开路电压，不受振动频率和振动幅值的影响，电压的频率与振动频率相关。

5.3　阵列式磁力耦合往复运动压电能量采集

5.2 节介绍了通过滚珠滚压的方式将大振幅低频往复运动转换为单向、幅值稳定且频率提升的滚压力，接下来主要介绍通过无接触磁力耦合的方式将大振幅低频往复运动转换为交错的磁力，即通过磁排斥力和磁吸引力交互作用来激励屈曲梁，使其产生双稳态突跳现象，从而利用突跳产生的变形来收集能量，不仅有益于提升激励频率，而且有利于提高系统能量转换效率和输出功率[15]。

5.3.1　工作原理与理论分析

阵列式磁力耦合双稳态能量采集器主要包括永磁体阵列和压电屈曲梁，其中压电屈曲梁中部固定永磁体。永磁体阵列的磁极交错布置，保证相邻两永磁体的磁极相反。如图 5-17 所示，$i,j=1,2,3,\cdots,n$，n 为永磁体阵列个数，d_{min} 为屈曲梁上永磁体与永磁体阵列之间的最短距离，d_{fix} 为屈曲梁固定端与永磁体基座之间的距离，d_{max} 为屈曲梁上永磁体与永磁体之间的最长距离，s 为永磁体磁极交错阵列的间距，即相邻两永磁体在 x 方向上的距离。

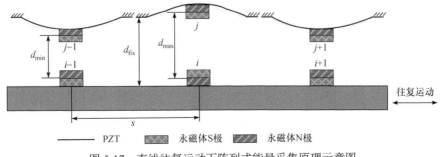

图 5-17　直线往复运动下阵列式能量采集原理示意图

图 5-18 给出了往复运动下阵列式磁力耦合压电能量采集器多步能量转换过程，在外部激励驱动下，永磁体阵列会往复运动，从而产生磁吸引力和磁排斥力交互作用，使得压电屈曲梁在两个稳态之间产生突跳现象。压电屈曲梁稳态变换导致的大位移使压电片产生大应变，从而通过压电效应发电。多个压电屈曲梁由于交错磁力激励在凹-凸两种双稳态之间变换，从而采集振动能量，采集的电能经过电路处理后可以直接使用或者存储备用。

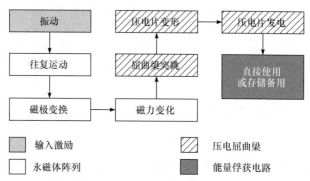

图 5-18　往复运动下阵列式磁力耦合压电能量采集器多步转换过程

将随机振动转换为周期性幅值稳定的磁力作用，可以有效减少冲击，从而提高器件的可靠性和延长使用寿命；不论振动方向如何，都可以转换为磁力激励，所以可以采集更多能量；通过无接触磁力耦合作用消除了碰撞和摩擦导致的能量损失问题；而采用双稳态屈曲梁结构可以大幅增加压电片变形，从而提高输出电压和功率；阵列式结构也可以提升激励频率，有利于提高能量转换效率。

双稳态屈曲梁单元是指长度为 $L+d_0$ 的梁在轴向应力下发生屈曲，梁两端分别固定在间距为 L 的两个支点，当屈曲梁受到横向作用力时，屈曲梁可以从一个稳态突跳到另一个稳态，整个过程一直存在轴向应力作用。考虑第一屈曲模态，建立等效参数模型，如图 5-19 所示，m、k 和 c 分别为系统等效质量、线性弹簧刚度和系统的阻尼系数，L_s 为弹簧原长。

根据牛顿第二定律和电力学基尔霍夫定律，可得系统的机电耦合方程为

$$m\ddot{u}(t)+c\dot{u}(t)+2ku(t)\left[1-\frac{L_s}{\sqrt{u(t)^2+l^2}}\right]+\Theta V=f(t) \tag{5-34}$$

$$C\dot{V}+\frac{V}{R}-\Theta\dot{u}(t)=0 \tag{5-35}$$

式中，L_s 为弹簧原长；$f(t)$ 为外界激励力；Θ 为机电耦合系数；C 为等效电容。屈曲梁突跳所需的外部激励力与起始拱高的关系为

$$F_\sigma = -130.5 \frac{EI\pi}{L^3}\left(\frac{w_0^{\,2}}{4L} - \frac{4.18I}{LS}\right)^{1/2} \tag{5-36}$$

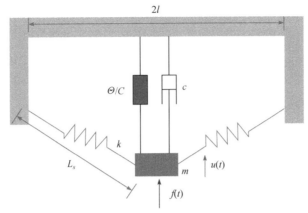

图 5-19 压电屈曲梁力学模型

屈曲梁实现双稳态的条件为初始拱高 w_0 与屈曲梁厚度 t_b 的关系满足

$$\frac{w_0}{t_b} > 2.31 \tag{5-37}$$

当两永磁体之间磁力大于屈曲梁突跳临界力时，屈曲梁产生突跳，屈曲梁压电振子在周期性磁力激励下不断地在两种稳态之间转换，产生连续的电能，即满足以下条件：

$$f(t) > F_\sigma \tag{5-38}$$

通过磁极模型分析永磁体之间的磁力作用[16]。如图 5-20(a)所示，永磁体 B 在永磁体 A 处产生的磁场为

$$B_{BA} = -\frac{\mu_0}{4\pi}\nabla\frac{m_B \cdot r_{AB}}{|r_{AB}|^3} \tag{5-39}$$

式中，μ_0 为真空磁导率，且为 $4\pi\times10^{-7}$ H/m；∇ 表示向量梯度算子；m_B 为偶极子 B 的磁矩，$m_B = M_B V_B$，M_B 为永磁体 B 的磁化强度，V_B 为永磁体 B 的体积。M_A 为永磁体 A 的磁化强度，V_A 为永磁体 A 的体积，m_A 为偶极子 A 的磁矩，$m_A=M_A V_A$；r_{BA} 为永磁体 B 到永磁体 A 的方向向量，永磁体之间的势能为

$$U_m(X) = -m_A \cdot B_{BA} \tag{5-40}$$

根据磁场产生的势能得到两永磁体 y 方向的磁排斥力和磁吸引力分别为

$$F_R(d,X) = \begin{cases} \dfrac{\alpha d \left(3X^2 - 2d^2\right)}{\left(d^2 + X^2\right)^{7/2}}, & X \in \left(-\dfrac{\sqrt{6}}{3}d, \dfrac{\sqrt{6}}{3}d\right) \\ 0, & X \notin \left(-\dfrac{\sqrt{6}}{3}d, \dfrac{\sqrt{6}}{3}d\right) \end{cases} \quad (5\text{-}41)$$

$$F_A(d,X) = \begin{cases} \dfrac{\alpha d \left(2d^2 - 3X^2\right)}{\left(d^2 + X^2\right)^{7/2}}, & X \in \left(-\dfrac{\sqrt{6}}{3}d, \dfrac{\sqrt{6}}{3}d\right) \\ 0, & X \notin \left(-\dfrac{\sqrt{6}}{3}d, \dfrac{\sqrt{6}}{3}d\right) \end{cases} \quad (5\text{-}42)$$

式中，$\alpha = 3 M_A V_A M_B V_B \mu_0 / (4\pi)$；$F_R(d, X)$ 为永磁体间排斥力；$F_A(d, Y)$ 为永磁体间吸引力。

　　研究永磁体沿着一个方向运动，第 i 个永磁体与第 j 个屈曲梁相对运动，若第 i 个永磁体比第 i+1 个永磁体对压电屈曲梁上的永磁体磁力作用大，则第 i 个永磁体对压电屈曲梁的磁力作用起主要作用，如图 5-20(b) 所示，即永磁体阵列对第 j 根压电屈曲梁为磁排斥力，并且会越来越大，压电屈曲梁在磁排斥力作用下，由下凸的稳态变成水平状态，如果此时仍然有磁排斥力作用，则屈曲梁会发生突跳，变成上凹稳态，直到下一次吸引力变为主要作用改变这种稳态。考虑相邻永磁体间的相互作用，得到 A、B 永磁体间磁力表达式为

$$F(d,X) = \begin{cases} F_R(d, X+2s) + F_A(d, X+s) + F_R(d, X), & X + 2ks \in [-s, -s/2) \\ F_A(d, X+s) + F_R(d, X) + F_A(d, X-s), & X + 2ks \in [-s/2, s/2] \\ F_R(d, X) + F_A(d, X-s) + F_R(d, X-2s), & X + 2ks \in (s/2, s] \end{cases} \quad (5\text{-}43)$$

式中，s 为相邻底部永磁体间的距离。

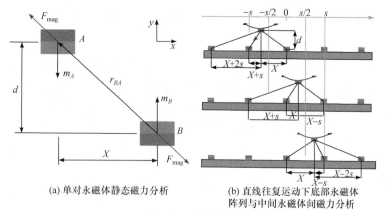

(a) 单对永磁体静态磁力分析　　　　(b) 直线往复运动下底部永磁体
　　　　　　　　　　　　　　　　　　　阵列与中间永磁体间磁力分析

图 5-20　磁力分析

永磁体 A、B 间磁力与横向位移的关系如图 5-21 所示，可知永磁体 A、B 间吸引力 F_A 在[$-s$, s]的变化趋势，在[$-s$, 0]，横向位移 X 数值不断减小，底部永磁体 B 不断靠近压电屈曲梁中间永磁体 A，永磁体 A、B 间吸引力 F_A 不断增大，当横向位移 X 为 0，即底部永磁体 B 与屈曲梁中间永磁体 A 处于正对位置时，永磁体 A、B 间吸引力 F_A 达到最大值；在[0, s]，横向位移 X 数值不断增大，底部永磁体 B 不断远离压电屈曲梁中间的永磁体 A，永磁体 A、B 间吸引力 F_A 不断减小，当横向位移 X 为 s，即底部永磁体 B 与屈曲梁中间永磁体 A 距离达到底部永磁体排列间隔距离时，永磁体 A、B 间吸引力 F_A 达到最小；相应地，可知永磁体 A、B 间排斥力 F_R 在永磁体间距[$-s$, s]变化趋势。永磁体 A、B 间的作用力 F 是永磁体 A、B 间吸引力和排斥力的合力，可知其在永磁体间距[$-s$, s]变化趋势，当横向位移 X 约为 $-s$ 时，永磁体 A、B 间的作用力 F 表现为较大的排斥力；在[$-s$, $-0.5s$]，横向位移 X 数值不断减小，底部永磁体 B 不断靠近压电屈曲梁中间永磁体 A，永磁体 A、B 间的作用合力 F 不断减小，当横向位移 X 约为 $-0.5s$，即屈曲梁中间永磁体 A 处于两个相邻底部永磁体中间位置时，永磁体 A、B 间的作用力 F 减小到 0；在[$-0.5s$, 0]，永磁体 A、B 间的作用力 F 表现为吸引力，并且随着横向位移 X 数值不断增大，底部永磁体 B 不断远离压电屈曲梁中间永磁体 A，永磁体 A、B 间的作用合力 F 不断增大，当横向位移 X 为 0，即底部永磁体 B 与屈曲梁中间永磁体 A 处于正对位置时，永磁体 A、B 间的作用力 F 达到最大值；在[0, s]，永磁体 A、B 间的作用合力 F 仍然表现为吸引力，随着横向位移 X 数值不断增大，底部永磁体 B 不断远离压电屈曲梁中间永磁体 A，永磁体 A、B 间的作用合力 F 不断减小，在横向位移 X 约为 $0.5s$ 时，永磁体 A、B 间的作用合力 F 开始表现为排斥力，并且随着横向位移 X 数值不断增大，底部永磁体 B 不断远离压电屈曲梁中间永磁体 A，永磁体 A、B 间的作用合力 F 不断增大，当横向位移 X 约为 s，即底部永磁体 B 与屈曲梁中间永磁体 A 距离达到底部永磁体排列间隔距离时，A、B 永磁体间的作用力 F 达到最大值。

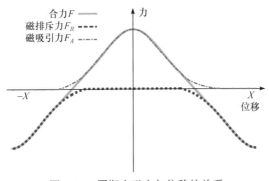

图 5-21　周期内磁力与位移的关系

要实现屈曲梁的突跳，需满足 $F_c > F_\sigma$。其中，永磁体 A、B 间距为 24mm，满足屈曲梁双稳态突跳条件。

5.3.2 实验结果及分析

为了验证直线往复运动下阵列能量采集器的设计与分析，制造了相应的原理样机。作为原理性验证分析，实验中考虑一个压电单元，并进行一系列实验。压电屈曲梁基底材质是 65Mn，压电陶瓷片为 PZT-5H。通过万用表测得所用压电陶瓷片(厚度 0.2mm)的电容为 14nF。实验中所用永磁体均为 NdFeB-N50，磁化方向均为厚度方向。实验装置几何参数与物理参数分别如表 5-2 和表 5-3 所示。由于一般的激振装置提供的位移幅度较小，所以设计了用于实验的大幅振动加载测试系统。实验系统如图 5-22 所示，计算机控制的大幅振动加载测试系统提供直线往复运动作为输入，采用不同频率的正弦激励进行多次实验。压电陶瓷片与动态信号分析仪(DH5902)电路相连，用动态信号分析仪记录输出电压的时频信号。

表 5-2 实验装置几何参数

参数名称	数值
屈曲梁厚度	0.37mm
屈曲梁长度	103mm
屈曲梁宽度	10mm
两个稳态之间的距离	8mm
PZT 层厚度	0.2mm
PZT 长度	30mm
PZT 宽度	10mm
永磁体 A 厚度	3mm
永磁体 B 厚度	5mm
永磁体 A 底面积	$0.0002m^2$
永磁体 B 底面积	$0.0004m^2$

表 5-3 实验装置物理参数

参数名称	数值
永磁体型号	NdFeB-N50
压电应变常数 d_{31}	-3.2×10^{-10}C/N
相对介电常数	3800

续表

参数名称	数值
磁感应强度 B_r	1.2T
磁化强度 $M_A = M_B$	3×10^6A/m
永磁体 A 质量 m_A	0.01kg
永磁体 B 质量 m_B	0.03kg

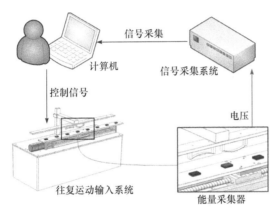

图 5-22　直线往复运动下线性阵列能量采集系统

　　在不同激励条件下进行了多次实验,将大幅振动测试平台作为实验输入装置,以提供不同频率的大幅往复运动输入。正弦激励(频率为 3Hz,幅值为 40mm)下,系统输出的开路电压实验值与仿真分析对比如图 5-23 所示。实验结果表明,当输入振动频率为 3Hz,幅值为 40mm(覆盖一个底部永磁体间隔 $s = 40$ mm)时,配置为同向磁极排布的底部永磁体阵列的能量采集器开环输出电压峰值为 4.4V。每 1s 内,输出开路电压有 6 个峰值,即对于压电屈曲梁,激励频率为 6Hz,是大幅振动测试平台输入激励频率(3Hz)的 2 倍。如前面所述,多步转换机制将大幅振动转换为稳定的非接触式磁力,提升了输入激励的频率,使得能量采集器能够在低频

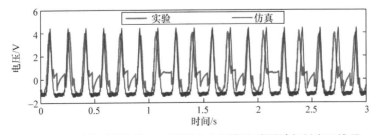

图 5-23　正弦激励频率为 3Hz 下输出电压情况(彩图请扫封底二维码)

激励下有效工作。可通过改变底部相邻永磁体间距和直线往复运动幅值的关系调节提升频率的倍数。

　　直线往复运动下，线性阵列能量采集器两种配置(同向磁极排布和交错磁极排布)的输出电压峰值情况对比如图 5-24 所示。结果表明，当屈曲梁压电单元中部磁体与底部磁体的间隔为 20mm 时，在不同频率激励下，底部永磁体交错排布方式下能量采集器输出开路电压峰值为 5.5V，比底部永磁体单向排布方式下能量采集器输出电压峰值高出 25%。底部永磁体交错排布方式把外部激励转换成交替变化的磁力激励作用在压电屈曲梁上，并且作用在压电屈曲梁上的磁力激励频率是外部激励的若干倍，故能量采集装置产生的电压增大。

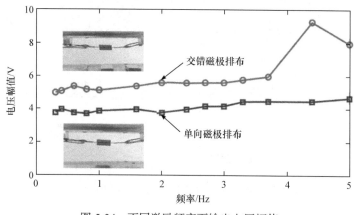

图 5-24　不同激励频率下输出电压幅值

5.4　本章小结

　　本章介绍了用于低频大幅值往复运动能量采集的两种方法，分别为接触式的滚珠滚压弯张方式与非接触式的磁力耦合双稳态方式。滚压式压电振动能量采集设计将不规则往复运动转换成可控、单向、幅值稳定的滚压力，再通过弯张型压电结构放大传递到压电材料。阵列式磁力耦合双稳态可以将振动转换为幅值稳定的磁力激励，再作用到双稳态压电梁。这两种方法都可以将低频不规则的往复运动转换为高频且可控的作用力，并进一步通过弯张放大或双稳态机制提升功率输出。本章建立了理论模型并进行了实验验证，结果表明这两种方法在结构上都可以化整为零，设计灵活，可以方便地集成到如减振器等装置中。

参 考 文 献

[1] Zhang Z T, Zhang X T, Chen W W, et al. A high-efficiency energy regenerative shock absorber

using supercapacitors for renewable energy applications in range extended electric vehicle[J]. Applied Energy, 2016, 178:177-188.

[2] Abdelkareem M A, Xu L, Ali M K A, et al. Vibration energy harvesting in automotive suspension system: A detailed review[J]. Applied Energy, 2018, 229: 672-699.

[3] Zhang L M, Han C B, Jiang T, et al. Multilayer wavy-structured robust triboelectric nanogenerator for harvesting water wave energy[J]. Nano Energy, 2016, 22: 87-94.

[4] Lin Z, Zhang Y L. Dynamics of a mechanical frequency up-converted device for wave energy harvesting[J]. Journal of Sound and Vibration, 2016, 367:170-184.

[5] Liu H C, Hou C, Lin J H, et al. A non-resonant rotational electromagnetic energy harvester for low-frequency and irregular human motion[J]. Applied Physics Letters, 2018, 113(20):203901.

[6] Zhao L C, Zou H X, Gao Q H, et al. Magnetically modulated orbit for human motion energy harvesting[J]. Applied Physics Letters, 2019, 115(26): 263902.

[7] Zhang X T, Zhang Z T, Pan H Y, et al. A portable high-efficiency electromagnetic energy harvesting system using supercapacitors for renewable energy applications in railroads[J]. Energy Conversion and Management, 2016, 118: 287-294.

[8] Lin T, Wang J J, Zuo L. Efficient electromagnetic energy harvester for railroad transportation[J]. Mechatronics, 2018, 53: 277-286.

[9] Pan Y, Lin T, Qian F, et al. Modeling and field-test of a compact electromagnetic energy harvester for railroad transportation[J]. Applied Energy, 2019, 247: 309-321.

[10] Zou H X, Zhao L C, Gao Q H, et al. Mechanical modulations for enhancing energy harvesting: Principles, methods and applications[J]. Applied Energy, 2019, 255: 113871.

[11] Zou H X, Zhang W M, Wei K X, et al. Design and analysis of a piezoelectric vibration energy harvester using rolling mechanism[J]. Journal of Vibration and Acoustics, 2016, 138(5): 051007.

[12] Kim H W, Batra A, Priya S, et al. Energy harvesting using a piezoelectric "cymbal" transducer in dynamic environment[J]. Japanese Journal of Applied Physics, 2004, 43(9A): 6178-6183.

[13] Yang Z B, Zu J, Xu Z. Reversible nonlinear energy harvester tuned by tilting and enhanced by nonlinear circuits[J]. IEEE/ASME Transactions on Mechatronics, 2016, 21(4): 2174-2184.

[14] Li H T, Yang Z, Zu J, et al. Numerical and experimental study of a compressive-mode energy harvester under random excitations[J]. Smart Materials and Structures, 2017, 26(3): 035064.

[15] Jiang X Y, Zou H X, Zhang W M. Design and analysis of a multi-step piezoelectric energy harvester using buckled beam driven by magnetic excitation[J]. Energy Conversion and Management, 2017, 145: 129-137.

[16] Yung K W, Landecker P B, Villani D D. An analytic solution for the force between two magnetic dipoles[J]. Magnetic and Electrical Separation, 1998, 9 (1): 39.

第6章 旋转运动压电能量采集

6.1 引　言

旋转运动是民用和工业应用中最常见的机械运动形式之一。旋转运动可以从机械运行[1]、车辆行驶[2,3]、人体行走[4,5]和流体环境[6,7]中直接得到或转换得到。旋转运动能量采集具备一些优点，如旋转运动是非谐振的，具有非常高的可靠性和鲁棒性，一般情况下系统比较稳定，容易进行动力学建模和控制，机电转换设计灵活等，并且转速、角度、加速度灵活可控，可以提高设计的灵活性。同时，振动也可以转换为旋转运动进行能量采集，可以使得结构更加紧凑，提高功率密度。但是，目前机械能量采集的研究主要集中于振动能量采集，关于旋转能量采集的研究较少[8]。振动能量采集中一些常见的方法与机制也适用于旋转能量采集，如升频机制、固有频率调节机制、力/位移放大机制等。本章对旋转运动压电能量采集进行介绍。

6.2 磁力耦合旋转运动能量采集

应用于旋转运动的压电能量采集设计一般采用压电悬臂梁，输出功率低，压电陶瓷层在动态弯曲应力下容易碎裂，器件可靠性低，而且压电悬臂梁占用空间较大，不利于器件集成。前面已经提出了通过磁力耦合将一般在高负载下工作的弯张型压电单元应用于弱振动激励环境。进一步，为了提高旋转能量采集器件的输出功率和可靠性，本节提出磁力耦合旋转运动能量采集设计[9-11]，并进行理论和实验研究。

6.2.1 磁力耦合旋转运动能量采集器设计

磁力耦合旋转运动能量采集器(magnetic coupling flextensional rotation energy harvester，MF-REH)如图 6-1 所示。若干激励磁体固定在旋转体上，若干磁力耦合弯张型压电单元固定在相对于旋转体静止的框架上。磁力耦合弯张型压电单元包括一个压电层、两个凸起的金属层和一个永磁体。如图 6-1(a)所示，圆周阵列永磁体的磁极布置模式相同。如图 6-1(b)所示，相邻永磁体的磁极布置模式相反。磁力耦合弯张型压电单元自由端固定的永磁体布置方式也可以不一样，特别是，多个磁力耦合弯张型压电单元对称布置，其固定的永磁体布置方式相反，激励磁体也同样对称布置且布置方式相同。这种布置方式下两个磁力耦合弯张型压电单元产生的磁力阻力矩理论上可以相互抵消，可以在弱激励下工作，并且增加俘能效率。这种方式可能适合环境中的风能采集。

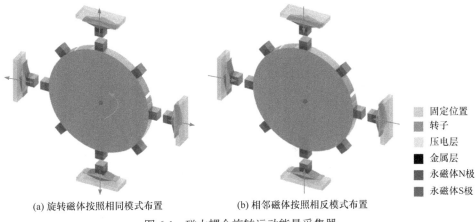

(a) 旋转磁体按照相同模式布置　　　　　　　(b) 相邻磁体按照相反模式布置

图 6-1　磁力耦合旋转运动能量采集器

固定位置
转子
压电层
金属层
永磁体N极
永磁体S极

激励磁体随旋转体而旋转，当激励磁体接近磁力耦合弯张型压电单元时，磁力耦合弯张型压电单元受到磁排斥力或磁吸引力；当激励磁体远离磁力耦合弯张型压电单元时，磁排斥力或磁吸引力减小至零。旋转运动转换为周期性变化的磁力施加到磁力耦合弯张型压电单元。垂直于弯张型压电单元的分力通过弯张型压电结构放大并传递到压电层，然后通过压电效应产生电压，如图 6-2 所示。

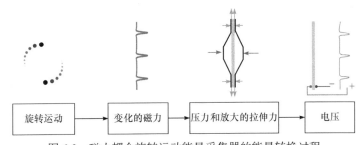

图 6-2　磁力耦合旋转运动能量采集器的能量转换过程

6.2.2　机电耦合动力学模型

为了分析磁力耦合旋转运动能量采集器的动力学特性和电学特性，本节基于拉格朗日方程建立了机电耦合动力学模型。图 6-3(a)显示了磁力耦合旋转运动能量采集器的运动和受力情况。多个激励磁体对磁力耦合弯张型压电单元的磁力进行矢量叠加，得到磁力耦合弯张型压电单元受到的合力[12]。考虑单个磁力耦合弯张型压电单元，多个磁力耦合弯张型压电单元的输出可以根据单个磁力耦合弯张型压电单元的输出及其使用模式(并联或串联)进行计算。旋转的永磁体动能为

$$T = \frac{1}{2}nmr^2\dot{\varphi}^2 \tag{6-1}$$

式中，n 为旋转磁体的数量；m 为旋转磁体的质量；r 为旋转磁体的旋转半径；φ 为角位移。

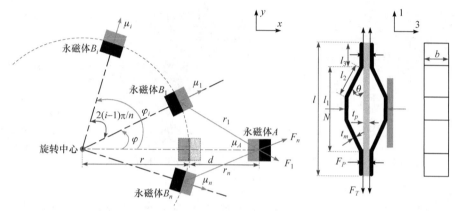

(a) 磁力耦合旋转运动能量采集器的运动和受力分析　　(b) 弯张型压电单元的几何构造

图 6-3　工作原理

对于固定到弯张型压电单元自由端的永磁体 A，磁矩矢量可以写为

$$\boldsymbol{\mu}_A = -M_A V_A \hat{\boldsymbol{e}}_x \tag{6-2}$$

式中，M_A 为磁化矢量的大小；V_A 为永磁体 A 的体积。M_A 可以估计为 $M_A = B_r/\mu_0$，其中 B_r 为永磁体磁感应强度，μ_0 为自由空间的磁导率。考虑到图 6-3(a)所示的角位移 φ，旋转磁体 B_i 的磁矩矢量为 $\boldsymbol{\mu}_i (i=1,2,\cdots)$。如果旋转磁体的磁极以相同的模式布置：

$$\boldsymbol{\mu}_i = M_B V_B \cos\varphi_i\, \hat{\boldsymbol{e}}_x + M_B V_B \sin\varphi_i\, \hat{\boldsymbol{e}}_y \tag{6-3}$$

式中，M_B 为磁化矢量的大小；V_B 为永磁体 B_i 的体积。M_B 可以估计为 $M_B = B_r/\mu_0$。如果相邻旋转磁体的磁极以相反的模式布置，则式(6-3)成为

$$\boldsymbol{\mu}_i = (-1)^{(i-1)}\left(M_B V_B \cos\varphi_i\, \hat{\boldsymbol{e}}_x + M_B V_B \sin\varphi_i\, \hat{\boldsymbol{e}}_y\right) \tag{6-4}$$

从 $\boldsymbol{\mu}_i$ 到 $\boldsymbol{\mu}_A$ 的距离 r_i 可以表示如下：

$$\boldsymbol{r}_i = -(r - r\cos\varphi_i + d + \delta)\hat{\boldsymbol{e}}_x + r\sin\varphi_i\, \hat{\boldsymbol{e}}_y \tag{6-5}$$

式中，d 为旋转磁体和被激励磁体之间的最小中心距离；δ 为弯张型压电单元的变形。由永磁体 A 在旋转磁体 B_i 上产生的磁场可以通过式(6-2)～式(6-5)得到，即

$$B_i = -\frac{\mu_0}{4\pi}\nabla\frac{\boldsymbol{\mu}_A\boldsymbol{r}_i}{\|\boldsymbol{r}_i\|_2^3} \tag{6-6}$$

式中，∇ 和 $\|\cdot\|_2$ 分别表示向量梯度算子和欧几里得范数。旋转磁体 B_i 在磁场中的势能可以写为如下形式：

$$U_{mi} = -\boldsymbol{B}_i\cdot\boldsymbol{\mu}_i \tag{6-7}$$

总的磁场势能为

$$U_m = -\sum_{i=1}^{n} B_i\cdot\boldsymbol{\mu}_i \tag{6-8}$$

式(6-7)对变量 x 求导，得到磁排斥力在 x 方向的分量：

$$F_{ix} = M_m\left\{\frac{r\sin^2\varphi_i - 3(r-r\cos\varphi_i + d)\cos\varphi_i}{\left[(r-r\cos\varphi_i+d)^2 + r^2\sin^2\varphi_i\right]^{5/2}}\right.$$
$$\left.-\frac{5(r-r\cos\varphi_i+d)^2\left[r\sin^2\varphi_i - (r-r\cos\varphi_i+d)\cos\varphi_i\right]}{\left[(r-r\cos\varphi_i+d)^2 + r^2\sin^2\varphi_i\right]^{7/2}}\right\} \tag{6-9}$$

式中，$M_m = 3M_A V_A M_B V_B \mu_0/(4\pi)$。磁吸引力的 x 方向分量可以表示为

$$F_{ix} = -M_m\left\{\frac{r\sin^2\varphi_i - 3(r-r\cos\varphi_i + d)\cos\varphi_i}{\left[(r-r\cos\varphi_i+d)^2 + r^2\sin^2\varphi_i\right]^{5/2}}\right.$$
$$\left.-\frac{5(r-r\cos\varphi_i+d)^2\left[r\sin^2\varphi_i - (r-r\cos\varphi_i+d)\cos\varphi_i\right]}{\left[(r-r\cos\varphi_i+d)^2 + r^2\sin^2\varphi_i\right]^{7/2}}\right\} \tag{6-10}$$

施加到弯张型压电单元的磁力可以等效为集中力 N，如下所示：

$$N = \sum_{i=1}^{n} F_{ix} \tag{6-11}$$

如图 6-3(b)所示，金属层的内腔长度、倾斜板长度、粘接面长度和厚度分别为 l_1、l_2、l_3 和 t_m，倾斜板的倾斜角度为 θ，压电层的长度、宽度和厚度分别为 l、b 和 t_p。施加到 1/4 压电层的力的 3 方向分量和 1 方向分量相当于集中力 F_P 和 F_T，压电方程为如下形式：

$$\begin{cases} S_1 = d_{31}E_3 + \dfrac{2s_{11}F_T}{A_p} \\[2mm] S_3 = d_{33}E_3 - \dfrac{2s_{33}F_P}{A_b} \\[2mm] D_{3c} = \varepsilon_{33}E_3 + \dfrac{2d_{31}F_T}{A_p} \\[2mm] D_{3b} = \varepsilon_{33}E_3 - \dfrac{2d_{33}F_P}{A_b} \end{cases} \tag{6-12}$$

式中，E_3 为电场强度；S_1 和 S_3 分别为 1 方向和 3 方向的压电层的应变；D_{3c} 和 D_{3b} 分别为压电层的内腔区域和粘接区域的电位移；d_{31} 和 d_{33} 为压电应变常数；s_{11} 和 s_{33} 为压电层的弹性柔度系数；ε_{33} 为压电材料的介电常数；A_p 为压电层的截面面积；A_b 为粘接区域的面积。F_P 和 F_T 为

$$\begin{cases} F_P = \dfrac{1}{2}N \\[2mm] F_T = \dfrac{l_2^3 t_p \sin\theta\cos\theta}{2l_2^3 t_p \sin^2\theta + 6s_{11}Dl_1}N \end{cases} \tag{6-13}$$

式中，D 为弯张型压电单元金属层的抗弯刚度，D 可以估计为 $D = E_m t_m^3 / 12[1 - v_m^2]$，$E_m$ 为金属层杨氏模量，v_m 为泊松比。弯张型压电单元的变形为

$$\delta = \left(\frac{s_{11}l_1l_2^3\cos^2\theta}{l_2^3 A_p \sin^2\theta + 3s_{11}DA_c} + \frac{s_{33}t_p}{A_b} \right)N \tag{6-14}$$

式中，A_c 为内腔区域的面积。磁力对弯张型压电单元所做的功可以近似为

$$W_{\text{mag}} = \frac{1}{2}K_{\text{eff}}\delta^2 \tag{6-15}$$

式中，$K_{\text{eff}} = A_b\left(l_2^3 A_p \sin^2\theta + 3s_{11}DA_c\right)\big/[s_{11}A_b l_1 l_2^3\cos^2\theta + s_{33}t_p(l_2^3 A_p \sin^2\theta + 3s_{11}DA_c)]$。

基于式(6-12)，压电层的一个很小体积的电能可以计算如下：

$$\Delta H = \begin{cases} -\dfrac{F_P}{A_b}S_3 + \dfrac{1}{2}D_{3b}E_3, & \text{端部区域} \\[3mm] \dfrac{F_T}{A_p}S_1 + \dfrac{1}{2}D_{3c}E_3, & \text{内腔区域} \end{cases} \tag{6-16}$$

设电场强度 $E_3 = V/t_p$，对 ΔH 在压电层的总体积上积分可以获得总能量为

$$H = \int_0^{t_p} \int_0^b \int_0^l \Delta H \, \mathrm{d}x\mathrm{d}y\mathrm{d}z = \frac{S_{\mathrm{eff}} N^2}{2} - d_{\mathrm{eff}} NV + \frac{C_p V^2}{2} \tag{6-17}$$

式中，

$$S_{\mathrm{eff}} = s_{11} t_p l_2^3 \sin\theta\cos\theta \Big/ \left(l_2^3 A_p \sin^2\theta + 3s_{11} DA_c \right) + s_{33} t_p \Big/ A_b$$

$$d_{\mathrm{eff}} = d_{33} - d_{31} l_1 l_2^3 \sin\theta\cos\theta \Big/ \left(l_2^3 t_p \sin^2\theta + 3s_{11} Dl_1 \right)$$

$$C_p = b l \varepsilon_{33} \big/ t_p$$

旋转体的动能为 $T_b = m_b r_b^2 \dot{\varphi}^2 / 2$，其中 m_b 为旋转体质量，r_b 为旋转体的旋转半径。系统的拉格朗日函数为动能和势能之差：

$$L(\varphi, \dot{\varphi}, V) = T_b + T - U_m - H \tag{6-18}$$

基于扩展哈密顿原理得到

$$\begin{cases} \dfrac{\mathrm{d}}{\mathrm{d}t}\left(\dfrac{\partial L}{\partial \dot{\varphi}}\right) - \dfrac{\partial L}{\partial \varphi} = M \\[3mm] \dfrac{\mathrm{d}}{\mathrm{d}t}\left(\dfrac{\partial L}{\partial \dot{V}}\right) - \dfrac{\partial L}{\partial V} = Q \end{cases} \tag{6-19}$$

系统的机电耦合动力学方程可以由式(6-19)得到，如下：

$$\begin{cases} \left(m_b r_b^2 + nmr^2\right)\ddot{\varphi} - \dfrac{\partial U_m}{\partial \varphi} + S_{\mathrm{eff}} N \dfrac{\partial N}{\partial \varphi} - d_{\mathrm{eff}} \dfrac{\partial N}{\partial \varphi} V = M \\[3mm] C_p V - d_{\mathrm{eff}} N = Q \end{cases} \tag{6-20}$$

通过等效阻力矩做功计算输入的能量为

$$W = \int M \, \mathrm{d}\varphi \tag{6-21}$$

开路电压和产生的电能可以分别表示为

$$V_{\mathrm{open}} = \frac{d_{\mathrm{eff}} N}{C_p} \tag{6-22}$$

$$U_e = \frac{1}{2} C_p V_{\mathrm{open}}^2 \tag{6-23}$$

式(6-20)可以改写为

$$\begin{cases} \left(m_b r_b^2 + nmr^2\right)\ddot{\varphi} - \dfrac{\partial U_m}{\partial \varphi} + S_{\mathrm{eff}} N \dfrac{\partial N}{\partial \varphi} - d_{\mathrm{eff}} \dfrac{\partial N}{\partial \varphi} V = M \\[3mm] C_p \dot{V} + \dfrac{V}{r} - d_{\mathrm{eff}} \dfrac{\partial N}{\partial \varphi} \dot{\varphi} = 0 \end{cases} \tag{6-24}$$

6.2.3　参数分析

本节分析关键设计参数对磁力耦合旋转运动能量采集器性能的影响。所有参数(除非另有说明)如表 6-1 和表 6-2 所示。等效压电应变常数可以被弯张型压电结构放大数十至数百倍,因此弯张型压电换能器可以采集更多的能量。根据表 6-1 和表 6-2 的参数计算, d_{eff} 约为 3.64×10^{-8} C/N, 为 d_{31} 的 113.67 倍(d_{33} 的 55.96 倍)。如图 6-4(a)所示,相同压力下弯张型压电单元产生的能量比相同面积的压电层高 3 个数量级。Δl_1 是金属层端面的长度,且 $\Delta l_1 = l_1 - 2l_2\cos\theta$。随着 Δl_1 和倾斜角度的减小,在相同力作用下弯张型压电单元采集的能量增加。图 6-4(b)显示了弯张型压电单元的机电能量转换效率。较小的 Δl_1 和倾斜角度有利于能量采集。尽管如此,设计这些参数需要考虑制造和装配的可行性。

表 6-1　材料参数

材料	参数名称	数值
弯张换能器	金属层杨氏模量 E_m	2×10^{11}Pa
	PZT 层杨氏模量 E_p	7×10^{10}Pa
	泊松比 ν_m	0.28
	柔度系数 s_{11}	1.65×10^{-11}m²/N
	柔度系数 s_{13}	-8.45×10^{-12}m²/N
	柔度系数 s_{33}	2.07×10^{-11}m²/N
	压电应变常数 d_{31}	-3.2×10^{-10}C/N
	压电应变常数 d_{33}	6.5×10^{-10}C/N
	相对介电常数	3.8×10^3
永磁体	磁感应强度 B_r	1.2T

表 6-2　几何尺寸

材料	参数名称	数值
弯张换能器	长度 l	0.04m
	宽度 b	0.01m
	空腔长度 l_1	0.03m
	倾斜板长度 l_2	0.0129m
	粘接面长度 l_3	0.005m
	倾斜角度 θ	15°
	金属层厚度 t_m	0.00025m
	压电层厚度 t_p	0.001m

续表

材料	参数名称	数值
	永磁体 A 厚度 t_A	0.02m
永磁体	永磁体 B_i 厚度 t_B	0.005m
	永磁体 A 体积 V_A	0.000008m^3
	永磁体 B_i 体积 V_B	0.000002m^3

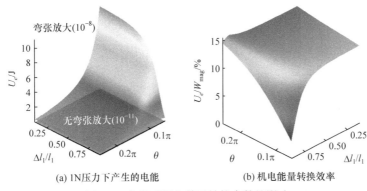

(a) 1N压力下产生的电能　　　　　　(b) 机电能量转换效率

图 6-4　弯张型压电单元结构参数的影响

图 6-5 显示了包含一个旋转磁体的磁力耦合旋转运动能量采集器的结构参数对开路电压的影响。当旋转磁体最靠近被激励磁体时，可以产生最大的磁力。激励磁体与被激励磁体之间的最小中心距离称为激励距离 d。激励距离决定了施加到弯张型压电单元的最大磁力，即激励距离 d 和等效压电应变常数决定了可以产生的最大开路电压。如图 6-5(a)所示，能量采集器的开路电压随着 d 的减小而显著增加。旋转磁体的旋转半径 r，对开路电压的大小几乎没有影响，r 越大，开路电压的波形越窄，如图 6-5(b)所示。图 6-6 显示了旋转磁体数量对输出开路电压的影响。旋转磁体数量等于弯张型压电单元在一个周期中被激励的次数。如图 6-6(b)所示，磁排斥力产生正的开路电压，磁吸引力产生负的开路电压。

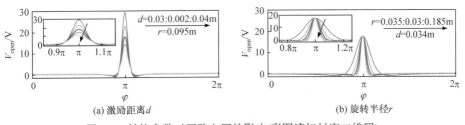

(a) 激励距离 d　　　　　　　　　　(b) 旋转半径 r

图 6-5　结构参数对开路电压的影响(彩图请扫封底二维码)

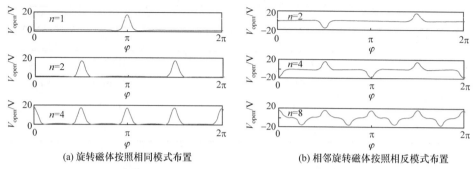

(a) 旋转磁体按照相同模式布置　　　　　　(b) 相邻旋转磁体按照相反模式布置

图 6-6　旋转磁体数量对输出开路电压的影响

　　评估旋转能量采集器的阻力矩，以考虑其应用环境。例如，评估阻力矩可以确定基于旋转运动能量采集器的自供电无线传感器是否对旋转机器的正常工作有影响。图 6-7 显示了包含一个旋转磁体的磁力耦合旋转运动能量采集器的结构参数对等效阻力矩的影响。如图 6-7(a)所示，能量采集器的等效阻力矩随着 d 的减小而显著增加，也就是说，开路电压越高，等效阻力矩越大。图 6-7(b)表示，旋转半径 r 越大，等效阻力矩越大，且波形越窄。如图 6-6 和图 6-8 所示，旋转磁体的数量对等效阻力矩的影响与对开路电压的影响相似。如图 6-9(a)所示，当 d 减小时，等效阻力矩做功、磁力做功和产生的电能随之增加。随着 r 变化，如

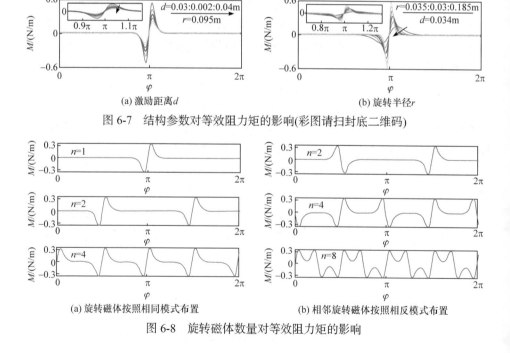

(a) 激励距离 d　　　　　　　　　　(b) 旋转半径 r

图 6-7　结构参数对等效阻力矩的影响(彩图请扫封底二维码)

(a) 旋转磁体按照相同模式布置　　　　　　(b) 相邻旋转磁体按照相反模式布置

图 6-8　旋转磁体数量对等效阻力矩的影响

图 6-9(c)所示，磁力做功和产生的电能没有明显变化。本章中机电能量转换效率由式(6-25)给出：

$$\eta = \frac{\text{产生的电能}}{\text{输入机械能}} = \frac{U_e}{W} \tag{6-25}$$

如图 6-9(b)和(d)所示，不同的激励距离 d 和旋转半径 r，机电能量转换效率没有明显变化。

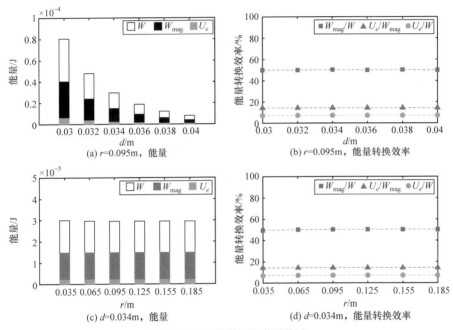

图 6-9　设计参数对性能的影响

6.2.4　实验设置

磁力耦合旋转运动能量采集的实验设置如图 6-10 所示。本节通过三种结构配置研究了磁力耦合旋转运动能量采集，三种结构分别称为 MF-REH1、MF-REH2 和 MF-REH3。MF-REH1 中有一个旋转磁体产生排斥力。MF-REH2 中有两个旋转磁体产生排斥力，MF-REH3 有两个旋转磁体，分别产生排斥力和吸引力。原理样机参数如表 6-1 和表 6-2 所示，当没有特别说明时，$r = 0.095\mathrm{m}$，$d = 0.034\mathrm{m}$。旋转运动由伺服电机(SGM7J，YASKAWA)输出。转速可以通过计算机进行设置，然后传输到匹配的伺服控制器(SGD7S，YASKAWA)控制电机。弯张型压电单元产生的电压由动态信号采集系统(DH5902，DONGHUA)实时记录，然后输入到计算机。动态信号采集系统的输入阻抗为 20MΩ，当无并联外部电阻时，可视为开路状态。

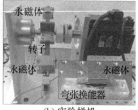

(a) 测试系统   (b) 实验样机

图 6-10　实验设置

6.2.5　结果与讨论

图 6-11 显示了实验和仿真中 MF-REH1 在加速和减速过程中的开路电压，随着转速增大或减小，开路电压幅值没有明显变化。图 6-11(a)和(c)为实验测量结果，(b)和(d)为仿真结果，可以发现仿真和实验结果吻合得非常好。图 6-12 显示了实验和仿真中 MF-REH1 在各种恒定转速下的开路电压。可见，MF-REH1 产生的有效开路电压总是正值。随着转速的变化，电压幅值几乎是恒定的。如图 6-12 所示，电压频率等于旋转频率，并且如图 6-13 所示，在各种转速下仿真结果与实验结果吻合得非常好，这也可以从图 6-13 中发现。应该注意的是，在低频条件下，压电片中存在较大的电荷泄漏问题，导致理论分析与实验之间存在差异。

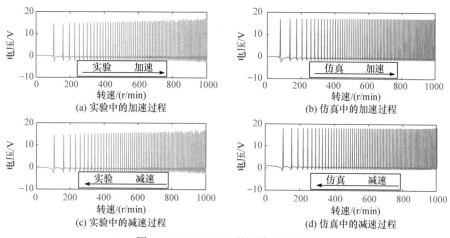

(a) 实验中的加速过程   (b) 仿真中的加速过程

(c) 实验中的减速过程   (d) 仿真中的减速过程

图 6-11　MF-REH1 的开路电压响应

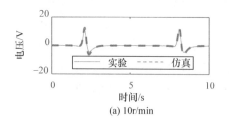

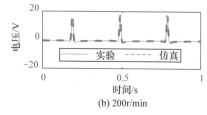

(a) 10r/min   (b) 200r/min

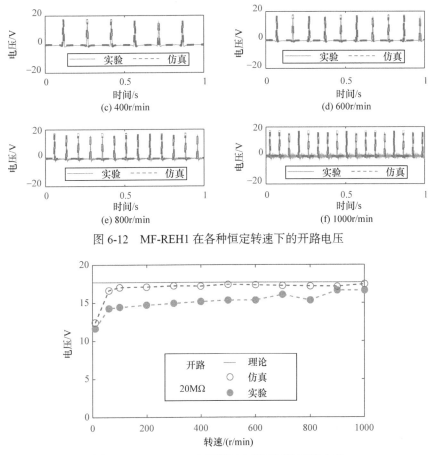

图 6-12　MF-REH1 在各种恒定转速下的开路电压

图 6-13　MF-REH1 在不同恒定转速下的开路电压

图 6-14 显示了在 200r/min、300r/min 和 400r/min 时，负载电阻对 MF-REH1 平均功率的影响。平均功率可以估计为 $P_{\text{ave}} = \int_{t_1}^{t_2} V_L^2 \mathrm{d}t / [R_L(t_2 - t_1)]$，其中 V_L 是负载电阻 R_L 上的电压，而 $t_2 - t_1$ 为包含大数量周期的时间间隔。若转速为 200r/min，当负载电阻为 390kΩ 时，MF-REH1 平均功率达到最大值。若转速为 300r/min，当负载电阻为 300kΩ 时，MF-REH1 平均功率达到最大值。若转速为 400r/min，当负载电阻为 240kΩ 时，MF-REH1 平均功率达到最大值。理论上，工作频率与压电能量采集器的最佳匹配电阻成反比，实验结果与之相一致。为了方便比较，以下提到的实验和仿真均外接 240kΩ 的电阻。

实验和仿真研究了 MF-REH1 在不同转速下的负载电压。MF-REH1 在加减速过程的负载电压如图 6-15 所示。因为 240kΩ 的电阻远小于 20MΩ，所以电荷泄漏得更快。当 MF-REH1 受到压力产生正电压时，电荷流出，从而电压降低；当压力为零时，变形恢复，产生负电压。图 6-16 显示了实验和仿真得到的 MF-REH1 各种恒定转速下的负载电压。随着转速增加，电压幅值增加，正电压与负电压的比例增大。这是因为转速增加，激励频率增加，电荷泄漏相对变慢，因此电压幅值增加。如图 6-15 和图 6-16 所示，在连接负载电阻的情况下，仿真结果与实验结果吻合良好。

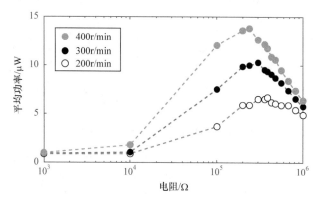

图 6-14　MF-REH1 在恒定转速下的负载电阻对平均功率的影响

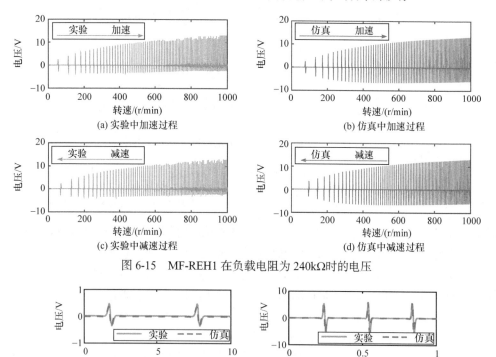

(a) 实验中加速过程

(b) 仿真中加速过程

(c) 实验中减速过程

(d) 仿真中减速过程

图 6-15　MF-REH1 在负载电阻为 240kΩ时的电压

(a) 10r/min

(b) 200r/min

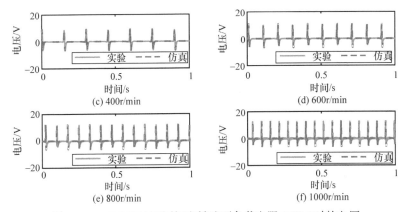

图 6-16　MF-REH1 不同恒定转速下负载电阻 240kΩ时的电压

图 6-17 显示了实验和仿真得到的 MF-REH2 的各种恒定转速下负载电压。MF-REH2 中有两个旋转磁体产生排斥力。因此，电压频率是旋转频率的 2 倍。随着转速的增加，正电压与负电压的比例增大。图 6-18 中显示了外接 240kΩ 电阻的 MF-REH3 在实验和仿真中各种恒定转速下的电压输出。对于 MF-REH3，在一个旋转周期中有一个压力激励和一个拉力激励，与压力相反，拉力产生负电压，因为有电荷泄漏问题，在恢复拉伸变形时，产生正电压。随着转速的增加，由恢复拉伸变形产生的电压降低。如图 6-17 和图 6-18 所示，对于旋转磁体的不同布置，仿真结果与实验结果非常一致。仿真结果与实验结果之间的所有上述比较证实了建立的数学模型可以精确描述不同激励条件下、不同磁体配置和不同工作状态(开路或负载)下的 MF-REH。

磁力耦合旋转运动能量采集器负载电阻 240kΩ 时的峰峰值电压如图 6-19 所示。对于磁力耦合旋转运动能量采集器的三种旋转磁体配置，峰峰值电压随着转速的增加而增加。虽然 MF-REH2 的输出电压频率是相同转速下 MF-REH1 的 2 倍，如图 6-16 和图 6-17 所示，但是 MF-REH2 的峰峰值电压与 MF-REH1 的峰峰值电压在相同转速下几乎相同。MF-REH3 由压力产生的峰峰值电压与 MF-REH1 在相同转速下的峰峰值电压也几乎相同。因此可以推测，弯张型压电单元的输出电压幅值与激励速度有关，与一个周期内激励的次数无关。在 MF-REH3 中，由压力产生的峰峰值电压稍大于由拉力产生的峰峰值电压。图 6-20 显示了三种 MF-REH 负载 240kΩ 电阻的平均功率。随着转速的增加，磁力耦合旋转运动能量采集器的平均功率增加，MF-REH2 和 MF-REH3 的平均功率几乎相同，而且几乎是 MF-REH1 平均功率的 2 倍。

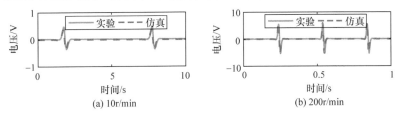

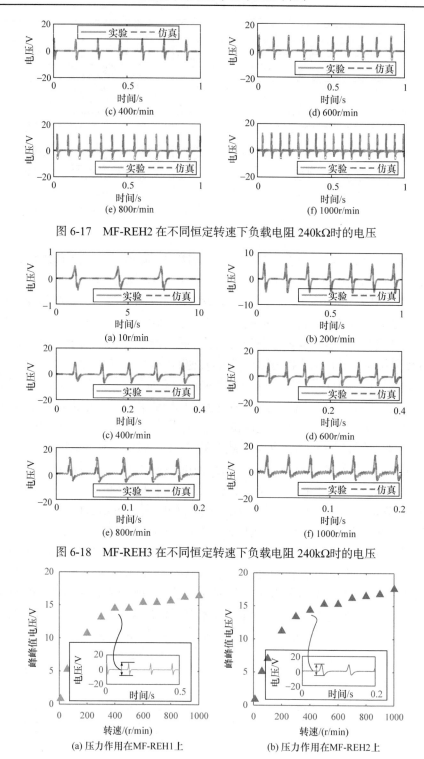

图 6-17   MF-REH2 在不同恒定转速下负载电阻 240kΩ时的电压

图 6-18   MF-REH3 在不同恒定转速下负载电阻 240kΩ时的电压

(c) 400r/min

(d) 600r/min

(e) 800r/min

(f) 1000r/min

(a) 10r/min

(b) 200r/min

(c) 400r/min

(d) 600r/min

(e) 800r/min

(f) 1000r/min

(a) 压力作用在MF-REH1上

(b) 压力作用在MF-REH2上

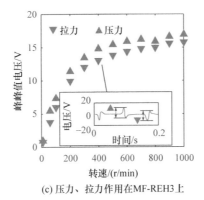

(c) 压力、拉力作用在MF-REH3上

图 6-19 磁力耦合旋转运动能量采集器负载电阻 240kΩ时的峰峰值电压

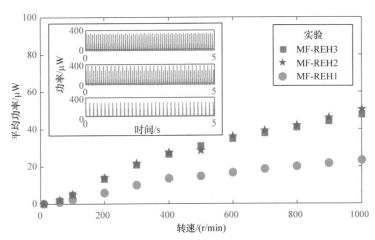

图 6-20 磁力耦合旋转运动能量采集器负载电阻 240kΩ时的平均功率

图 6-21 显示了不同激励距离的 MF-REH2 负载电阻 240kΩ 时的平均功率。随着激励距离 d 降低，MF-REH2 的平均功率显著增加。当 d=0.028m，转速为 1000r/min 时最大瞬时功率为 3.1mW，平均功率为 0.22mW。较小的激励距离表示作用在弯张型压电单元上的磁力更大，从而可以采集更多能量。研究中只考虑了一个磁力耦合弯张型压电单元。多个磁力耦合弯张型压电单元可以圆周阵列布置。根据其使用模式(并联或串联)，通过单个磁力耦合弯张型压电单元的输出来计算具有多个磁力耦合弯张型压电单元的旋转能量采集器的输出。显然，更多的磁力耦合弯张型压电单元可以采集更多能量。

在以前的实验中发现，直接使用的压电陶瓷层容易损坏。如果弯张型压电单元中的压电陶瓷层粘接牢固，则其可以在大量实验中保持良好的外观和稳定的性能。磁力耦合旋转运动能量采集器比基于压电悬臂梁的旋转运动能量采集器更可靠。

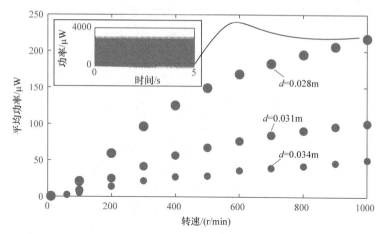

图 6-21　不同激励距离的 MF-REH2 负载电阻 240kΩ时的平均功率

6.3　非线性旋转运动能量采集

6.3.1　非线性旋转运动能量采集器设计

一种非线性磁力耦合二自由度旋转运动能量采集器[13]如图 6-22 所示。两个固定安装的倒压悬臂梁，其自由端接近旋转轴。压电悬臂梁的自由端分别固定磁极相对的永磁体，旋转体以垂直于重力方向的中心轴旋转，倒压悬臂梁意味着其固定端到自由端的方向与旋转过程中离心力的方向相反。

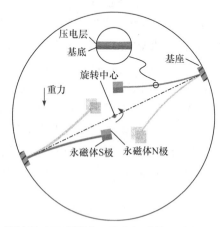

图 6-22　旋转运动下磁耦合双稳态振动能量采集器结构示意图

倒压悬臂梁受到的离心力有益于在一定速度范围内产生较大的振幅。依据其弯曲刚度和转速，可将倒压悬臂梁分为三种状态，即竖直模式(微振动)、振动模式(显著振动)和偏转模式(可能会破坏)，如图 6-23 所示。两个末端永磁体是互相排斥的，因此能量采集器具有两个平衡位置。二自由度能量采集器的两个固有频率不同，二自由度系统对于产生高功率的第一和第二主共振具有两个不同的频率范围。因此，它可以收集多个频率范围的振动能量。

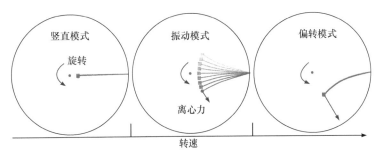

图 6-23　倒压悬臂梁在旋转运动中的三种状态

6.3.2　建模与分析

磁耦合二自由度能量采集器的动力学分析如图 6-24(a)所示，末端永磁体尺寸如图 6-24(b)所示。倒压悬臂梁围绕水平面中的旋转轴旋转，重力驱动悬臂梁振动，两个倒压悬臂梁的固定端始终相对固定。可以通过能量法建立系统的动力学方程。磁耦合二自由度能量采集器的动能可以表示为

$$
\begin{aligned}
T = {} & \frac{1}{2}\sum_{i=1}^{2}\left\{ J_{si}\dot{\varphi}^2 + \rho_{si}A_{si}\int_0^{L_i}\left[\dot{w}_i^2 + 2\dot{\varphi}\left(L_i + d_i - x_i\right)\dot{w}_i\right]\mathrm{d}x_i\right\} \\
& + J_p\dot{\varphi}^2 + \frac{1}{2}\rho_p A_p \sum_{i=1}^{2}\int_0^{L_p}\left[\dot{w}_i^2 + 2\dot{\varphi}\left(L_i + d_i - x_i\right)\dot{w}_i\right]\mathrm{d}x_i \\
& + \frac{1}{2}\sum_{i=1}^{2}m_i\left[\left(\dot{y}_i + d_i\dot{\varphi}\right)^2 + \dot{\varphi}^2 y_i^2\right]
\end{aligned}
\tag{6-26}
$$

式中，ρ_{si}、A_{si}、L_i 和 J_{si} 分别为悬臂梁的材料密度、横截面、长度和惯性矩；ρ_p、A_p、L_p 和 J_p 分别为压电层的材料密度、横截面、长度和惯性矩；w_i 为梁的挠度；d_i 为 $w_i=0$ 时末端永磁体的中心与旋转轴之间的距离；m_i 为末端永磁体的质量；y_i 为末端永磁体的位移，下标 i 表示两个压电悬臂梁的序号；φ 为旋转体的角位移。

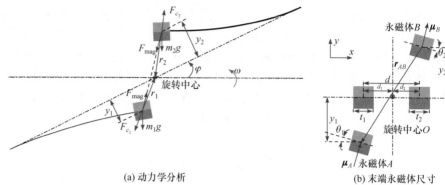

(a) 动力学分析　　　　　　(b) 末端永磁体尺寸

图 6-24　受力分析

磁耦合二自由度能量采集器的势能为

$$m_i g \left[y_i \cos\varphi + (-1)^i d_i \sin\varphi \right] + \rho_{si} A_{si} L_i g \left[w_i \left(\frac{L_i}{2}, t \right) \cos\varphi + (-1)^i \left(d_i + \frac{L_i}{2} \right) \sin\varphi \right]$$

$$U = \sum_{i=1}^{2} + \rho_p A_p L_p g \left[w_i \left(\frac{L_p}{2}, t \right) \cos\varphi + (-1)^i \left(d_i + L_i - \frac{L_p}{2} \right) \sin\varphi \right]$$

$$+ \frac{1}{2} \int_0^{L_i} E_{si} I_{si} w_i''^2 \left(1 + \frac{1}{2} w_i'^2 \right)^2 \tag{6-27}$$

$$+ \left[\rho_{si} A_{si} (L_i - x_i) \left(\frac{L_i - x_i}{2} + d_i \right) + m_i d_i \right] \dot{\varphi}^2 w_i'^2 \left(1 + \frac{1}{6} w_i'^2 \right)^2 \mathrm{d}x_i$$

式中，E_{si} 为悬臂梁的杨氏模量；I_{si} 为惯性矩，$I_{si} = b h_{si}^3 / 12$；g 为重力加速度。

一个压电层的弯曲焓可以表示为[14]

$$H_p = \sum_{i=1}^{2} \left\{ \frac{1}{2} E_p I_p \int_0^{L_p} \left[w_i''(x_i, t) \right]^2 \mathrm{d}x_i - \frac{1}{2} \Theta_{31} b (h_p + h_s) V_i w_i'(L_p, t) - \frac{1}{2} C_p V_i^2 \right\} \tag{6-28}$$

式中，E_p 为悬臂梁的杨氏模量；I_p 为惯性矩，$I_p = b h_p \left(3 h_s^2 + 4 h_p^2 + 6 h_p h_s \right) / 12$；$C_p$ 为电容，$C_p = \varepsilon_{33} b L_p / h_p$；$\Theta_{31}$ 为机电耦合系数；ε_{33} 为压电材料的介电常数；V_i 为输出电压。

能量采集器中永磁体可以采用磁极模型。从 $\boldsymbol{\mu}_B$ 到 $\boldsymbol{\mu}_A$ 的距离 $\boldsymbol{r}_{AB}$ 为

$$\boldsymbol{r}_{AB} = d_x \hat{\boldsymbol{e}}_x + d_y \hat{\boldsymbol{e}}_y \tag{6-29}$$

式中，

$$d_x = -\sum_{i=1}^{2} \left\{ d_i + (t_i/2 - t_i \cos\theta/2) + \left[L_i + t_i/2 - \sqrt{(L + t_i/2)^2 - y_i^2} \right] \right\}$$

$$d_y = y_1 - y_2$$

对于末端永磁体 A 和 B，磁矩矢量分别是

$$\boldsymbol{\mu}_A = -M_A V_A \sin\theta_1\, \hat{\boldsymbol{e}}_x + M_A V_A \cos\theta_1\, \hat{\boldsymbol{e}}_y \tag{6-30}$$

$$\boldsymbol{\mu}_B = M_B V_B \sin\theta_2\, \hat{\boldsymbol{e}}_x + M_B V_B \cos\theta_2\, \hat{\boldsymbol{e}}_y \tag{6-31}$$

永磁体 A 在永磁体 B 产生的磁场为

$$\boldsymbol{B}_{AB} = -\frac{\mu_0}{4\pi}\nabla\frac{\boldsymbol{\mu}_A \cdot \boldsymbol{r}_{AB}}{\|\boldsymbol{r}_{AB}\|_2^3} \tag{6-32}$$

式中，$\|\cdot\|_2$ 和 ∇ 分别表示欧几里得范数和向量梯度算子。磁场中的势能为

$$U_m = -\boldsymbol{B}_{AB} \cdot \boldsymbol{\mu}_B \tag{6-33}$$

因此，拉格朗日函数为

$$L = T - U - U_m - H_p \tag{6-34}$$

假设第一模态占主导地位，则挠度可以表示为

$$w(x,t) = \psi(x)y(t) \tag{6-35}$$

式中，$\psi(x)$ 为悬臂梁第一阶模态函数，可以写作 $\psi(x) = 1 - \cos[\pi x/(2L)]$；$y(t)$ 为广义位移。

设非保守力做的功为

$$\delta W = -\sum_{i=1}^{2}\int_0^L c_i\dot{w}_i\delta w_i\mathrm{d}x_i + Q_i\delta V_i \tag{6-36}$$

基于拓展哈密顿原理，拉格朗日方程为

$$\begin{cases} \dfrac{\mathrm{d}}{\mathrm{d}t}\left(\dfrac{\partial L}{\partial \dot{y}_i}\right) - \dfrac{\partial L}{\partial y_i} = \dfrac{\delta W}{\delta y_i} \\[3mm] \dfrac{\mathrm{d}}{\mathrm{d}t}\left(\dfrac{\partial L}{\partial \dot{v}_i}\right) - \dfrac{\partial L}{\partial v_i} = \dfrac{\delta W}{\delta v_i} \end{cases}, \quad i = 1,2 \tag{6-37}$$

二自由度磁耦合能量采集系统的动力学方程为

$$\begin{cases} M_1\ddot{y}_1 + C_1\dot{y}_1 + K_1 y_1 - \Theta_1 V_1 + M_{r1}g\cos(\omega t) + \dfrac{\partial U_m}{\partial y_1} = 0 \\[3mm] M_2\ddot{y}_2 + C_2\dot{y}_2 + K_2 y_2 - \Theta_2 V_2 + M_{r2}g\cos(\omega t) + \dfrac{\partial U_m}{\partial y_2} = 0 \\[3mm] C_p\dot{V}_1 + \dfrac{V_1}{R_L} + \Theta_1\dot{y}_1 = 0 \\[3mm] C_p\dot{V}_2 + \dfrac{V_2}{R_L} + \Theta_2\dot{y}_2 = 0 \end{cases} \tag{6-38}$$

其中,

$$M_1 = m_1 + \rho_{s1} A_{s1} L_1 (3\pi - 8)/(2\pi)$$
$$+ \rho_p A_p \left\{ L_1 \sin(L_p \pi / L_1) - 8L_1 \sin\left[L_p \pi / (2L_1)\right] + 3L_p \pi \right\}/(2\pi)$$

$$M_2 = m_2 + \rho_{s2} A_{s2} L_2 (3\pi - 8)/(2\pi)$$
$$+ \rho_p A_p \left\{ L_2 \sin(L_p \pi / L_2) - 8L_2 \sin\left[L_p \pi / (2L_2)\right] + 3L_p \pi \right\}/(2\pi)$$

$$M_{r1} = m_1 + 0.293 \rho_{s1} A_{s1} L_1 + \left\{ 1 - \cos\left[L_p \pi / (2L_1)\right] \right\} \rho_p A_p L_p$$

$$M_{r2} = m_2 + 0.293 \rho_{s2} A_{s2} L_2 + \left\{ 1 - \cos[L_p \pi / (2L_2)] \right\} \rho_p A_p L_p$$

$$K_1 = -m_1 \omega^2 + \pi^4 E_s I_{s1} / 32 L_1^3 + \pi^3 E_p I_p \left[L_1 \sin(L_p \pi / L_1) + \pi L_p \right]/(16 L_1^4)$$

$$K_2 = -m_2 \omega^2 + \pi^4 E_s I_{s2} / 32 L_2^3 + \pi^3 E_p I_p \left[L_2 \sin(L_p \pi / L_2) + \pi L_p \right]/(16 L_2^4)$$

$$\Theta_1 = \pi e_{31} b \left(h_p + h_{s1}\right) \sin\left[L_p \pi / (2L_1)\right]/(4L_1)$$

$$\Theta_2 = \pi e_{31} b \left(h_p + h_{s2}\right) \sin\left[L_p \pi / (2L_2)\right]/(4L_2)$$

分析系统势能以及转速对刚度的软化作用,分析参数均与实验中的原理样机参数一致,如表 6-3 所示。图 6-25 显示了在不同位移$(-0.03\text{m} < y_i < 0.03\text{m})$下沿 y 方向作用在永磁体 A 和 B 的磁力。两个末端永磁体几乎总是相互排斥的。实际上,作用在永磁体 A 和 B 上的磁力是一对作用力与反作用力,大小相等,方向相反。如图 6-26 所示,当两个末端永磁体之间的距离从 0.025m 增加到 0.040m 时,磁力减小,势能阱深度变浅,将增强从低频弱激励中俘获能量的能力。如图 6-27 所示,倒压悬臂梁的刚度会因为离心力软化,而离心力随转速的变化而变化,如果转速高于临界值,倒压悬臂梁的动力特性将变得不稳定。从势能的角度也可以发现这一点,如图 6-28 所示。当转速高于 600r/min 时,系统的势能不再具有最小值,而势能是有限的,因此不可能无限减小。

表 6-3 样机参数

材料	参数名称	数值
压电层	长度 L_p	0.02m
	宽度 b	0.01m
	厚度 h_p	0.0002m
	密度 ρ_p	7700kg/m³
	杨氏模量 E_p	70GPa
	压电应变常数 d_{31}	-285×10^{-12}C/N

续表

材料	参数名称	数值
压电层	介电常数 ε_{33}	$3200\varepsilon_0$
	真空介电常数 ε_0	$8.854 \times 10^{-12}\text{F/m}$
基底	长度 L	0.07m
	宽度 b	0.01m
	厚度 h_s	0.0003m
	密度 ρ_s	7800kg/m³
	杨氏模量 E_s	200GPa
	末端质量 m_1, m_2	20g, 29g
永磁体	永磁体 A 厚度 t_1	0.02m
	永磁体 B 厚度 t_2	0.02m
	永磁体 A 体积 V_1	0.0000023m³
	永磁体 B 体积 V_2	0.0000035m³
	磁感应强度 B_r	1.2T

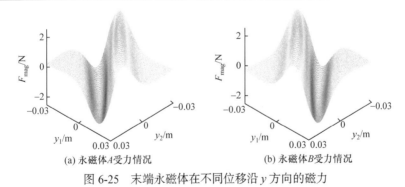

(a) 永磁体A受力情况　　　　　　(b) 永磁体B受力情况

图 6-25　末端永磁体在不同位移沿 y 方向的磁力

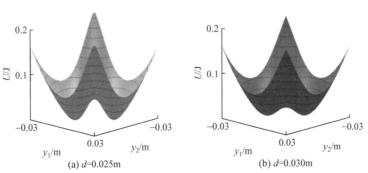

(a) d=0.025m　　　　　　(b) d=0.030m

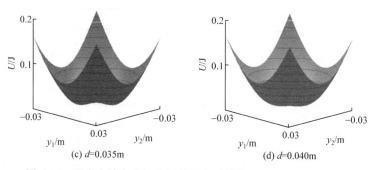

图 6-26　两个末端永磁体之间的距离对势能(无重力势能)的影响

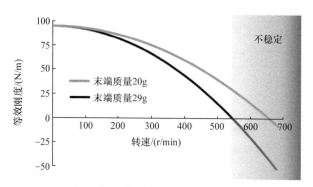

图 6-27　转速对等效刚度的影响(无磁力作用)

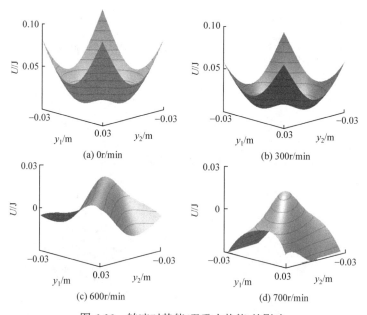

图 6-28　转速对势能(无重力势能)的影响

6.3.3　实验与结果

为了验证二自由度磁耦合能量采集器的理论模型并测试其性能，制造了原理样机并进行了相应的实验。图 6-29(a)为旋转运动能量采集的实验装置，原理样机如图 6-29(b)所示。由于两个末端永磁体之间的排斥力，系统存在两个稳态。压电陶瓷(PZT)由保定宏声有限公司制造。PZT 层粘接到由 65Mn 制成的悬臂梁上。将两根压电悬臂梁称为 A(末端质量 20g)和 B(末端质量 29g)。旋转体由伺服电机(SGM7J，YASKAWA)驱动，转速可以通过伺服控制器(SGD7S，YASKAWA)进行设置。两个压电悬臂梁产生的电压通过动态信号采集系统(东华 DH5902)同步收集。

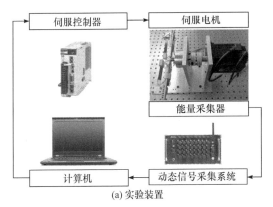

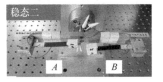

(a) 实验装置　　　　　　　　　　　(b) 原理样机

图 6-29　实验设置

为了找到系统的谐振频率，观察能量采集器不同转速下的开路电压，发现在 420r/min 和 550r/min 时出现电压峰值。将转速保持在 550r/min 可以确定压电悬臂梁 A 的最优电阻。当电阻为 50kΩ 时，平均功率达到最大值，如图 6-30(a)所示。当电阻为 100kΩ 时，压电悬臂梁 B 在 420r/min 时的平均功率达到最大值，如图 6-30(b)所示。为了在相同条件下比较两个压电悬臂梁，以下实验中均使用 50kΩ 的电阻。

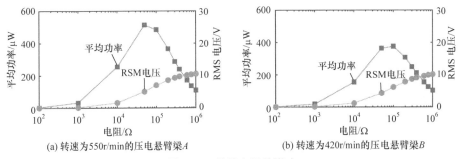

(a) 转速为550r/min的压电悬臂梁A　　　　　(b) 转速为420r/min的压电悬臂梁B

图 6-30　外接电阻的影响

图 6-31 为实验和仿真得到的一系列转速下负载电阻 50kΩ 时的输出电压的峰峰值。实验结果与仿真结果吻合良好。如图 6-31(a)所示，在 420r/min(7Hz)和 550r/min(9.17Hz)下观测到第一和第二谐振行为。压电悬臂梁 B 的峰峰值电压出现在其谐振频率(7Hz)处，如图 6-31(b)所示，但在 9.17Hz 频率处电压没有明显升高。磁耦合二自由度双稳态系统具有两个动力学模式：第一共振时的异相模式和第二共振时的同相模式。在同相模式下压电悬臂梁 B 并不随压电悬臂梁 A 的谐振而谐振。图 6-32 为不同转速下 50kΩ 电阻负载电压的时域图。输出电压波形类似于正弦曲线，并且输出电压频率与旋转频率相同。这是因为旋转运动中悬臂梁的重力激励类似于谐波基座激励，与理论分析一致。图 6-33 为不同转速下负载电阻为 50kΩ 时的电压有效值，表明两个压电悬臂梁在其谐振频率附近会以更大幅度振动。图 6-34 为不同转速下的平均功率。在 420r/min(7Hz)和 550r/min(9.17Hz)转速时产生高功率输出，平均输出功率分别为 564μW 和 535.3μW。压电悬臂梁 B 在 420r/min 时最大瞬时功率为 1604μW，压电悬臂梁 A 在 550r/min 下最大瞬时功率为 1123μW。

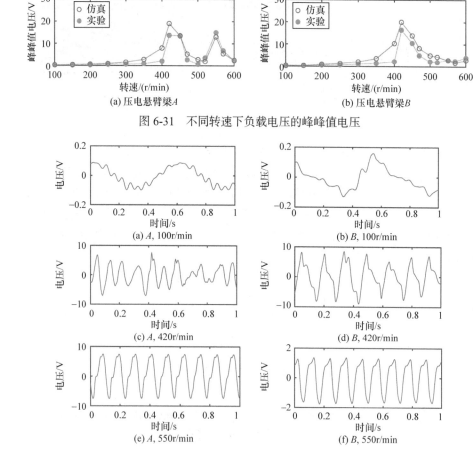

图 6-31　不同转速下负载电压的峰峰值电压

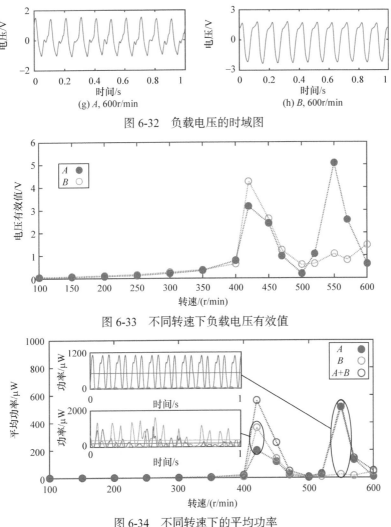

(g) A, 600r/min

(h) B, 600r/min

图 6-32　负载电压的时域图

图 6-33　不同转速下负载电压有效值

图 6-34　不同转速下的平均功率

6.4　本 章 小 结

　　旋转运动是民用和工业应用中最常见的机械运动形式之一，能量俘获技术在旋转工况具有广阔的应用前景。本章介绍了磁力耦合旋转运动能量采集方法，并建立了磁力耦合旋转运动能量采集器的机电耦合动力学模型。对于三种结构配置的磁力耦合旋转运动能量采集器，通过实验研究了其动力学和电学特性。结果显示，建立的数学模型可以精确预测不同激励、不同旋转磁体配置和不同条件下的能量采集系统的电压输出，而且大量实验表明，磁力耦合转动能量采集器可靠性高，性能稳定。这种设计结构简单，方便集成到旋转设备实现自供能在线监测，或者加装叶片用于风能采集。本章还介绍了应用于旋转运动的非线性旋转运动压电能量采集方法，研究了系统在重力、离心力、磁力耦合作用下的复杂非线性动力学特性，揭示了结构尺寸参数对俘能性能的影响规律。合理设计离心力软化压电悬臂梁，使之在低转速范围可以起振；通过谐振频率配置与磁力耦合作用，使压电悬臂梁在宽转速范围产生较大振幅；建立了机电耦合动力学模型进行理论和数值分析，并通过实验进行了验证。该设计适用于低速旋转，并且可以采集多个频率范围的振动能量。应当注意的是，当转速较高时，振动会不稳定，甚至压电悬臂梁可能受到破坏。对于高转速情况，可以通过增大梁的刚度，或者采用约束框架、挡块或磁力干预等方式避免过大的振动位移。

参 考 文 献

[1] de Araujo M V V, Nicoletti R. Electromagnetic harvester for lateral vibration in rotating machines[J]. Mechanical Systems and Signal Processing, 2015, 52/53: 685-699.

[2] Zhang R, Wang X, Al shami E, et al. A novel indirect-drive regenerative shock absorber for energy harvesting and comparison with a conventional direct-drive regenerative shock absorber[J]. Applied Energy, 2018, 229:111-127.

[3] Zhang Y X, Chen H, Guo K H, et al. Electro-hydraulic damper for energy harvesting suspension: Modeling, prototyping and experimental validation[J]. Applied Energy, 2017, 199:1-12.

[4] Donelan J M, Li Q, Naing V, et al. Biomechanical energy harvesting: Generating electricity during walking with minimal user effort[J]. Science, 2008, 319(5864):807-810.

[5] Liu H C, Hou C, Lin J H, et al. A non-resonant rotational electromagnetic energy harvester for low-frequency and irregular human motion[J]. Applied Physics Letters, 2018, 113(20):203901.

[6] Guo H Y, Wen Z, Zi Y L, et al. A water-proof triboelectric-electromagnetic hybrid generator for energy harvesting in harsh environments[J]. Advanced Energy Materials, 2016, 6(6):1501593.

[7] Cao R, Zhou T, Wang B, et al. Rotating-sleeve triboelectric-electromagnetic hybrid nanogenerator for high efficiency of harvesting mechanical energy[J]. ACS Nano, 2017, 11(8): 8370-8378.

[8] Zou H X, Zhao L C, Gao Q H, et al. Mechanical modulations for enhancing energy harvesting: Principles, methods and applications[J]. Applied Energy, 2019, 255: 113871.

[9] Zou H X, Zhang W M, Li W B, et al. Design, modeling and experimental investigation of a magnetically coupled flextensional rotation energy harvester[J]. Smart Materials and Structures, 2017, 26(11): 115023.

[10] Zhao L C, Zou H X, Yan G, et al. A water-proof magnetically coupled piezoelectric-electromagnetic hybrid wind energy harvester[J]. Applied Energy, 2019, 239: 735-746.

[11] Zhao L C, Zou H X, Yan G, et al. Magnetic coupling and flextensional amplification mechanisms for high-robustness ambient wind energy harvesting[J]. Energy Conversion and Management, 2019, 201: 112166.

[12] Zou H X, Zhang W M, Li W B, et al. Magnetically coupled flextensional transducer for wideband

vibration energy harvesting: Design, modeling and experiments[J]. Journal of Sound and Vibration, 2018, 416: 55-79.

[13] Zou H X, Zhang W M, Li W B, et al. Design and experimental investigation of a magnetically coupled vibration energy harvester using two inverted piezoelectric cantilever beams for rotational motion[J]. Energy Conversion and Management, 2017, 148: 1391-1398.

[14] Stanton S C, McGehee C C, Mann B P. Nonlinear dynamics for broadband energy harvesting: Investigation of a bistable piezoelectric inertial generator[J]. Physica D: Nonlinear Phenomena, 2010, 239(10): 640-653.

第7章　流体环境下磁力耦合压电能量采集

7.1　引　　言

　　自然环境中最常见的流体是风和水，风在室内和室外环境中无处不在，并且地球表面超过 70%的部分被水覆盖，然而大部分风能和水能都未被合理利用。采集环境中普遍存在的风能和水能，通过合理的机电转换形式转换为电能，为微小电子器件供电，满足物联网、大数据时代对无线传感系统的需求，已经成为当前的研究热点。目前，大多数能量采集器的设计与分析是基于流致振动现象(包括涡激振动、驰振、颤振、抖振等)的，利用流体激励压电悬臂梁的振动将风能和水能转换为电能。然而，压电悬臂梁可靠性低、器件难以封装集成、环境适应性差。针对以上问题，本章介绍压电磁力耦合流体环境能量采集方法，分别针对风能环境、水下环境进行器件设计与理论分析，提高能量采集系统的环境适应性、可靠性，拓宽了能量采集系统的应用范围。

7.2　旋转式磁力耦合弯张压电-电磁复合型风能采集

　　风能具有可再生的优点，在环境中无处不在，利用能量采集系统替代电池为微电子系统供电已引起学术界和工业界的广泛关注。然而，大多数风电场都建立在开阔地带，主要通过安装大型风车进行发电，这些风车由许多复杂的发电结构组成，如高塔、大叶片和齿轮。小型风能采集器具有结构简单、体积小、成本低的优点，可用于小型和微型机电系统供电。小型风能采集主要有两种模式：压电梁的振动能量采集和风致叶片旋转直接驱动发电机发电[1]。压电梁结构具有低谐振频率的优点，且在环境激励下会产生大变形，因此大多数振动能-电能转换系统是采用在梁的表面粘接压电层的结构。然而，压电梁的机电耦合系数较低，变形范围有限，并且压电陶瓷在弯曲应力下易受损，因此压电梁的可靠性较低[2]。采用弯张型压电结构可以放大压电单元的等效压电应变常数，提高压电陶瓷的耐受性和可靠性[3,4]。压电能量采集器具有结构简单、外围元件少、输出电压高的优点；电磁能量采集器可以在较低阻抗条件下产生高的输出电流。因此，同时利用压电和电磁的特性，采用复合的机电转换形式可以优化能量采集器的整体输出性能。

虽然近年来人们对能量采集技术进行了大量研究，但设备性能与实际应用之间仍存在相当大的差距。对于小型风能采集，大多数研究关注的是输出功率，而不是基于实际应用的综合性能，如环境适应性和设备可靠性。本节介绍一种采用磁力耦合和磁力放大机制的新型防水混合风能采集方法。基于合理的磁力耦合设计，尽可能地减小磁阻力矩，同时最大化垂直作用在弯张换能器上的磁力。作用在弯张换能器上的磁力可以通过弯张型压电结构进一步放大，并更均匀地施加到压电层，从而实现更高的输出功率密度和可靠性。由于采用非接触式机械传递机制的能量采集器的关键部件可以很容易地进行封装，故它可以在恶劣环境中有效地运行，如雨水环境。此外，在同一旋转机构中同时利用压电和电磁的机电转换机制采集风能不仅可以提高输出功率，还可以提升能量采集器的潜在应用价值[5]。

7.2.1　设计与工作原理

本节提出的防水压电-电磁复合风能采集器(water proof-hybrid wind energy harvester，WP-HWH)的概念设计图如图 7-1(a)所示，由顶部的叶片和底部的压电能量采集单元(piezoelectricity energy harvester，PEH)、电磁能量采集单元(electronics magnetic energy harvester，EMH)组成。四个激励磁铁分别固定在四个圆周阵列的旋转臂上。一对磁力耦合弯张换能器和一对线圈对称地布置在基座上，通过非接触式磁激励产生电能。此外，磁力耦合弯张换能器和线圈由透明的丙烯酸材料封装，不影响磁场的分布。装置的核心部件，即磁力耦合的弯张换能器，由两个弯张金属层和位于中间的压电陶瓷片以及一个固定在弯张金属层外侧的永磁体构成。

环境中的风能大多数处于较低的风速，在弱激励的情况下，低阻力矩有助于能量收集，由此提出了一种合理的磁力排布方法，可以极大地降低阻力矩，如图 7-1(b)所示。磁力耦合弯张换能器的磁极沿相反方向对称布置，四个激励磁铁的磁极以相同的方向排列。当激励磁体接近磁力耦合弯张换能器时，磁排斥力阻碍旋转运动，而磁吸引力驱动旋转运动。当激励磁体远离磁力耦合弯张换能器时，磁吸引力阻碍旋转运动，磁排斥力驱动旋转运动。也就是说，在任何时候电阻转矩几乎被相应的驱动转矩抵消,并且垂直作用在弯张换能器上的力可以被最大化。四个激励磁体沿圆周阵列排布，因此磁力耦合弯张换能器被旋转磁体激励的频率是叶片旋转频率的 4 倍。

图 7-1(c)和(d)描述了 WP-HWH 的工作原理。在工作中，风驱动顶部叶片旋转，然后旋转运动通过旋转轴传递到激励磁体上。工作过程中有两种状态：激励状态和中间状态。在激励状态下，激励磁体靠近弯张换能器和线圈，通过压电效应和电磁感应产生电能。当激励磁体远离弯张换能器和线圈旋转时，装

置处于中间状态。以激励磁体与被激励磁体的磁场极性相反为例，解释磁力被放大过程，如图 7-1(e)所示。当激励磁体接近磁力耦合弯张换能器时，磁排斥力作用在弯张换能器上。由于弯张型压电结构的力传递作用，垂直于压力方向的压力和被放大的拉力同时施加到压电层的两端，因此，压电层产生形变，通过压电效应产生电能。

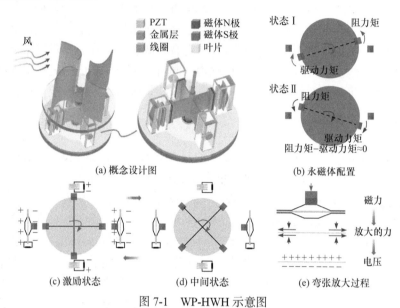

图 7-1　WP-HWH 示意图

7.2.2　动力学模型

图 7-2 为 WP-HWH 的几何结构示意图。应用于 WP-HWH 中的永磁体在建模中可以定义为磁偶极子[6]。首先，考虑静磁体，固定在弯张换能器上的永磁体 A_1 和 A_2 的磁矩矢量表达如下：

$$\boldsymbol{\mu}_A = \begin{bmatrix} \boldsymbol{\mu}_{A1} & \boldsymbol{\mu}_{A2} \end{bmatrix}^{\mathrm{T}} = \begin{bmatrix} -M_A V_A \,\hat{\boldsymbol{e}}_x & -M_A V_A \,\hat{\boldsymbol{e}}_x \end{bmatrix}^{\mathrm{T}} \tag{7-1}$$

式中，M_A 为磁化矢量大小，可通过 $M_A = B_r/\mu_0$ 计算，B_r 为永磁体的磁感应强度；μ 为自由空间的磁导率；V_A 为永磁体的体积。随后，对于四个磁极以相同模式布置的旋转磁体 B_j，其磁矩矢量 $\boldsymbol{\mu}_{Bj}$（$j=1, 2, 3, 4$）可以表示为

$$\boldsymbol{\mu}_B = \begin{bmatrix} \boldsymbol{\mu}_{B1} \\ \boldsymbol{\mu}_{B2} \\ \boldsymbol{\mu}_{B3} \\ \boldsymbol{\mu}_{B4} \end{bmatrix} = \begin{bmatrix} M_B V_B \cos\alpha \,\hat{\boldsymbol{e}}_x + M_B V_B \sin\alpha \,\hat{\boldsymbol{e}}_y \\ M_B V_B \sin\alpha \,\hat{\boldsymbol{e}}_x - M_B V_B \cos\alpha \,\hat{\boldsymbol{e}}_y \\ -M_B V_B \cos\alpha \,\hat{\boldsymbol{e}}_x - M_B V_B \sin\alpha \,\hat{\boldsymbol{e}}_y \\ -M_B V_B \sin\alpha \,\hat{\boldsymbol{e}}_x + M_B V_B \cos\alpha \,\hat{\boldsymbol{e}}_y \end{bmatrix} \tag{7-2}$$

式中，M_B 为磁化矢量大小，可以用 B_r 估计，$M_B = B_r/\mu_0$；V_B 为永磁体 B_j 的体积。此外，r_{ij} 表示从 $\boldsymbol{\mu}_{Bj}$ 到 $\boldsymbol{\mu}_{Ai}$ $(i=1,2; j=1, 2, 3, 4)$ 的距离，表示如下：

$$
\boldsymbol{r}=\begin{bmatrix} \boldsymbol{r}_{11} & \boldsymbol{r}_{21} \\ \boldsymbol{r}_{12} & \boldsymbol{r}_{22} \\ \boldsymbol{r}_{13} & \boldsymbol{r}_{23} \\ \boldsymbol{r}_{14} & \boldsymbol{r}_{24} \end{bmatrix}^{\mathrm{T}} = \begin{bmatrix} (r-r\cos\alpha+d)\hat{\boldsymbol{e}}_x - r\sin\alpha\hat{\boldsymbol{e}}_y & -(r+r\cos\alpha+d)\hat{\boldsymbol{e}}_x - r\sin\alpha\hat{\boldsymbol{e}}_y \\ (r-r\sin\alpha+d)\hat{\boldsymbol{e}}_x + r\cos\alpha\hat{\boldsymbol{e}}_y & -(r+r\sin\alpha+d)\hat{\boldsymbol{e}}_x + r\cos\alpha\hat{\boldsymbol{e}}_y \\ (r+r\cos\alpha+d)\hat{\boldsymbol{e}}_x + r\sin\alpha\hat{\boldsymbol{e}}_y & -(r-r\cos\alpha+d)\hat{\boldsymbol{e}}_x + r\sin\alpha\hat{\boldsymbol{e}}_y \\ (r+r\sin\alpha+d)\hat{\boldsymbol{e}}_x - r\cos\alpha\hat{\boldsymbol{e}}_y & -(r-r\sin\alpha+d)\hat{\boldsymbol{e}}_x - r\cos\alpha\hat{\boldsymbol{e}}_y \end{bmatrix}^{\mathrm{T}}
$$

$$(7\text{-}3)$$

式中，d 为静磁体和旋转磁体之间的最小中心距；r 为旋转半径；α 为旋转角度。此外，由永磁体 A_i 在永磁体 B_j 处产生的磁场可以表达如下：

$$
\boldsymbol{B}_{ij} = -\frac{\mu_0}{4\pi}\nabla\frac{\boldsymbol{\mu}_{Ai}\cdot\boldsymbol{r}_{ij}}{\|\boldsymbol{r}_{ij}\|_2^3} \tag{7-4}
$$

式中，∇ 和 $\|\cdot\|_2$ 分别表示向量梯度算子和欧几里得范数。旋转磁体 B_j 在磁场中的势能可以定义如下：

$$
U_{mij} = -\boldsymbol{B}_{ij}\cdot\boldsymbol{\mu}_{Bj} \tag{7-5}
$$

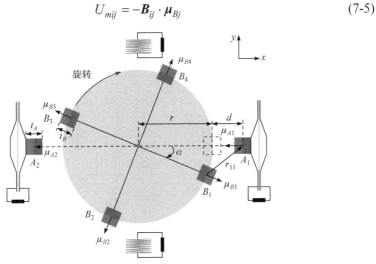

图 7-2　WP-HWH 的几何结构示意图

通过对各个永磁体的势能求和，计算系统的总磁势能 U_{mij} 为

$$
U_{mij} = -\sum_{j=1}^{4}\boldsymbol{B}_{ij}\cdot\boldsymbol{\mu}_{Bj} \tag{7-6}
$$

由式(7-5)对 x 求导，可以得到 x 方向的磁力分量：

$$F_{11} = M_m \left\{ \frac{r\sin^2\alpha - 3(r - r\cos\alpha + d)\cos\alpha}{\left[(r - r\cos\alpha + d)^2 + r^2\sin^2\alpha \right]^{5/2}} \right.$$

$$\left. + \frac{5(r - r\cos\alpha + d)^2 \left[-r\sin^2\alpha + (r - r\cos\alpha + d)\cos\alpha \right]}{\left[(r - r\cos\alpha + d)^2 + r^2\sin^2\alpha \right]^{7/2}} \right\} \tag{7-7a}$$

$$F_{12} = M_m \left\{ \frac{r\cos^2\alpha - 3(r - r\sin\alpha + d)\sin\alpha}{\left[(r - r\sin\alpha + d)^2 + r^2\cos^2\alpha \right]^{5/2}} \right.$$

$$\left. + \frac{5(r - r\sin\alpha + d)^2 \left[-r\cos^2\alpha + (r - r\sin\alpha + d)\sin\alpha \right]}{\left[(r - r\sin\alpha + d)^2 + r^2\cos^2\alpha \right]^{7/2}} \right\} \tag{7-7b}$$

$$F_{13} = M_m \left\{ \frac{r\sin^2\alpha + 3(r + r\cos\alpha + d)\cos\alpha}{\left[(r + r\cos\alpha + d)^2 + r^2\sin^2\alpha \right]^{5/2}} \right.$$

$$\left. + \frac{5(r + r\cos\alpha + d)^2 \left[-r\sin^2\alpha - (r + r\cos\alpha + d)\cos\alpha \right]}{\left[(r + r\cos\alpha + d)^2 + r^2\sin^2\alpha \right]^{7/2}} \right\} \tag{7-7c}$$

$$F_{14} = M_m \left\{ \frac{r\cos^2\alpha + 3(r + r\sin\alpha + d)\sin\alpha}{\left[(r + r\sin\alpha + d)^2 + r^2\cos^2\alpha \right]^{5/2}} \right.$$

$$\left. + \frac{5(r + r\sin\alpha + d)^2 \left[-r\cos^2\alpha - (r + r\sin\alpha + d)\sin\alpha \right]}{\left[(r + r\sin\alpha + d)^2 + r^2\cos^2\alpha \right]^{7/2}} \right\} \tag{7-7d}$$

$$F_{21} = M_m \left\{ \frac{r\sin^2\alpha + 3(r + r\cos\alpha + d)\cos\alpha}{\left[(r + r\cos\alpha + d)^2 + r^2\sin^2\alpha \right]^{5/2}} \right.$$

$$\left. - \frac{5(r + r\cos\alpha + d)^2 \left[-r\sin^2\alpha - (r + r\cos\alpha + d)\cos\alpha \right]}{\left[(r + r\cos\alpha + d)^2 + r^2\sin^2\alpha \right]^{7/2}} \right\} \tag{7-8a}$$

$$F_{22} = M_m \left\{ \frac{r\cos^2\alpha + 3(r + r\sin\alpha + d)\sin\alpha}{\left[(r + r\sin\alpha + d)^2 + r^2\cos^2\alpha \right]^{5/2}} \right.$$

$$\left. + \frac{5(r + r\sin\alpha + d)^2 \left[-r\cos^2\alpha - (r + r\cos\alpha + d)\sin\alpha \right]}{\left[(r + r\sin\alpha + d)^2 + r^2\cos^2\alpha \right]^{7/2}} \right\} \tag{7-8b}$$

$$F_{23} = M_m \left\{ \frac{r\sin^2\alpha - 3(r - r\cos\alpha + d)\cos\alpha}{\left[(r - r\cos\alpha + d)^2 + r^2\sin^2\alpha \right]^{5/2}} \right.$$
$$\left. + \frac{5(r - r\cos\alpha + d)^2\left[-r\sin^2\alpha + (r - r\cos\alpha + d)\cos\alpha \right]}{\left[(r - r\cos\alpha + d)^2 + r^2\sin^2\alpha \right]^{7/2}} \right\} \tag{7-8c}$$

$$F_{24} = M_m \left\{ \frac{r\cos^2\alpha - 3(r - r\sin\alpha + d)\sin\alpha}{\left[(r - r\sin\alpha + d)^2 + r^2\cos^2\alpha \right]^{5/2}} \right.$$
$$\left. + \frac{5(r - r\sin\alpha + d)^2\left[-r\cos^2\alpha + (r - r\sin\alpha + d)\sin\alpha \right]}{\left[(r - r\sin\alpha + d)^2 + r^2\cos^2\alpha \right]^{7/2}} \right\} \tag{7-8d}$$

式中，$M_m = 3M_A V_A M_B V_B \mu_0 / (4\pi)$。

作用于第 i 个弯张换能器上的磁力可以等效为集中力 N_i，

$$N_i = \sum_{j=1}^{4} F_{ij} \tag{7-9}$$

开路电压可以表示为

$$V_{\mathrm{open}i} = \frac{d_{\mathrm{eff}} N_i}{C_p} \tag{7-10}$$

根据文献[7]可以计算弯张换能器的等效压电应变常数 d_{eff}，$C_p = bl\varepsilon_{33}/t_p$，如果连接负载电阻，则有

$$C_p \dot{V}_i + \frac{V_i}{R_i} - d_{\mathrm{eff}} \frac{\partial N_i}{\partial \alpha} \dot{\alpha} = 0 \tag{7-11}$$

在磁线圈中感应的电压可以由法拉第电磁感应定律获得：

$$V = -\frac{\mathrm{d}\varphi}{\mathrm{d}t} = -\frac{\mathrm{d}\varphi}{\mathrm{d}z}\frac{\mathrm{d}z}{\mathrm{d}t} = -\frac{\mathrm{d}\varphi}{\mathrm{d}z}\dot{z} \tag{7-12}$$

如果连接负载电阻，则有

$$\begin{cases} L\dot{I}_1 + \dot{\varphi}_1 + (R_{\mathrm{Coil}} + R_{\mathrm{Load1}})I_1 = 0 \\ L\dot{I}_2 + \dot{\varphi}_2 + (R_{\mathrm{Coil}} + R_{\mathrm{Load2}})I_2 = 0 \end{cases} \tag{7-13}$$

式中，$\dot{\varphi}_1 = \kappa\dot{\alpha}\cos(4\alpha)$；$\dot{\varphi}_2 = -\kappa\dot{\alpha}\cos(4\alpha)$，$\kappa$ 为一个与线圈结构和尺寸相关的系数，可以从理论和实验上进行估算。

风力涡轮机在无外接电阻条件下的气动模型是

$$J\ddot{\alpha} + C\dot{\alpha} = \frac{P_{in}}{\dot{\alpha}} \tag{7-14}$$

式中，P_{in} 为移动的空气中的输入机械功率：

$$P_{in} = \frac{1}{2}\rho_{air}Av^3\chi \tag{7-15}$$

式中，v 为风速；χ 为转子的功率系数，为 0.59；ρ_{air} 为空气密度，$\rho_{air} = 1.29\text{kg}/\text{m}^3$；$A$ 为转子叶片扫过的面积，$A = 0.02\text{m}^2$。电磁感应产生的力可以看作等效阻尼力，因此 WP-HWH 机电耦合动力学方程可以写成

$$J\ddot{\alpha} + C\dot{\alpha} - \frac{\partial U_{m1}}{\partial\alpha} - \frac{\partial U_{m2}}{\partial\alpha} + S_{eff}N_1\frac{\partial N_1}{\partial\alpha} + S_{eff}N_2\frac{\partial N_2}{\partial\alpha} - d_{eff}\frac{\partial N_1}{\partial\alpha}V_1 - d_{eff}\frac{\partial N_2}{\partial\alpha}V_2 = \frac{P_{in}}{\dot{\alpha}}$$

$$\tag{7-16}$$

随后，对式(7-11)、式(7-13)和式(7-16)用 MATLAB/Simulink 进行了数值积分。参数值是根据表 7-1 和表 7-2 中列出的与实验原型相关的材料参数和几何尺寸计算的。

表 7-1 实验原型中的材料参数

材料	参数名称	数值
弯张换能器	金属层杨氏模量 E_m	$2\times10^{11}\text{Pa}$
	PZT 杨氏模量 E_p	$7\times10^{10}\text{Pa}$
	泊松比 ν_m	0.28
	柔度系数 s_{11}	$1.65\times10^{-11}\text{m}^2/\text{N}$
	柔度系数 s_{13}	$-8.45\times10^{-12}\text{m}^2/\text{N}$
	柔度系数 s_{33}	$2.07\times10^{-11}\text{m}^2/\text{N}$
	压电应变常数 d_{31}	$-3.2\times10^{-10}\text{C/N}$
	压电应变常数 d_{33}	$6.5\times10^{-10}\text{C/N}$
	相对介电常数	3.8×10^3
永磁体	磁感应强度 B_r	1.2T

表 7-2 实验原型的几何尺寸

材料	参数名称	数值
弯张换能器	长度 l	40mm
	宽度 b	10mm
	空腔长度 l_1	30mm
	倾斜板长度 l_2	12.9mm

续表

材料	参数名称	数值
弯张换能器	粘接面长度 l_3	5mm
	粘接面倾斜角度 θ	15°
	金属层厚度 t_m	0.25mm
	PZT-5H 厚度 t_p	1mm
永磁体	永磁体 A_i 厚度 t_A	4mm
	永磁体 B_j 厚度 t_B	4mm
	永磁体 A_i 体积 V_A	10^3mm^3
	永磁体 B_j 体积 V_B	10^3mm^3
线圈	匝数	200
	体积	40mm×10mm×15mm

7.2.3　实验设置

为了评估所提出的能量采集器的性能，本节进行实验室的室内实验和模拟降雨条件的室外实验。图 7-3 显示了实验室实验装置示意图。实验原型参数如表 7-2 所示。除非另有说明，旋转半径 $r = 30\text{mm}$ ，静磁体和旋转磁体之间的最小中心距离 $d = 15\text{mm}$ 。能量采集系统的机械阻尼和参数由实验测量确定。轴流风机放置在实验原型的前面，风机转速可以由控制器连续调节。通过风速计(SMART SENSOR，AR866)测量风速，并建立风速和风机转速之间的对应关系。在实验期间，调节风机转速并测量实验原型在不同风速下的输出。由动态信号分析仪(DH5902，DONGHUA)采集弯张换能器和线圈产生的电压，然后将数据输入计算机。动态信号分析仪的内阻为 $20\text{M}\Omega$ ，可视为没有连接外电阻的开路。为保证样机性能评估的准确性，采集了大量高可靠的数据用于后续分析。

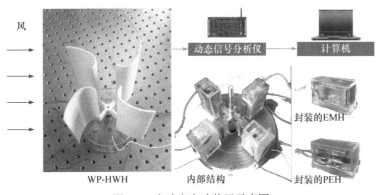

图 7-3　实验室实验装置示意图

7.2.4　结果与讨论

　　本节进行了有关弯张换能器最优电阻的实验。图 7-4 展示了在不同风速下 (2.5m/s、4.0m/s、5.5m/s 和 7.0m/s)，外部负载电阻对弯张换能器的平均输出功率和均方根(root mean square，RMS)电压的影响。可以通过一段时间内的电压波形来计算风速 2.5m/s、4.0m/s、5.5m/s 和 7.0m/s 对应的激励频率，分别为 8Hz、16Hz、25.2Hz 和 36Hz。瞬时功率的计算公式是 $P = V^2/R$，平均功率可以通过公式 $P_{\text{ave}} = \int_{t_1}^{t_2} V^2 \mathrm{d}t / \left[R(t_2 - t_1) \right]$ 来估算，其中 V 是电阻 R 两端的负载电压，$t_2 - t_1$ 是经过数个周期的时间。输出平均功率随负载变化，在与内阻匹配处达到最大值，与激励频率成反比。随着电阻的增加，平均功率先上升，然后下降。当平均功率在四种风速下达到最大值时，电阻分别为 900kΩ、450kΩ、300kΩ 和 200kΩ。为了保持实验的一致性并在相同条件下进行比较，在随后的实验中使用 300kΩ 的电阻。

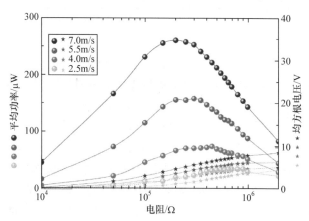

图 7-4　外部负载电阻对 2.5m/s、4.0m/s、5.5m/s 和 7.0m/s 风速下的平均功率和均方根电压的影响

　　图 7-5 说明了四种情况下风速和转速之间的关系：PEH(压电换能器)，$d = 17.5\text{mm}$；PEH，$d = 15\text{mm}$；EMH，$d = 15\text{mm}$；WP-HWH，$d = 15\text{mm}$。在这四种情况下转速几乎与风速呈正线性关系，这说明转速与驱动转矩有关。当风速从 2.5m/s 增加到 7.0m/s 时，EMH 的转速从 126r/min 增加到 546r/min，而 WP-HWH 的转速从 120r/min 上升到 540r/min。显然，在相同风速下 EMH 的转速和 WP-HWH 的转速之间没有明显差异，这意味着增加 PEH 不会显著增加阻力矩。该现象证实，通过对称的相反磁极布置，磁阻力矩几乎被驱动力矩抵消。此外，当静磁体和旋转磁体之间的最小中心距离 d 改变时，风速和转速之间的关系几乎不变。原因在于，当 d 减小时，阻力矩增加，相应的驱动力矩也随之增加，仍旧可以平衡阻力矩。因此，系统总阻力矩不会显著增加。从实验中可以观察到，

d =15mm 时的 WP-HWH 仿真与实验结果吻合良好,转速和风速在趋势上几乎呈正线性关系。

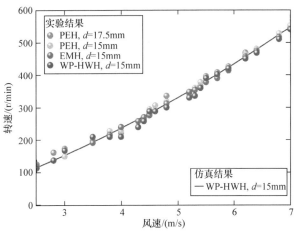

图 7-5 四种情况下风速与转速的关系

对于两个弯张换能器,一个连接 300kΩ 电阻测量负载电压,另一个用于测量开路电压。图 7-6 为不同风速下 PEH 的开路电压的实验和仿真结果对比,由图可知,随着风速的变化,PEH 的开路电压幅值(约为 24.5V)基本不变,可以满足实际应用的需求。在风速分别为 2.5m/s、4.0m/s、5.5m/s 和 7.0m/s 时,相应的电压频率约为 8Hz、16Hz、25.2Hz 和 36Hz。不同转速下激励磁体作用于弯张换能器上的最大磁力是与设计参数相关的常数。根据式(7-10),弯张换能器的开路电压与磁力成正比。因此,PEH 可以在不同的风速下产生相对稳定的开路电压。在四个旋转臂上各安装一个激励磁体,磁力耦合弯张换能器在一个工作周期内可以被激励四次。电压的频率与激励频率一致,激励频率是旋转频率的 4 倍。图 7-7 是不同风速下(2.5m/s、4.0m/s、5.5m/s 和 7.0m/s)PEH 的负载电压的实验和仿真结果对比。负载电压的频率与开路电压的频率相同。虽然施加在弯张换能器上的有效力是单向的,但是由于压电层中的电荷泄漏,特别是在低频激励下,压电单元会产生负电压。如图 7-6 和图 7-7 所示,将实验结果与仿真结果进行比较,两图在不同风速下均具有良好的一致性。

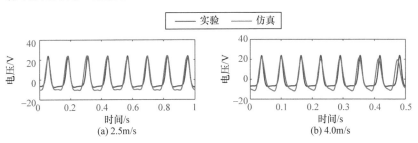

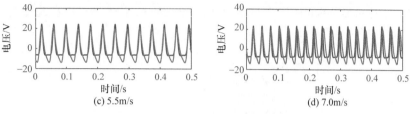

图 7-6　不同风速下 PEH 的开路电压的实验和仿真结果(彩图请扫封底二维码)

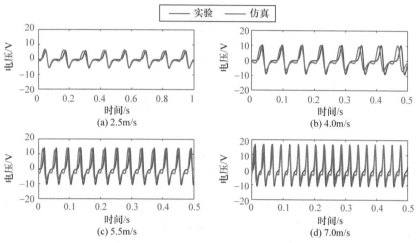

图 7-7　不同风速下 PEH 的负载电压的实验和仿真结果(彩图请扫封底二维码)

　　同样地，对于两个线圈，一个直接用于测量开路电压，另一个与 400Ω 负载电阻连接测量负载电压，该负载电阻等于线圈内阻。如图 7-8 和图 7-9 所示，通过实验和仿真分别给出了 WP-HWH 中线圈在 2.5m/s、4.0m/s、5.5m/s 和 7.0m/s 风速下的开路电压和负载电压随时间的变化。开路电压和负载电压的频率与弯张换能器电压的频率相同。当风速从 2.5m/s 增加到 7.0m/s 时，线圈的开路电压峰值从 0.23V 上升到 1.18V，由式(7-12)可知，电磁感应产生的开路电压等于线圈磁通量变化率。产生这种现象的原因是转速的增大加速了线圈磁通量的变化，从而导致电压的增加。

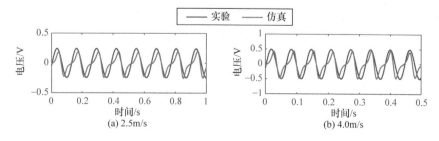

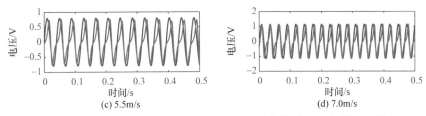

图 7-8 线圈在不同风速下的开路电压随时间的变化(彩图请扫封底二维码)

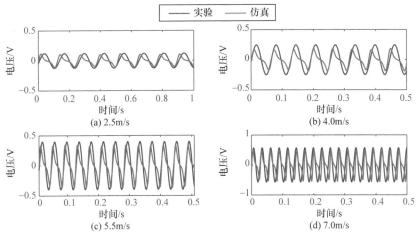

图 7-9 线圈在不同风速下的负载电压随时间的变化(彩图请扫封底二维码)

图 7-9 显示,负载电压的变化频率与开路电压相同,但负载电压的幅值几乎减小了 1/2,这是因为负载电阻近似等于线圈的电阻。总体来说,无论是在开路还是负载电路中,不同风速下的仿真结果与实验结果都吻合良好。实验与仿真存在的一些差别是由理论模型的近似和测量误差导致的。此外,由于实验原型是手动装配的,一些装配误差导致实验原型结构不是完美对称的。因此,实验中的磁矩与理论计算略有不同。当激励磁体靠近和离开静磁体时,转速由于磁矩的影响而变化。因此,电压波形呈现不对称性。此外,在实验过程中,风速可能稍有波动。因此,实验得到的电压频率与仿真得到的电压频率略有差别。

从仿真和实验得到的 WP-HWH 中 PEH 和 EMH 的电压幅值随风速变化的关系分别如图 7-10(a)和(b)所示。PEH 的负载电阻为 300kΩ,EMH 的负载电阻为 400Ω。PEH 和 EMH 的电压幅值与风速近似呈正线性关系。参考图 7-5,转速和风速之间近似为正线性关系,因此 PEH 和 EMH 的负载电压几乎随着转速的增加线性增加。实验中,当风速从 2.5m/s 增加到 7.0m/s,即转速从 120r/min 增加到 540r/min 时,PEH 的负载电压幅值从 7.5V 增加到 17.4V,EMH 的负载电压幅值从 0.13V 增加到 0.53V。对于 PEH,随着风速的增加,电荷泄漏速率较慢,因此风速越高，负载电压越大。结果表明，PEH 在不同风速下的仿真结果与实验结果基本一致。对于 EMH，仿真结果与实验结果略有差别，可能的原因是测量误差以及理论模型与实验样机的差异。然而，仿真结果和实验结果在趋势上吻合较好，表明 EMH 的理论模型可用于表征 WP-HWH 中的 EMH。

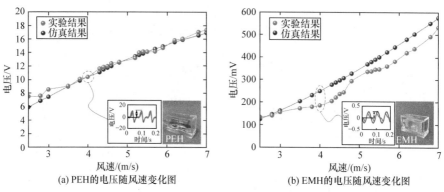

(a) PEH的电压随风速变化图　　　　　　　(b) EMH的电压随风速变化图

图 7-10　WP-HWH 中 PEH 和 EMH 的电压的实验和仿真结果(彩图请扫封底二维码)

图 7-11 显示了 WP-HWH 中 PEH 和 EMH 在不同风速下的电学性能。电流 I 由公式 $I = V / R$ 计算。如图 7-11(a)所示，风速在 2.5～7.0m/s 变化的过程中，PEH 的开路电压幅值几乎不变，电压幅值的最大值是 24.5V。EMH 的开路电压如图 7-11(c)所示，电压幅值随着风速从 0.23V 到 1.18V 逐渐增大。值得注意的是，PEH 在低风速和高风速下都能保持输出稳定且幅值较高的电压，而 EMH 在低风速下只能提供幅值较低的电压。因此，PEH 的这一特性将有利于 WP-HWH 在低风速下采集风能。此外，负载电阻为 300kΩ 的 PEH 和负载电阻为 400Ω 的 EMH 的输出响应分别如图 7-11(b)和(d)所示。PEH 和 EMH 的电流和 RMS 电压随风速的增大而增大，最大电流分别为 0.055mA 和 1.33mA。如上所述，PEH 的阻抗与激励频率成反比，因此随着风速的增加，PEH 的阻抗减小，电流和 RMS 电压相应增加。显然，在相同的风速下，EMH 的输出电流远大于 PEH。换言之，EMH 可以成为电阻匹配的器件的理想电流源。因此，结合 PEH 和 EMH 的优点可以灵活地满足实际应用，可以同时实现高电压和高电流的输出。

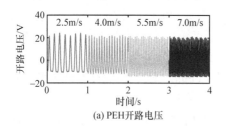

(a) PEH开路电压

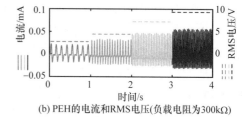

(b) PEH的电流和RMS电压(负载电阻为300kΩ)

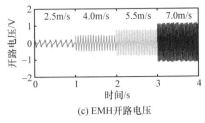
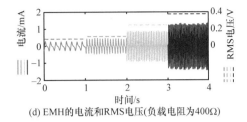

(c) EMH开路电压　　　　　　(d) EMH的电流和RMS电压(负载电阻为400Ω)

图 7-11　WP-HWH 中 PEH 和 EMH 在不同风速下的电学性能

如图 7-12 所示，在模拟降雨环境下进行室外实验，两个弯张换能器都外接 300kΩ 电阻，两个线圈都外接 400Ω 电阻。为了测试 WP-HWH 在不同可控风速下的性能，仍旧使用轴流风机进行室外实验。为了评估降雨环境的影响，首先进行 WP-HWH 在无雨环境下的实验，再进行模拟降雨环境下的实验，然后对两种工况下的实验输出进行对比。图 7-13 显示了模拟降雨环境下实验原型在 2.5m/s、4.0m/s、5.5m/s 和 7.0m/s 四种恒定风速下的输出功率。通过合理设计，WP-HWH 中的 PEH 和 EMH 的输出功率可以同步。从 PEH 和 EMH 中收集的能量可以分别存储在超级电容器中以供进一步应用。尽管电路处理会造成一定的功率损失，但 WP-HWH 的功率始终是 PEH 和 EMH 的功率之和。随着风速从 2.5m/s 提高到 7.0m/s，WP-HWH 中 PEH 最大功率从 268.8μW 增加到 1724.1μW，EMH 的最大功率从 58.6μW 增加到 1239.0μW，WP-HWH 的最大功率从 327.4μW 增加到 2963.1μW。如图 7-13 和图 7-14 所示，在 2.5m/s、4.0m/s 和 5.5m/s 风速下，PEH 的最大功率和平均功率均大于 EMH，当风速上升到 7.0m/s 时，PEH 的最大功率仍高于 EMH，而 PEH 的平均功率小于 EMH。这是因为 EMH 的电压是由线圈磁通量的变化产生的，正电压和负电压的幅值几乎相同。因此，EMH 的瞬时功率分布更加均匀。

图 7-12　模拟降雨环境下室外实验装置

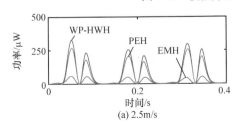
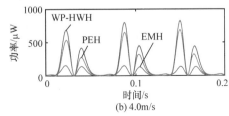

(a) 2.5m/s　　　　　　　　　(b) 4.0m/s

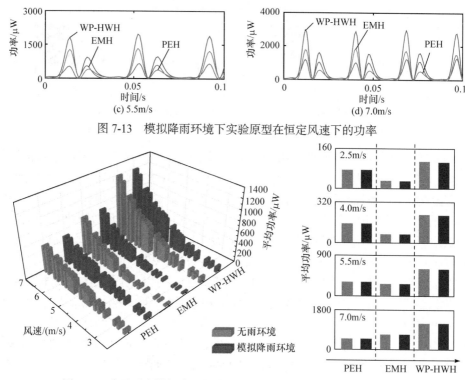

图 7-13　模拟降雨环境下实验原型在恒定风速下的功率

图 7-14　在无雨和模拟降雨环境下实验原型在不同风速下的平均功率

图 7-14 显示了无雨和模拟降雨环境下实验原型在不同风速下的平均功率。对 PEH 和 EMH 完全封装，即使在降雨环境下，能量采集器仍能不受雨水的影响有效地工作。当风速从 2.5m/s 增加到 7.0m/s 时，无雨环境下 WP-HWH 的平均功率从 105.6μW 增加到 1217.8μW，降雨环境下 WP-HWH 的平均功率从 103.3μW 增加到 1210.0μW。显然，在无雨和降雨环境下，WP-HWH 的平均功率输出没有显著差异。虽然 WP-HWH 的实验原型在上述大量的实验中已经运行了很长时间，但是在风速为 7.0m/s 的降雨环境下，WP-HWH 仍然可以连续运行 100000 个周期以上(图 7-15)。从图 7-15 中可以清楚地看出，WP-HWH 的输出功率没有显著变化，在 12000s 的工作过程中，WP-HWH 的最大输出功率为 3157.7μW，从而证实了 WP-HWH 有足够的机械耐久性。

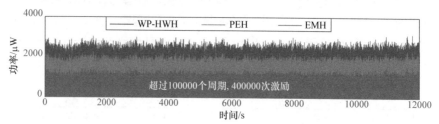

图 7-15　WP-HWH 在风速 7.0m/s 的降雨环境下长时间运行的连续输出功率(彩图请扫封底二维码)

能量采集器的性能在很大程度上取决于操作条件、尺寸以及所使用的材料，这些因素应当根据应用的需要进行综合考虑。表 7-3 显示了当前工作和其他研究之间的性能比较。该风能采集器具有较大的输出功率、较好的环境适应性和较高的可靠性。如果提高装配精度，则可以减小静磁体与旋转磁体之间的距离，从而提高作用在弯张换能器上的磁力，并且阻力矩不会显著增加。此外，可以集成更多的弯张换能器到设备中，从而可以进一步提高输出功率和功率密度。

表 7-3　风能采集器性能对比

文献	机电转换形式	风速/(m/s)	平均功率/μW	能量密度/(μW/cm²)	优点
Kwon[8]	压电	4.6	约 250	4.2	结构简单、低成本
Zhao 等[9]	—	4.0	约 2300	8.1	结构简单、低成本
Hu 等[10]	—	7.0	约 39	0.75	结构简单、低成本
Orrego 等[11]	—	4.0	约 1047	5.2	宽工作风速范围
Zhang 等[12]	—	7.0	约 800	—	宽工作风速范围
Rezaei-Hosseinabadi 等[13]	—	4.0	18	2.4	低工作风速、宽工作风速范围
Fu 等[14]	—	4.0	71.7	6.7	自调节机制、宽工作风速范围
Karami 等[15]	—	4.0	约 353	7	低工作风速、宽工作风速范围
Perez 等[16]	静电	1.5	95	7.5	高电压、小尺寸、低工作风速、宽工作风速范围
Bansal 等[17]	电磁	4.8	约 18	5.7	小尺寸、低工作风速、宽工作风速范围
Howey 等[18]	—	4.0	约 56	7	小尺寸、低工作风速、宽工作风速范围
Iqbal 等[19]	压电-电磁复合	6.0	11.4	0.17	同时采集振动能和风能
本书	—	2.5	110	1	防水性、高可靠性、低工作风速、宽工作风速范围
		4.0	221	1.9	
		5.5	592	5.2	
		7.0	1218	11	

7.3　水下磁力耦合压电双稳态振动能量采集

目前，大多数压电流体能量采集都是针对风环境的，针对水环境压电能量采集的研究很少。水下能量采集可以为水下微小机电系统供电，更加便捷、可靠。传统压电悬臂梁结构由于密封困难且容易损坏，不适合在水下俘获能量。本节提出一种新颖的磁力耦合压电双稳态振动能量采集器。水流驱动翼翅带动悬臂梁振动，振动能量通过无接触式磁力耦合传递给弯张换能器，这使得弯张换能器容易被独立封装，且不会影响悬臂梁的振动。磁力可以被弯张型压电结构放大并均匀地施加到压电层，从而实现更高的输出功率密度以及器件可靠性。

7.3.1　设计与工作原理

图 7-16 是一种水下磁力耦合压电双稳态振动能量采集器，包括固定末端永磁体的悬臂梁和磁力耦合弯张换能器。磁力耦合弯张换能器包括压电层、粘贴在压

电层两侧的凸起金属层和固定在凸起金属层的永磁体。磁力耦合弯张换能器由透明亚克力板密封，该材料对磁场没有影响。悬臂梁自由端附近固定两个对称翼，有益于被水流激振。如图 7-17 所示，悬臂梁因为受到磁排斥力偏离中心位置，当悬臂梁偏移到右侧，右侧的翼翅与水流正面接触的面积增大，左侧的翼翅与水流正面接触的面积减小，从而作用到右侧的水动力增大，作用到左侧的水动力减小，更大的水动力驱使悬臂梁偏向左侧；同理，当悬臂梁偏移到左侧，左侧受到的水动力增大，更大的水动力驱使悬臂梁偏向右侧。因此，水流驱动悬臂梁振动，然后通过磁力耦合将振动转换为变化的磁力施加到弯张换能器。磁力可以通过弯张型压电结构放大并均匀地施加到压电层，最后压电层通过压电效应发电。

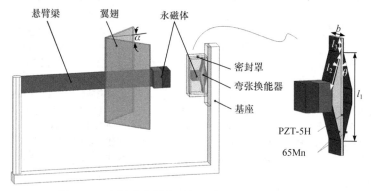

图 7-16　水下磁力耦合压电双稳态振动能量采集器

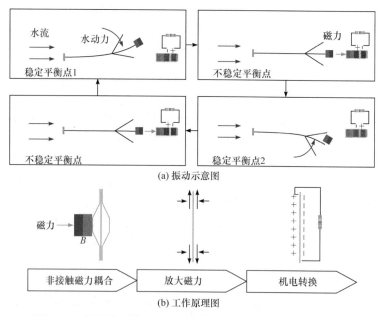

图 7-17　水下磁力耦合压电双稳态振动能量采集器的工作机制

图 7-18 显示了两个永磁体的几何关系。磁力耦合能量采集器中的永磁体可以采用磁极模型建模[6]。作用在弯张换能器上的磁力在 x 方向的分量可以由式(7-17)给出:

$$F_x = \frac{3M_A V_A M_B V_B \mu_0 \left[\left(s\sin\varphi - 3d_t\cos\varphi \right)\left(d_t^2 + s^2 \right) + 5d_t^2 \left(d_t\cos\varphi - s\sin\varphi \right) \right]}{4\pi \left(d_t^2 + s^2 \right)^{7/2}}$$

(7-17)

式中，M_A 和 M_B 分别为永磁体 A 和 B 的磁化矢量，可以估算为 B_r / μ_0；μ_0 为磁导率且 $\boldsymbol{\mu}_0 = M_B V_B \, \hat{\boldsymbol{e}}_x$；$V_A$ 和 V_B 分别为永磁体 A 和 B 的体积；φ 为永磁体 A 的旋转角度；s 和 d_t 分别为永磁体 A 和 B 在竖直方向和水平方向的中心距。

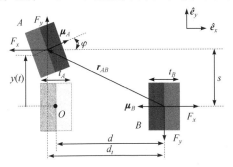

图 7-18 永磁体的几何关系

悬臂梁末端永磁体 y 方向的磁力分量为

$$F_y = \frac{3M_A V_A M_B V_B \mu_0 \left[\left(d_t\sin\varphi - s\cos\varphi \right)\left(d_t^2 + s^2 \right) + 5d_t s \left(d_t\cos\varphi - s\sin\varphi \right) \right]}{4\pi \left(d_t^2 + s^2 \right)^{7/2}}$$

(7-18)

悬臂梁和永磁体系统可以简化为具有非线性磁力的质量弹簧阻尼系统。悬臂梁末端的运动控制方程可写为

$$\begin{cases} m\ddot{y} + c\dot{y} + ky - F_y + d_{\mathrm{eff}}\dfrac{\partial F_x}{\partial y}V = F(t) \\[2mm] C_p\dot{V} + \dfrac{V}{R} - d_{\mathrm{eff}}\dfrac{\partial F_x}{\partial y}\dot{y} = 0 \end{cases}$$

(7-19)

式中，m 为等效质量；c 为等效阻尼系数；k 为等效刚度；C_p 为压电层的开路电容；R 为负载电阻；V 为负载电压；$F(t)$ 为水动力。弯张换能器的等效压电常数 d_{eff} 可以表示为

$$d_{\text{eff}} = -d_{33} + \frac{l_2^{\ 3} l_1 \sin\theta \cos\theta}{l_2^{\ 3} t_p \sin^2\theta + 3Ds_{11}l_1} d_{31} \tag{7-20}$$

式中，d_{31} 和 d_{33} 为压电应变常数；s_{11} 为压电层的柔度系数；D 为金属层的弯曲刚度；l_1、l_2 和 θ 分别为弯张换能器的空腔长度、倾斜板长度、倾斜角度；t_p 为压电层的厚度。水动力可以表示为[20]

$$F(t) = \frac{1}{2}\rho_w v_w^2 S\left[a_1 \frac{\dot{y}}{v_w} - a_3\left(\frac{\dot{y}}{v_w}\right)^3\right] \tag{7-21}$$

式中，ρ_w 和 v_w 分别为水的密度和水流速度；S 为翼翅的表面积；a_1 和 a_3 为与翼翅几何形状有关的经验系数。

7.3.2　实验设置

图 7-19 为水下磁力耦合压电双稳态振动能量采集的实验设置。原理样机置于全封闭水洞系统，通过调节电机转速改变水流速度并进行实时测量。弯张型压电单元中的压电片为 PZT-5H，尺寸为 40mm×10mm×1mm。悬臂梁材料为 65Mn(ASTM：1566)，尺寸为 200mm×20mm×1.8mm。翼翅面积为 5000mm²，翼翅与悬臂梁夹角为 15°、30° 和 45°。永磁体的磁感应强度为 1.2T。固定在弯张型压电单元和悬臂梁上的永磁体尺寸分别为 20mm×20mm×5mm 和 20mm×20mm×20mm。所有实验都外接 390kΩ 电阻，电压信号输入动态信号采集系统(DH5902，DONGHUA)。

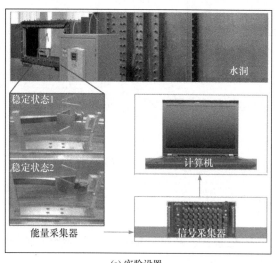

(a) 实验设置

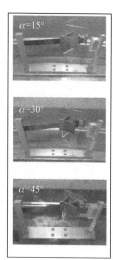

(b) 具有不同翼翅与悬臂梁夹角的原理样机

图 7-19　水下磁力耦合压电双稳态振动能量采集的实验设置

7.3.3 结果与讨论

图 7-20 为水下磁力耦合压电双稳态振动能量采集器的连拍照片,可以观测到明显的双稳态突跳现象。悬臂梁末端永磁体由于磁排斥力而存在两个稳定状态。如果末端永磁体的动能大于势能阱阈值,则系统可以从一个稳态跃迁至另一个稳态。通过 MATLAB/Simulink 对式(7-19)进行数值积分。根据实验测量,a_1 和 a_3 分别为 3 和 100。图 7-21 为实验和仿真得到的水流速度为 2.0m/s、3.0m/s 和 4.0m/s 时的负载电压,随着水流速度增加,输出电压随之变大,仿真结果与实验结果基本吻合。实验测量的磁力耦合双稳态振动能量采集器的电压幅值不稳定,这可能是因为水流速度不稳定以及复杂的流固耦合效应造成的。

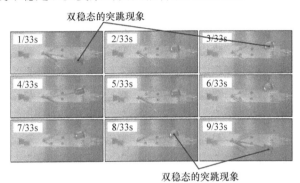

图 7-20 水下磁力耦合压电双稳态振动能量采集器的连拍照片(水流速度为 4m/s)

图 7-22 显示了输出电压频率、峰峰值电压与水流速度的关系。从图中可以发现,输出电压频率约为 10Hz 且不会随水流速度的变化而显著变化。悬臂梁末端永磁体的位移随水流速度的增大而增大,从而弯张换能器产生的输出电压也增大。随着水流速度从 1.5m/s 增大到 4m/s,峰峰值电压从 2.7V 增大到 26V。通过仿真和实验得到的输出电压频率和峰峰值电压在趋势上是一致的,这表明本节给出的简化模型可以预测水下磁力耦合压电双稳态振动能量采集器的性能并指导设计。

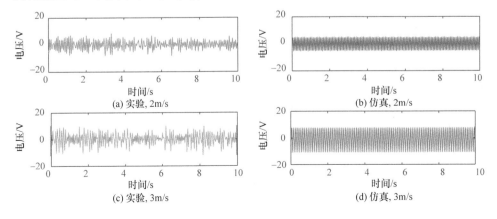

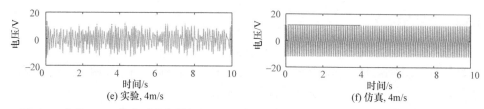

图 7-21　负载 390kΩ的水下磁力耦合压电双稳态振动能量采集器在不同水流速度时的输出电压

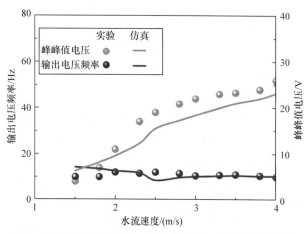

图 7-22　输出电压频率、峰峰值电压与水流速度的关系

图 7-23 为实验得到的磁力耦合压电双稳态振动能量采集器的输出平均功率与水流速度的关系，负载电阻为 390kΩ。瞬时功率可以通过 $P = V^2 / R$ 计算得到，平均功率可以通过 $P_{ave} = \int_{t_1}^{t_2} V^2 \mathrm{d}t / \left[R(t_2 - t_1) \right]$ 计算得到，其中 V 是负载电阻 R 两端的电压，$t_2 - t_1$ 是包含多个周期的一段时间。磁力耦合压电双稳态振动能量采集器的平均功率随水流速度的增加而增加。在水流速度为 4m/s 时，最大功率约为 450.5μW，平均功率为 62.5μW。具有翼翅的采集器平均功率比无翼翅的采集器平均功率高很多，这是因为翼翅增大了水动力作用面积。比较了不同的翼翅角度，发现当水流速度较低时，翼翅角度为 45°的原理样机平均功率较高，而当水流速度增加至 3.8m/s 时，翼翅角度为 30°的原理样机平均功率较高。这可能是由于当水流速度较低时，需要较大的迎水面积才能激励悬臂梁振动；当水流速度较大时，较大的迎水面积也将导致较大的阻力。

在相同条件下进行了第 2 次和第 3 次实验，在图 7-24 中绘制了输出电压和平均功率。第一个时间间隔超过 24h，第二个时间间隔超过 120h。经过长时间的水下浸泡，磁力耦合压电双稳态振动能量采集器没有受到损坏。从图 7-24 可以明显看出，在长时间水下工作后，采集器的输出电压和平均功率几乎没有变化。平均功率的微小差异也可能是由水流速度不稳定或测量误差所致。这表明，磁力耦合压电双稳态振动能量采集器可以在水下环境工作，并且具有良好的机械耐久性。

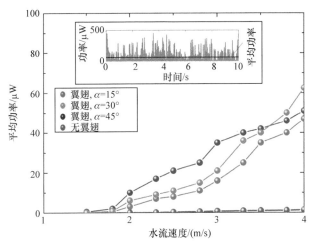

图 7-23　输出平均功率与水流速度的关系

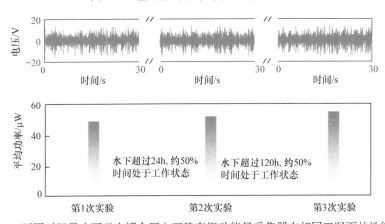

图 7-24　不同时间段水下磁力耦合压电双稳态振动能量采集器在相同工况下的性能比较

7.4　本 章 小 结

　　本章 7.2 节提出了一种采用磁力耦合和磁力放大机制的新型防水混合风能采集方法，采用的磁力耦合非接触式机械传动机制使得敏感的电子元件可以被独立封装；建立了表征该设计的理论模型，并进行了实验验证，对防水压电-电磁复合风能采集器的性能进行了分析。实验结果表明，所建立的数学模型能够较准确地描述不同风速下的防水压电-电磁复合风能采集器的特性。通过对称地反向磁极布置，磁阻力矩显著降低。通过复合压电单元和电磁单元，同时利用磁力耦合压电弯张换能器高输出电压和电磁线圈高输出电流的优点，不仅获得了较高的输出功率，而且可以灵活地满足实际应用。合理有效的封装可以让能量采集器在雨水条件下有效地工作。在雨水环境下，采集器可以连续工作 100000 个周期以上，风速为 7.0m/s 时最大输出功率是 3157.7μW，具有较高的机械耐久性。此外，该设计还可以推广到水下流体环境的能量采集。7.3 节提出并通过实验验证的可用于水下能量采集的磁力耦合压电双稳态振动能量采集器，采用无接触式磁力耦合机制可以方便地实现弯张换能器与水的隔离。进行了一系列实验评估在不同流速下磁力耦合压电双稳态振动能量采集器的性能，发现翼翅显著提高了能量采集器的性能。实验还表明，置于水下环境连续五天后，采集器的电压和平均功率没有明显变化，这表明磁力耦合压电双稳态振动能量采集器在水下环境中具有良好的机械耐久性。

参 考 文 献

[1] Abdelkefi A. Aeroelastic energy harvesting: A review[J]. International Journal of Engineering Science, 2016, 100: 112-135.

[2] Anton S R, Sodano H A. A review of power harvesting using piezoelectric materials (2003-2006)[J]. Smart Materials and Structures, 2007, 16(3): R1-R12.

[3] Kim H W, Batra A, Priya S, et al. Energy harvesting using a piezoelectric "cymbal" transducer in dynamic environment[J]. Japanese Journal of Applied Physics, 2004, 43(9A): 6178-6183.

[4] Zhao L C, Zou H X, Yan G, et al. Magnetic coupling and flextensional amplification mechanisms for high-robustness ambient wind energy harvesting[J]. Energy Conversion and Management, 2019, 201: 112166.

[5] Zhao L C, Zou H X, Yan G, et al. A water-proof magnetically coupled piezoelectric-electromagnetic hybrid wind energy harvester[J]. Applied Energy, 2019, 239: 735-746.

[6] Yung K W, Landecker P B, Villani D D. An analytic solution for the force between two magnetic dipoles[J]. Magnetic and Electrical Separation, 1998, 9(1): 39-52.

[7] Zou H X, Zhang W M, Li W B, et al. Magnetically coupled flextensional transducer for wideband vibration energy harvesting: Design, modeling and experiments[J]. Journal of Sound and Vibration, 2018, 416: 55-79.

[8] Kwon S D. A T-shaped piezoelectric cantilever for fluid energy harvesting[J]. Applied Physics Letters, 2010, 97(16): 164102.

[9] Zhao L Y, Tang L H, Yang Y W. Comparison of modeling methods and parametric study for a piezoelectric wind energy harvester[J]. Smart Materials and Structures, 2013, 22(12): 125003.

[10] Hu G, Tse K T, Wei M H, et al. Experimental investigation on the efficiency of circular cylinder-based wind energy harvester with different rod-shaped attachments[J]. Applied Energy, 2018, 226: 682-689.

[11] Orrego S, Shoele K, Ruas A, et al. Harvesting ambient wind energy with an inverted piezoelectric flag[J]. Applied Energy, 2017, 194: 212-222.

[12] Zhang J T, Fang Z, Shu C, et al. A rotational piezoelectric energy harvester for efficient wind

energy harvesting[J]. Sensors and Actuators A: Physical, 2017, 262: 123-129.

[13] Rezaei-Hosseinabadi N, Tabesh A, Dehghani R. A topology and design optimization method for wideband piezoelectric wind energy harvesters[J]. IEEE Transactions on Industrial Electronics, 2015, 63(4): 2165-2173.

[14] Fu H L, Yeatman E M. A miniaturized piezoelectric turbine with self-regulation for increased air speed range[J]. Applied Physics Letters, 2015, 107(24): 243905.

[15] Karami M A, Farmer J R, Inman D J. Parametrically excited nonlinear piezoelectric compact wind turbine[J]. Renewable Energy, 2013, 50: 977-987.

[16] Perez M, Boisseau S, Gasnier P, et al. A cm scale electret-based electrostatic wind turbine for low-speed energy harvesting applications[J]. Smart Materials and Structures, 2016, 25(4): 045015.

[17] Bansal A, Howey D A, Holmes A S. CM-scale air turbine and generator for energy harvesting from low-speed flows[C]. International Solid-State Sensors, Actuators and Microsystems Conference, Denver, 2009: 529-532.

[18] Howey D A, Bansal A, Holmes A S. Design and performance of a centimetre-scale shrouded wind turbine for energy harvesting[J]. Smart Materials and Structures, 2011, 20(8): 085021.

[19] Iqbal M, Khan F U. Hybrid vibration and wind energy harvesting using combined piezoelectric and electromagnetic conversion for bridge health monitoring applications[J]. Energy Conversion and Management, 2018, 172: 611-618.

[20] Liu F R, Zou H X, Zhang W M, et al. Y-type three-blade bluff body for wind energy harvesting[J]. Applied Physics Letters, 2018, 112(23): 233903.

第8章　压电驰振能量采集

8.1　引　言

随着物联网的快速发展，数以亿计的微型传感器作为无线传感网络节点的基础单元，广泛应用于环境保护、气象预报、工业制造和人体健康监测等与人类密切相关的产业。这些传感器大多由化学电池供电，需要定期更换，且会对环境造成严重污染。为减少对环境的破坏，以及延长无线传感网络节点的运行寿命，人们正在积极研发能够将环境能量转换为电能的小型能量采集系统，以取代化学电池实现传感器的长期绿色供能。风能作为自然界中储量巨大、广泛存在的可再生能源之一，一直受到世界各国的高度关注，相关的能量转换技术也得到了迅速发展。

大型的风力发电系统主要是旋转叶片型，用于大规模集中供电。为分布式无线传感器供电的小型风能采集器，主要分为旋转叶片型和风致振动型两种。旋转叶片型的小型风能采集系统输出功率高，但结构复杂。而风致振动型能量采集系统将风能转换为振动能量，然后通过换能单元转换为电能，具有结构简单、易于微型化且维护成本低的特点，是目前的研究热点。但其仍然存在工作风速范围窄、输出功率低、输出电压不稳定等一系列问题，迫切需要进一步研究。

风致振动型压电能量采集系统的能量转换机理通常分为四种：颤振，涡激振动，驰振，尾流驰振(图 8-1 和图 8-2)。

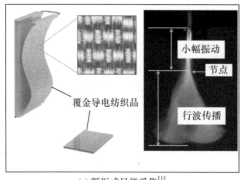

(a) 颤振式风能采集[1]　　　　　　　　　(b) 涡激振动式风能采集[2]

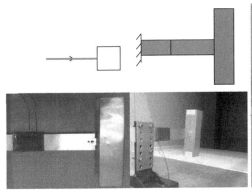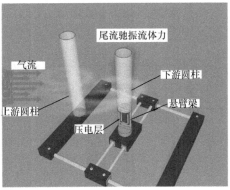

(c) 驰振式风能采集[3]　　　　　　　　　(d) 尾流驰振式风能采集[4]

图 8-1　四种典型的风能采集系统

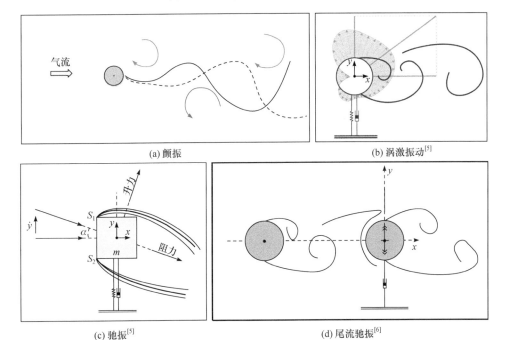

(a) 颤振　　　　　　　　　　　　　(b) 涡激振动[5]

(c) 驰振[5]　　　　　　　　　　　　(d) 尾流驰振[6]

图 8-2　四种风能采集原理

　　颤振式风能采集原理(图 8-2(a))为：气流在上游钝体后方发生漩涡的周期性脱落，导致下游薄膜(或薄板)柔性结构的表面产生时变横向流体力，驱动柔性薄膜发生大幅振动，振动频率与漩涡脱落保持着紧密关系，并且在一定来流速度条件下出现锁频行为。不同的振动频率会导致薄膜出现不同的振动模态，发生颤振的薄膜表面流体压力差 Δp 和位移的关系为

$$B_{tf}\frac{\partial^4 \boldsymbol{X}_{tf}}{\partial s_{tf}^4} + \rho_{tf}h_{tf}\frac{\partial^2 \boldsymbol{X}_{tf}}{\partial t^2} - \frac{\partial}{\partial s_{tf}}\left(T_{tf}\frac{\partial \boldsymbol{X}_{tf}}{\partial s_{tf}}\right) + v\frac{\partial \boldsymbol{X}_{tf}}{\partial t} + \mu\frac{\partial}{\partial t}\left(\frac{\partial^4 \boldsymbol{X}_{tf}}{\partial s_{tf}^4}\right) = \Delta p_{tf}\boldsymbol{n}_{tf} \quad (8\text{-}1)$$

式中，s_{tf} 为曲线坐标；$\boldsymbol{X}_{tf} = (X(s_{tf},t), Y(s_{tf},t))$ 为薄膜位移；B_{tf} 为弯曲刚度；ρ_{tf} 和 h_{tf} 分别为薄膜密度和厚度；T_{tf} 为沿着薄膜轴向的张力；v 和 μ 分别为流体阻尼系数和内部阻尼系数；Δp_{tf} 为薄膜上下表面的压力差；$\boldsymbol{n}_{tf}$ 为垂直于薄膜表面的法向量。

涡激振动式风能采集原理(图 8-2(b))为：一般采用固定在弹性基座上的圆柱作为采集系统钝体，流体经过圆柱钝体发生漩涡的脱落，在圆柱两侧造成表面压力的周期性变化，产生同频的横向脉动力，在频率与弹性系统的基频相同时诱发强烈的横向振动。当振动频率偏离系统基频时，振动现象会被抑制，甚至停止。涡激振动的钝体升力可表示为[7, 8]

$$F_{\text{viv}} = \frac{1}{2}C_L\rho_a D_b U_b^2 \cos[(2\pi Sr U_b/D_b)t] \quad (8\text{-}2)$$

式中，C_L 为升力系数；ρ_a 为流体密度；D_b 为圆柱直径；Sr 为斯特劳哈尔数；U_b 为流体速度。流体升力频率和流体速度以及 Sr 有着密切的关系。

驰振式风能采集原理(图 8-2(c))为：具有不规则横截面(如矩形、三角形、D 形和 Y 形等)的钝体结构在垂直于来流的方向上发生横向位移时，不规则形状诱导出升力曲线的负斜率现象，产生持续的横向流体升力，不断地从流体中吸收能量，保持了大幅度振动，并且振动频率保持稳定，与涡脱频率无关。基于准稳态假设条件的驰振模式的钝体升力可表示为

$$F_g = \frac{1}{2}\rho_a U_b^2 D_b C_y\left[a_1\left(\frac{\dot{y}}{D_b}\right) + a_3\left(\frac{\dot{y}}{D_b}\right)^3\right] \quad (8\text{-}3)$$

式中，C_y 为驰振升力系数；a_1 和 a_3 为与钝体几何结构有关的常数；$\dot{y}$ 为钝体横向振动瞬时速度。升力的变化频率与钝体的振动频率相关。

尾流驰振式风能采集原理(图 8-2(d))为：多采用串联的双柱体和多柱体系统，上游钝体的漩涡脱落形成的尾流对下游钝体产生周期性的激振力，从而改变下游钝体的空气升力系数，实现类似驰振特性的动力学响应。

对四种风致振动型压电能量采集系统的研究现状进行总结，可以按照材料与结构特征分成两大类(图 8-3)：一类是采用柔性薄膜或刚性平板(含机翼)的风能采集系统，主要是颤振式风能采集系统；另一类是采用刚性钝体的风能采集系统，主要是涡激振动式、驰振式和尾流驰振式风能采集系统，相应的动力学响应特征如图 8-4 所示[9]。颤振式风能采集系统的有效风速范围宽，但存在输出频率和电压不稳定的情况。涡激振动式风能采集系统多采用圆柱钝体，能够从任意来流方向

吸收流体能量，但是只有当圆柱旋涡脱落频率等于系统谐振频率时，才能引起较大的振幅。漩涡脱落频率与风速成正比，当风速较小导致漩涡脱落频率较低或风速较大导致漩涡脱落频率过高时，采集系统输出性能迅速下降，并且输出电压亦不稳定(图 8-4(a))。而驰振式风能采集系统有效风速范围较宽且输出响应较为稳定，最常用的是方棱柱钝体。该钝体的流场特征已经得到人们的广泛研究。但基于该钝体的采集系统起振风速有待进一步降低，低风速下的输出响应有待强化(图 8-4(b))。尾流驰振式风能采集系统则是在涡激振动式风能采集系统和驰振式风能采集系统上游放置钝体，以提升钝体受到的空气升力，实现类似驰振的动力学响应，输出响应较为稳定(图 8-4(c))。目前，主要对基于圆柱和方棱柱的风能采集系统进行了研究，已有研究结果表明，当上下游钝体间距大于 3D(D 为采集系统钝体迎风宽度)时，方能有效提升采集系统输出性能，但较大的钝体间距背离了采集系统的小型化发展趋势。

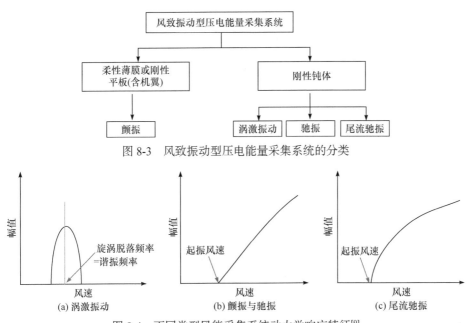

图 8-3　风致振动型压电能量采集系统的分类

图 8-4　不同类型风能采集系统动力学响应特征[9]

与颤振式风能采集系统相比，钝体式风能采集系统因为具有输出功率较高、输出信号较为稳定、结构简单、设计灵活等特点，成为近年来的研究热点。其中，驰振式风能采集系统具有较宽的风速范围，较大的振动位移，稳定的振动频率，具有比较明显的应用优势，但是起振风速较高。通过改变钝体几何形状，采集器的刚度、质量、阻尼、负载电阻以及增加外部磁场等方式可以促使采集器在更宽的风速范围内输出更高功率，并具有较低的起振风速。其中，改变钝体几何形状是从改善气动特性、提高空气升力的角度提升风能采集性能的，以提高风能的转换率为出发点，能够与其他强化方法相结合，因此备受关注。

8.2 单低压Y形钝体驰振式风能采集

8.2.1 Y形钝体结构设计与流场特征分析

很多研究者对基于传统方棱柱钝体的驰振式风能采集系统的特性进行了实验研究和理论分析，发现其在低风速时的输出性能仍有待进一步提升。因此，本节基于平板绕流的分离剪切层形成机理，设计了升力强化的单低压区特征的Y形钝体驰振式风能采集系统[10]。

Y形钝体结构由两个刚性前叶板和一个刚性后叶板组成，两个刚性前叶板长度相同且关于刚性后叶板对称，前叶板夹角的1/2用θ表示，可在0°～180°的范围内进行调节(图 8-5(a))。三叶板的长度分别用l_1、l_2和l_3表示，钝体横截面长度为L，迎风宽度为W。在气流中这种结构表面受到横向流体升力的基本原理如图 8-6 所示：当气流经过前叶板的前缘位置时，会导致剪切层的分离，两个对称前叶板的下游交替产生尾流漩涡脱落现象，尾流再附于后叶板，从而在后叶板两侧产生随时间变化的升力，驱动Y形钝体结构发生振动。

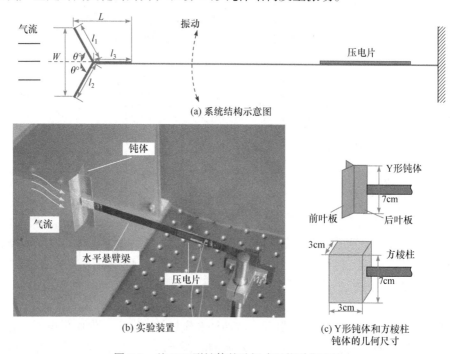

(a) 系统结构示意图

(b) 实验装置

(c) Y形钝体和方棱柱钝体的几何尺寸

图 8-5 基于Y形钝体的驰振式风能采集系统

搭建的 Y 形钝体驰振式风能采集系统如图 8-5 所示。Y 形钝体是通过折叠一个宽度为 7cm，厚度为 0.8mm 的轻质铝板制成的，能满足一定的刚度要求，当后端悬臂梁发生振动时，不会产生形变，同时质量较轻，容易在低风速时起振。该钝体固定在水平放置的悬臂梁自由端。悬臂梁采用了具有高弹性的弹簧钢材料，梁的厚度、宽度和长度分别为 0.1cm、1cm 和 18cm。为了将悬臂梁振动时的机械能转换成电能，采用 AB 胶将一个电容为 15.1nF 的压电纤维片(MFC-M2807-P2，Smart Material Corp)粘贴在悬臂梁的根部附近，并且连接一个外部电阻。风能采集实验在开放式风管(横截面尺寸为 35cm×30cm)中进行，利用多通道东华数据采集系统(DH5902，Donghua)记录外部电阻两端的输出电压，通过数字式希玛风速计(AS866)测量风速。

为了保证设计的风能采集系统具备小型化特征，Y 形钝体的体积不宜过大，因此钝体中三叶板的长度为 $l_1 = l_2 = l_3 = 1.5$cm，钝体高度为 7cm。三叶板钝体的横截面长度为 $L_{tr} = 1.5 \times (1 + \cos\theta)$ cm($\theta \leqslant 90°$)或 $L_{tr} = 1.5$cm($\theta > 90°$)，迎风宽度为 $W = (1.5 \times 2 \times \sin\theta)$ cm，均不超过 3cm × 3cm。当前叶板的半角 θ 为 90°时，钝体横截面宽度达到最大值，为 3 cm，长度为 1.5cm；当半角 θ 为 0°时，钝体横截面宽度为 0cm，长度达到最大值，为 3cm。将作为对照组的方棱柱钝体的边长设定为 3cm(图 8-5(c))，与三叶板钝体的最大长宽尺寸保持一致，高度设定为 7cm。Y 形钝体的横截面面积始终比方棱柱的横截面面积小，相应地，整个采集系统的体积也就更小。图 8-6 为 Y 形钝体在流场中的尾涡脱落示意和升力产生机理。

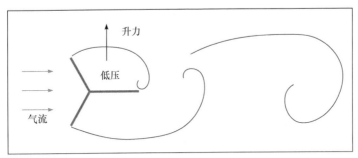

图 8-6 Y 形钝体在流场中的尾涡脱落示意和升力产生机理

图 8-7 显示了 Y 形钝体和方棱柱钝体的二维流场模拟结果。前叶板半角(θ)在 30°～100°变化，三叶板的长度固定不变。在风速为 3m/s 时，前叶板半角为 70°的 Y 形钝体周围流场的压力分布和涡量分布分别如图 8-7(a)和(b)所示。在相同风速条件下，横截面面积为 3cm × 3cm 的方棱柱钝体的压力分布和涡量分布分别如图 8-7(c)和(d)所示。在均匀来流中, 钝体受到的空气升力 F_{lift} 随着漩涡的脱落呈现出周期性变化特征：

$$F_{\text{lift}} = A_{\text{lift}} \cdot \sin(\omega_s t + \varphi_s) \tag{8-4}$$

式中，A_{lift} 为升力幅值；ω_s 和 φ_s 分别为漩涡脱落频率和相位。图 8-7(a)中的 T 表示压力变化的一个周期($T = 2\pi/\omega_s$)。当时间为 $t = 0T$ 或 $0.5T$ 时，钝体受到的横向空气升力为零。在 $t = 0.25T$ 时，升力达到最小值，在 $t = 0.75T$ 时，升力达到最大值。

图 8-7(e)和(f)分别为 Y 形钝体和方棱柱钝体受到的横向升力随时间、半角的变化曲线，Y 形钝体前叶板半角在 30°～100°变化。半角为 60°～80°的 Y 形钝体受到的横向空气升力幅值大于其他角度的 Y 形钝体受到的升力幅值。半角为 70°的 Y 形钝体受到的横向空气升力幅值比方棱柱受到的升力大 5%左右，但其横截面特征区域面积($S = W \times L_{tr}$)仅为方棱柱横截面积的 65%，表明可以在较小尺寸条件下诱导出较大的升力。

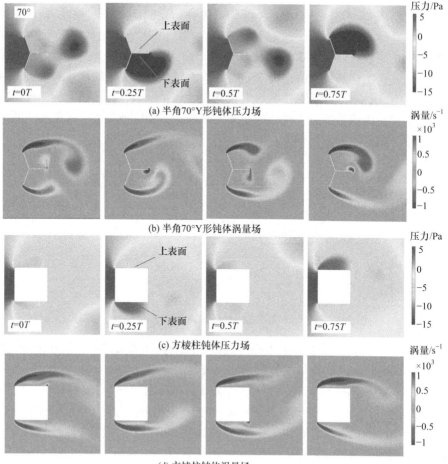

(a) 半角70°Y形钝体压力场

(b) 半角70°Y形钝体涡量场

(c) 方棱柱钝体压力场

(d) 方棱柱钝体涡量场

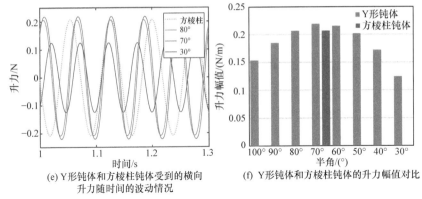

(e) Y 形钝体和方棱柱钝体受到的横向　　　(f) Y 形钝体和方棱柱钝体的升力幅值对比
升力随时间的波动情况

图 8-7　Y 形钝体和方棱柱钝体的二维流场模拟结果(彩图请扫封底二维码)

　　由图 8-7(a)～(d)可见，在 $t = 0.75T$ 时，后叶板的上表面压力显著低于方棱柱的上表面压力，导致 Y 形钝体的横向空气升力要大于方棱柱钝体的升力。这是由于 Y 形钝体的两个前叶板边缘尖角容易诱发流体剪切层的分离，从而在后方形成漩涡，并出现周期性的脱落现象(图 8-7(b))，导致后叶板上下两个表面之间的压力差较为明显，产生了较强的周期性横向空气升力。然而，方棱柱钝体的两个侧表面(方棱柱侧面)上没有发生漩涡的形成和脱落，而是在方形下游处才出现漩涡的脱落(图 8-7(d))，侧面的涡量强度较弱，因此压力差也较小。仿真表明，Y 形钝体比方棱柱钝体受到更强的横向空气升力，更容易发生大幅横向振动。

　　图 8-8 给出了半角为 30° 的钝体周围流场的压力分布和涡量分布，揭示了小半角 Y 形钝体所受压力幅值较低的原因。和前叶板半角为 70° 的 Y 形钝体相比(图 8-7)，在横向空气升力变化的一个周期内，钝体两侧受到的压力差较小，这是

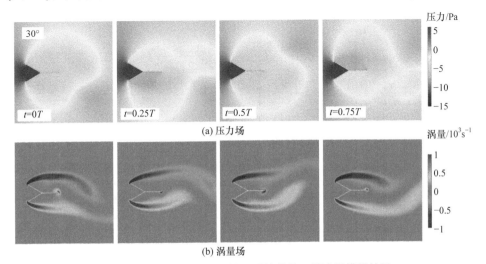

(a) 压力场

(b) 涡量场

图 8-8　前叶板半角为 30° 的 Y 形钝体的二维流场模拟结果

因为两个前叶板夹角较小，造成两侧的分离剪切层距后叶板较近，抑制了尾涡的形成和发展，减弱了压力变化。

8.2.2　Y形钝体风能采集系统性能实验

　　基于模拟结果，本节对基于 Y 形钝体和方棱柱钝体的风能采集系统输出性能进行参数化实验，如图 8-9 所示。由图 8-9(a)可知，在 1~5m/s 风速范围内，基于方棱柱钝体的风能采集系统产生的均方根电压始终不超过 11V。相比之下，基于 Y 形钝体的风能采集系统不仅产生了更高的输出电压，同时具有较低的起振风速。当风速为 3m/s 时，前叶板半角为 $50° \leqslant \theta \leqslant 90°$ 的风能采集系统输出电压达到 20V 以上，而基于方棱柱钝体的风能采集系统输出电压却不超过 5V。当风速达到 5m/s 时，前叶板半角为 $50° \leqslant \theta \leqslant 90°$ 的风能采集系统输出电压达到了 30V 以上，方棱柱钝体风能采集系统输出电压仅为 11V。

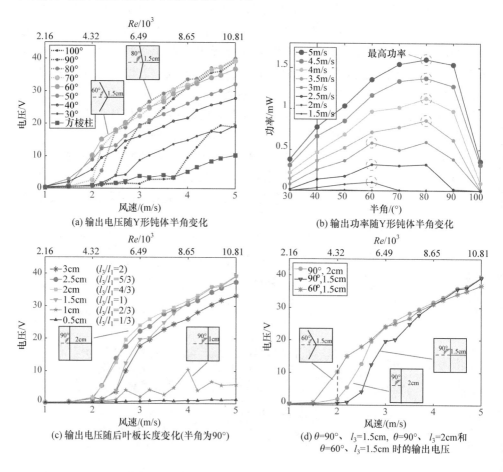

(a) 输出电压随Y形钝体半角变化

(b) 输出功率随Y形钝体半角变化

(c) 输出电压随后叶板长度变化(半角为90°)

(d) θ=90°、l_3=1.5cm，θ=90°、l_3=2cm 和 θ=60°、l_3=1.5cm 时的输出电压

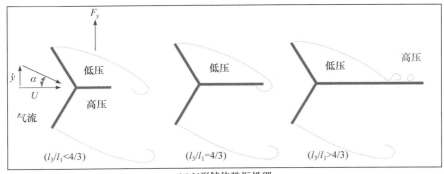

(e) Y 形钝体驰振机理

图 8-9   基于 Y 形钝体的采集系统输出性能和驰振机理

　　实验表明，前叶板半角对风能采集系统输出性能的影响较大。如图 8-9(b)所示，在 2～3m/s 低风速段，具有 60°半角 Y 形钝体的采集系统输出功率明显高于其他半角时采集系统的输出功率。在 3～5m/s 风速段，前叶板半角为 80°的采集系统输出功率高于其他半角时采集系统的输出功率，并且在 5m/s 风速时的输出功率达到 1.6mW，方棱柱钝体采集系统输出功率仅为 0.1mW，相应的 Y 形钝体横截面的特征面积($S = W \times L_{tr} = 5.97\text{cm}^2$)仅约为方棱柱钝体($S = 9\text{cm}^2$)的 66%。当前叶板半角从 80°逐渐减小时，产生的功率也随之降低，但是，当半角减小至 60°时，采集系统输出功率只是略微降低，在 3.5 m/s 时仍然可以达到 80°半角情况下的 80%，即使钝体前叶板半角减小到 30°，采集系统的输出性能也仍然高于方棱柱钝体采集系统。

　　当前叶板半角从 80°增加至 90°时，采集系统的输出功率也出现了下降，并且起振风速从 1.5m/s 增至 2.5m/s。当前叶板半角增加至 100°时，输出功率从 1.5mW 降至 0.35mW。随着 Y 形钝体前叶板半角从 50°增加到 100°，输出功率表现出先增大后减小的趋势，而起振风速不断提高，半角为 50°的采集系统具有最低的起振风速，为 1m/s。

　　整体而言，前叶板半角 60°～80°的 Y 形钝体能够使风能采集系统具有较低的起振风速和较高的输出功率，这是由于处于该角度范围的前叶板引起的尾流涡量较强，并且分离剪切层能够再附于后叶板后缘处，在后叶板两侧表面产生明显的压力差，钝体所受的横向空气升力较高，引起较大振幅，输出功率较高。当前叶板半角小于 60°时，钝体结构两侧的分离剪切层与中间后叶板的垂直距离较近，抑制了漩涡的形成和脱落，分离剪切层涡量强度较小，压力下降不明显，因此钝体无法产生大幅振动。当半角大于 80°时，分离剪切层与后叶板的横向距离较远，无法再附于后叶板，造成钝体两侧压力差较小，受到的横向空气升力较弱，也无法实现大幅振动。

　　Y 形钝体前后叶板长度是影响采集系统性能的另一个重要参数,因此本节通过实验评估了前后叶板长度比值对采集系统输出性能的影响。首先将前叶板半角固定为 90°,两个前叶板长度固定为 $l_1 = l_2 = 1.5$cm,Y 形钝体的两叶片迎风面积为 1.5cm×7cm,与方棱柱钝体的迎风面积 3cm×7cm 相同。在参数化实验中,后叶板长度从 0.5cm 逐渐增至 3cm。如图 8-9(c)所示,当 Y 形钝体的后叶板长度为 $l_3 = 0.5$cm($l_3 / l_1 = 1/3$)时,采集系统的有效输出电压始终不超过 3V,钝体未发生大幅振动。随着后叶板长度增加到 1cm($l_3 / l_1 = 2/3$),有效电压有所提升,但始终不超过 11V。当后叶板长度增至 1.5cm($l_3 / l_1 = 1$)时,系统的输出电压显著增加,在 3m/s 风速时达到了 20V。当后叶板长度为 2cm($l_3 / l_1 = 4/3$)时,采集系统在 1~5m/s 风速的输出电压最高,3m/s 风速时系统输出电压可达到 24V。结果表明,增加后叶板长度不仅提高了输出电压,而且能够降低起振风速。

　　然而,长度与输出电压的关系并非一直单调递增,当后叶板长度超过 2cm($l_3 / l_1 = 4/3$)时,输出电压会出现下降的趋势。对于 3cm($l_3 / l_1 = 2$)长的后叶板(图 8-9(c)),采集系统的输出电压比 2cm($l_3 / l_1 = 4/3$)情况下降低了约 20%,输出功率则减少了约 35%。当风速小于 3m/s 时,具有 1.5cm 和 3cm 长度的后叶板的能量采集系统的输出电压基本相同。但是,当风速超过 3.5m/s 时,后叶板长度为 3cm 的采集系统的输出电压要低得多,这表明过长的后叶板会抑制高风速条件下的钝体振动,从而削弱了采集性能。

　　图 8-9(d)综合体现了后叶板长度 l_3 与前叶板半角 θ 两个因素对低风速时采集系统输出性能的影响。对于具有 $\theta = 90°$ 的钝体,即使后叶板长度达到最佳值 2cm($l_3 / l_1 = 4/3$),采集系统输出电压在 2m/s 风速条件下仍然小于 2V。相比之下,当半角为 $\theta = 60°$ 时,后叶板长度为 1.5cm($l_3 / l_1 = 1$)的采集系统的输出电压在 2m/s 时超过了 10V。结果表明,与调整后叶板长度相比,调整前叶板的半角更有利于风能采集系统在低风速时产生较高的输出电压。

　　后叶板长度对 Y 形钝体的驰振响应的影响规律如图 8-9(e)所示。Y 形钝体在横向运动(图 8-9 中的 $\dot{y}$ 方向)过程中会形成与气流有关的攻角,当钝体下半部分的分离剪切层远离后叶板时,上半部分的剪切层接近后叶板,并且在上表面诱导出更低的表面压力,从而产生向上的空气升力,使横向移动的钝体在同方向上获得了驱动力,促使其继续运动。当前后叶板长度比值 $l_3 / l_1 < 4/3$ 时,空气升力随着后叶板长度而增加,这是由于增加长度导致产生升力的有效面积增大,所以采集系统输出电压随着后叶板长度的增加而升高。当 $l_3 / l_1 = 4/3$ 时,分离剪切层再附到后叶板下游位置,此时钝体上产生了最强的横向空气升力,采集系统的输出电压达到最高。而继续增加后叶板长度($l_3 / l_1 > 4/3$)会导致分离剪切层附到后叶板的上游位置,从而削弱了钝体受到的横向空气升力,采集系统的输出电压也随之降低。

以 Y 形钝体半角为 90°的水平式风能采集系统为例，分析外部电阻对采集系统输出性能的影响。在 2.5m/s、3.5m/s 和 4.5m/s 三种风速时，测量不同电阻情况下的系统输出功率和悬臂梁末端振幅(图 8-10)。当风速为 2.5m/s 时，采集系统在不同电阻条件下的输出功率均很低，这是因为悬臂梁振幅很小，产生的机械能较弱。当风速为 3.5m/s 和 4.5m/s 时，钝体振幅较大，有较多的风能转换成了机械能，随着电阻从 100kΩ增大到 1000kΩ，更多的机械能转换为电能，悬臂梁末端振幅随之减小。虽然采集系统在不同风速时的输出功率相差很大，但当外部电阻选择为 1000kΩ时，输出功率均可达到最高值。

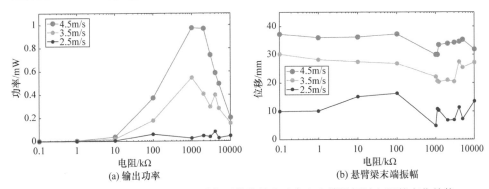

图 8-10　Y 形钝体半角为 90°的采集系统的输出功率和末端振幅随电阻的变化趋势

在不同风速时，基于方棱柱和 Y 形钝体的水平式采集系统振动频率如图 8-11 所示。由于钝体质量略大，基于方棱柱的采集系统谐振频率略低，但在不同风速时的谐振频率基本不变，这是驰振模式的明显特征。类似地，对于 Y 形钝体风能采集系统，当前叶板半角固定时，其振动频率在 1~5m/s 风速范围内也基本不变，表明同样是以典型的驰振模式进行能量采集。

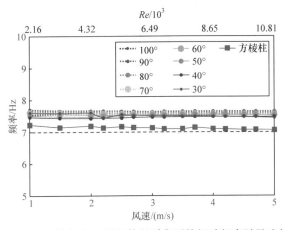

图 8-11　基于方棱柱和 Y 形钝体的采集系统振动频率随风速的变化

　　图 8-12 为 3～5m/s 风速范围内，30°、60°、90°和 100°四种半角的 Y 形钝体风能采集系统的电压位移相图，体现了每种风速条件下 50s 内的瞬时电压和瞬时位移关系。理论上，当风速恒定时，采集系统的位移幅值和电压幅值不随时间变化，因此位移和电压的关系曲线是一条宽度很小的环。实验中，流体经过钝体产生漩涡脱落，导致钝体横向空气升力出现波动，造成位移幅值和电压幅值不稳定。环的宽度反映了幅值的稳定性，环越窄幅值波动越小，采集系统输出响应越稳定。当前叶板半角为 100°、风速为 5m/s 时，反映位移和电压关系的环宽度较大，表明输出电压和位移波动强烈，采集系统输出不稳定。当半角为 30°和 90°时，环宽度较窄，输出电压更稳定。可以看出，半角为 $\theta=60°$ 的能量采集系统在各种风速条件下的环宽均是最窄的，表明位移响应和输出电压最稳定，能在不同风速时实现稳定的能量输出。

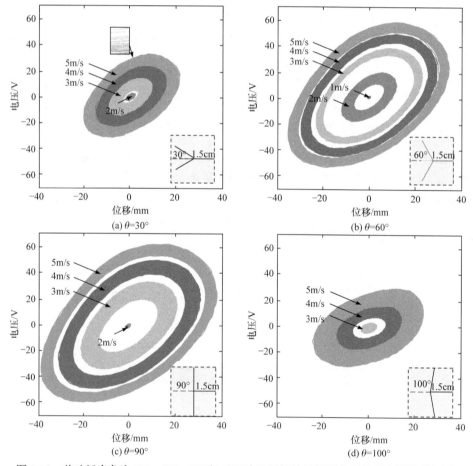

图 8-12　前叶板半角为 30°、60°、90°和 100°时 Y 形钝体风能采集系统的电压位移相图

图 8-13 给出了不同半角条件下风能采集系统的位移幅值标准差，反映了采集系统振动位移的稳定性。前叶板半角为 100°时采集系统在 4～5m/s 风速的位移幅值标准差最大，输出稳定性最差，而半角为 60°时采集系统在 3～5m/s 风速的位移幅值标准差最小，动力学响应最稳定，有利于采集系统输出性能的提升。

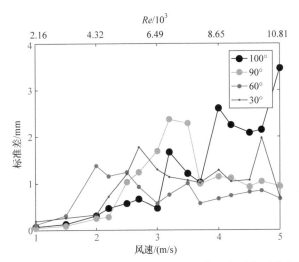

图 8-13　前叶板半角为 30°、60°、90°和 100°时 Y 形钝体风能采集系统的位移幅值标准差

8.3　双低压音叉形钝体驰振式风能采集

8.3.1　风能采集系统设计及其动力学模型

在 8.2 节单低压 Y 形钝体的基础上，本节设计具有双低压特征的音叉形钝体，实现风能采集系统输出性能的强化[11]。

本节提出的音叉形钝体结构由两个前叶板、一个横向中叶板和一个后叶板组成。长度均为 l_f 的两个前叶板固定在横向中叶板两侧，形成一个"コ"形的子结构。长度为 l_r 的后叶板固定在横向中叶板的正后方，形成一个"⊢"形的子结构。W、L 和 H 分别是钝体的宽度、长度和高度。其升力产生机理如图 8-14 所示，这种钝体结构在一定速度(U_b)来流中发生横向运动(y)时，前叶板尖端会诱导形成分离剪切层，从而在前叶板外侧面形成低压区，同时，在后叶板表面形成第二低压区，两个低压区使钝体受到横向升力。

针对基于音叉形钝体的压电风能采集系统(图 8-15)，建立了机电耦合动力学方程：

$$M_{\text{eff}}\ddot{y}(t) + C_{\text{eff}}\dot{y}(t) + K_1 y(t) + K_2 y^3(t) - \theta_p V(t) = F_g \tag{8-5}$$

$$C_p \dot{V}(t) + \frac{1}{R} V(t) + \Theta_p \dot{y}(t) = 0 \tag{8-6}$$

式中，M_{eff} 为采集系统的等效质量；C_{eff} 和 K_1 分别为等效阻尼和线性刚度；K_2 为大变形引起的非线性刚度；C_p 为压电纤维片的电容，与外部电阻 R 连接；Θ_p 为相应的机电耦合系数。

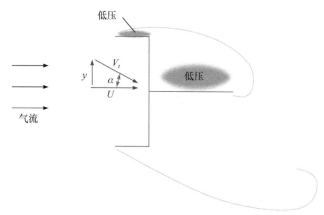

图 8-14　音叉形钝体在流场中的尾涡脱落示意和升力产生机理

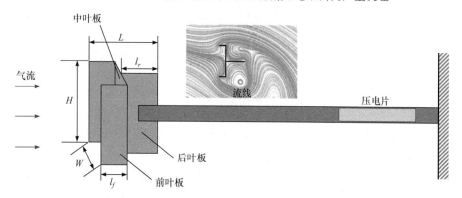

图 8-15　基于音叉形钝体的压电风能采集系统示意图

基于准稳态理论，当气流速度为 U_b 时，音叉形钝体受到的空气升力可表示为

$$F_g = \frac{1}{2} \rho_{\text{air}} U_b^2 HW \left\{ a_1 \frac{\dot{y}(t)}{U_b} - a_3 \left[\frac{\dot{y}(t)}{U_b} \right]^3 + a_5 \left[\frac{\dot{y}(t)}{U_b} \right]^5 - a_7 \left[\frac{\dot{y}(t)}{U_b} \right]^7 \right\} \tag{8-7}$$

式中，ρ_{air} 为空气密度；H 和 W 分别为音叉形钝体的高度和横向宽度；a_1、a_3、a_5 和 a_7 为与钝体的几何特征相关的系数。

在稳态时，钝体的位移可表示为正弦函数形式：

$$y(t) = a\cos(\omega t + \varphi) \tag{8-8}$$

式中，a 为振幅；ω 为角频率；φ 为相位。瞬时输出电压与瞬时位移具有相同的角频率，因此输出电压可表示为

$$V(t) = a_v \sin(\omega t + \varphi_v) \tag{8-9}$$

式中，a_v 和 φ_v 分别为相应的振幅和相位。方程(8-6)可转换为

$$a_v \sqrt{(\omega C_p)^2 + \left(\frac{1}{R}\right)^2} \sin(\omega t + \varphi_v + \Delta\varphi_v) = \Theta_p \omega a \sin(\omega t + \varphi) \tag{8-10}$$

式中，相位差 $\Delta\varphi_v$ 满足

$$\begin{cases} \cos(\Delta\varphi_v) = \left[R\sqrt{(\omega C_p)^2 + R^{-2}} \right]^{-1} \\ \sin(\Delta\varphi_v) = \omega C_p \left[\sqrt{(\omega C_p)^2 + R^{-2}} \right]^{-1} \end{cases} \tag{8-11}$$

电压的幅值 a_v 和相位 φ_v 与位移幅值 a 和相位 φ 之间满足如下关系：

$$\begin{cases} \sqrt{(\omega C_p)^2 + R^{-2}}\, a_v = \Theta_p \omega a \\ \varphi_v = \varphi - \Delta\varphi_v \end{cases} \tag{8-12}$$

电压表达式(8-9)可转换为

$$\begin{aligned} V(t) &= \frac{\Theta_p \omega a}{(\omega C_p)^2 + \left(\dfrac{1}{R}\right)^2} \left[\sin(\omega t + \varphi)\frac{1}{R} - \cos(\omega t + \varphi)\omega C_p \right] \\ &= \frac{-\theta_p}{(\omega C_p)^2 + \left(\dfrac{1}{R}\right)^2} \left[\dot{y}(t)\frac{1}{R} + y(t)\omega^2 C_p \right] \end{aligned} \tag{8-13}$$

方程(8-5)可解耦为

$$\begin{aligned} \ddot{y}(t) &+ \left\{ \frac{C}{M} + \frac{\Theta_p^2 \dfrac{1}{R}}{M\left[(\omega C_p)^2 + \left(\dfrac{1}{R}\right)^2\right]} \right\} \dot{y}(t) + \left\{ \frac{K_1}{M} + \frac{\Theta_p^2 \omega^2 C_p}{M\left[(\omega C_p)^2 + \left(\dfrac{1}{R}\right)^2\right]} \right\} y(t) \\ &+ \frac{K_2}{M} y^3(t) = \frac{F_g}{M} \end{aligned} \tag{8-14}$$

基于驰振原理的风能采集系统的振动频率在不同风速时基本不变，故系统的立方刚度项 $(K_2/M)y^3(t)$ 对位移的影响较小，忽略立方刚度项后将方程(8-7)代入方程(8-14)，可得

$$\ddot{y}(t) + D_1 \dot{y}(t) + D_2 y(t) = D_3 \left\{ a_1 \frac{\dot{y}(t)}{U_b} - a_3 \left[\frac{\dot{y}(t)}{U_b} \right]^3 + a_5 \left[\frac{\dot{y}(t)}{U_b} \right]^5 - a_7 \left[\frac{\dot{y}(t)}{U_b} \right]^7 \right\} \quad (8\text{-}15)$$

式中，常数 D_1、D_2 和 D_3 的表达式分别为

$$\begin{cases} D_1 = \dfrac{C}{M} + \dfrac{\theta_p^2}{RM[(\omega C_p)^2 + R^{-2}]} \\[3mm] D_2 = \dfrac{K_1}{M} + \dfrac{\theta_p^2 \omega^2 C_p}{M[(\omega C_p)^2 + R^{-2}]} \\[3mm] D_3 = \dfrac{\rho U_b^2 HW}{2M} \end{cases} \quad (8\text{-}16)$$

振动角频率可通过 $\omega = \sqrt{D_2}$ 求出。式(8-15)可进一步表示为

$$\ddot{y}(t) + D_2 y(t) = E_1 \dot{y}(t) + E_2 \dot{y}(t)^3 + E_3 \dot{y}(t)^5 + E_4 \dot{y}(t)^7 \quad (8\text{-}17)$$

式中，常数 E_1、E_2、E_3 和 E_4 的表达式分别为

$$\begin{cases} E_1 = -D_1 + D_3 a_1 U_b^{-1} \\ E_2 = -D_3 a_3 U_b^{-3} \\ E_3 = D_3 a_5 U_b^{-5} \\ E_4 = -D_3 a_7 U_b^{-7} \end{cases} \quad (8\text{-}18)$$

基于平均法，求出振幅和相位的一阶时间导数为

$$\begin{aligned} \dot{a}(t) &= \frac{1}{2\pi\omega} \int_0^{2\pi} [E_1 \dot{y}(t) + E_2 \dot{y}(t)^3 + E_3 \dot{y}(t)^5 + E_4 \dot{y}(t)^7] \sin\varphi \, \mathrm{d}\varphi \\ &= \frac{35}{128} E_4 a^7 \omega^6 + \frac{5}{16} E_3 a^5 \omega^4 + \frac{3}{8} E_2 a^3 \omega^2 + \frac{1}{2} E_1 a \end{aligned} \quad (8\text{-}19)$$

$$\begin{aligned} \dot{\varphi}(t) &= \frac{1}{2\pi\omega a} \int_0^{2\pi} [E_1 \dot{y}(t) + E_2 \dot{y}(t)^3 + E_3 \dot{y}(t)^5 + E_4 \dot{y}(t)^7] \cos\varphi \, \mathrm{d}\varphi \\ &= 0 \end{aligned} \quad (8\text{-}20)$$

稳态时振幅不变，所以其一阶时间导数满足 $\dot{a}(t) = 0$，即

$$\frac{35}{64} E_4 a^7 \omega^6 + \frac{5}{8} E_3 a^5 \omega^4 + \frac{3}{4} E_2 a^3 \omega^2 + E_1 a = 0 \quad (8\text{-}21)$$

进一步可求出稳态的电压幅值。

8.3.2 流场仿真与特征分析

为了分析音叉形钝体的升力产生机理以及流场演化规律，采用 COMSOL

Multiphysics 5.3 软件的 CFD(计算流体动力学)模块中的 k-ε 模型对音叉形钝体周围的流场分布进行二维模拟(图 8-16)。收敛准则是相对容差小于 5×10^{-3}。音叉形钝体的宽度(W)和长度(L_{tr})均设置为 2cm。模拟计算区域的宽度(25cm)和长度(45cm)与钝体特征尺寸(2cm)的比率分别为 12.5 和 22.5。

　　计算区域的网格划分情况如图 8-16(c)和(d)所示。模拟中采用了适应性强的三角形网格，并在边界附近添加了边界层网格。为了在合理的计算时间内获得精确解，对比了三种密度的网格划分方案，网格数量分别为 38846(粗糙)、54896(中等)和 69968(精细)。当网格密度从粗糙改为中等时，音叉形钝体升力系数和阻力系数的变化均大于 7%。但是，当网格密度从中等变为精细时，升力系数和阻力系数的变化均小于 1%。因此，综合考虑时间成本和精度要求，最终在模拟过程中选择了中等密度网格划分方案。

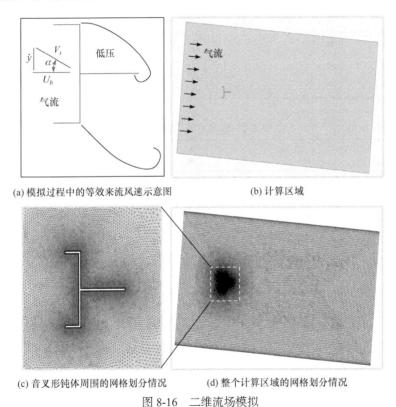

(a) 模拟过程中的等效来流风速示意图　　　　　(b) 计算区域

(c) 音叉形钝体周围的网格划分情况　　　(d) 整个计算区域的网格划分情况

图 8-16　二维流场模拟

　　假设来流风速为 U_b，钝体以一定速度 $\dot{y}$ 发生横向运动。在进行二维流场模拟时，可假定钝体为静止状态，气流以等效风速 V_t 沿一定倾斜角 α 流向钝体，等效风速 V_t 由钝体横向运动速度与实际风速合成得到：

$$\begin{cases} V_t = \sqrt{U_b^2 + \dot{y}^2} \\ \alpha = \arctan(\dot{y}/U_b) \end{cases} \tag{8-22}$$

式中，α 为钝体结构相对于来流的倾斜角，如图 8-16(a)所示。例如，当风速为 5m/s（$Re = 1.44 \times 10^3$），钝体的横向运动速度为 0.5m/s 时，合成风速和倾斜角分别是 $V_t = 5.025$m/s、$\alpha = 5.71°$。对于其他风速和运动速度，合成风速和倾斜角均采用上述方法进行计算，结果如表 8-1 和表 8-2 所示。

表 8-1　音叉形钝体的合成风速(单位：m/s)

风速	钝体横向运动速度				
	0.5	1	1.5	2	2.5
1	1.12	—	—	—	—
2	2.06	2.24	—	—	—
3	3.04	3.16	3.35	—	—
4	4.03	4.12	4.27	4.47	—
5	5.02	5.10	5.22	5.39	5.59

表 8-2　音叉形钝体的倾斜角

风速/(m/s)	钝体横向运动速度				
	0.5m/s	1m/s	1.5m/s	2m/s	2.5m/s
1	26.57°	—	—	—	—
2	14.04°	26.57°	—	—	—
3	9.46°	18.43°	26.57°	—	—
4	7.13°	14.04°	20.56°	26.57°	—
5	5.71°	11.31°	16.70°	21.80°	26.57°

前叶板的长度(l_f)和后叶板的长度(l_r)会影响该音叉形钝体所受空气升力，具有不同前后叶板长度的音叉形钝体的二维流场模拟结果如图 8-17 所示。音叉形钝体的迎风宽度固定为 $W = 20$mm，前后叶板总长度($L_{tr} = l_f + l_r = 20$mm)保持不变。取五种前叶板长度 l_f=0mm, 5mm, 10mm, 15mm, 20mm(l_f/W=0, 0.25, 0.5, 0.75, 1)，相应的后叶板长度 $l_r = L_{tr} - l_f = 20$mm, 15mm, 10mm, 5mm, 0mm(l_r/W=1, 3/4, 1/2, 1/4, 0)。在模拟区域中，左侧的来流速度为 U_b = 1m/s, 2m/s, 3m/s, 4m/s, 5m/s。在驰振风能采集实验中，钝体在垂直于气流的方向上以一定速度 $\dot{y}$ 向上移动，一般不会超过风速的 1/2，所以仿真中钝体的横向运动速度最大值设定为风速的 1/2，

即满足 $\dot{y} \leqslant 0.5 U_b$。

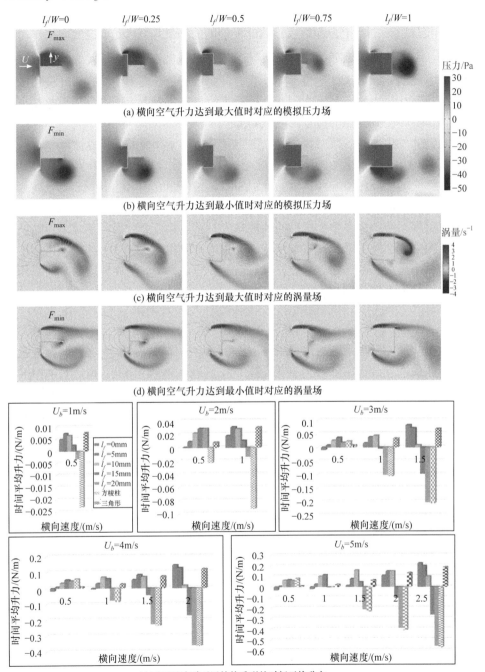

图 8-17　音叉形钝体的二维流场模拟结果(彩图请扫封底二维码)

　　如图 8-17 所示，当音叉形钝体向上发生横向运动时，由于上方前叶板附近的分离剪切层靠近钝体上表面，所以上表面的压力下降明显。当前叶板无量纲长度 l_f/W 不超过 0.5 时，上方前叶板和后叶板外侧的涡量均较大，会导致空气压力明显下降。当前叶板无量纲长度 l_f/W 超过 0.5 时，涡量被削弱，前叶板只有前缘附近压力下降明显，后缘处压力下降不明显。而且当总长度不变时，后叶板长度减小，分离剪切层无法顺利再附到后叶板上表面，造成上下表面空气压力差减小，因此钝体整体受到的压力差也随之减弱。

　　当钝体发生尾涡脱落时，所受横向空气升力产生相应的周期性波动。在一个波动周期内，当分离剪切层靠近后叶板的上表面时，横向空气升力达到最大值 $F_{\max}$，相应的模拟压力场和涡量场分别如图 8-17(a) 和 (c) 所示。相反，当分离剪切层靠近后叶板的下表面时，横向空气升力达到最小值 $F_{\min}$ (图 8-17(b) 和 (d))。当压电风能采集系统钝体发生大位移的驰振响应时，虽然流体漩涡脱落频率会随风速增大，但采集系统振动频率基本保持不变，这表明横向空气升力的频率与采集系统振动频率是彼此独立的。因此，横向空气升力在一个波动周期内的时间平均值可作为音叉形钝体受到的平均升力：

$$F_{\text{average}} = \frac{1}{T}\int_0^T F_{\text{air}}(t)\mathrm{d}t \tag{8-23}$$

　　驰振式风能采集系统通常采用方棱柱和三棱柱作为钝体，为比较两者与音叉形钝体所受空气升力的强弱，本节计算了 1~5m/s 风速范围内 ($Re = 1.44\times10^3$~7.21×10^3) 音叉形钝体、方棱柱钝体和三棱柱钝体受到的时间平均升力，如图 8-17(e) 所示。由图 8-17(e) 可知，仅当钝体横向运动速度与风速之比 ($\dot{y}/U_b$) 不超过 0.25 时，方棱柱受到的时间平均升力为正，而当运动速度与风速比值超过 0.25 时，空气升力的平均值将变为负数，表明在方棱柱的运动速度较大时，将受到空气的阻力，从而抑制钝体的振动。而三棱柱在所有模拟条件下始终受到正的时间平均升力，与方棱柱相比，三棱柱所受时间平均升力更大，但是仍小于音叉形钝体受到的时间平均升力。

　　在图 8-17(e) 中，对于横截面尺寸为 $l_f/W = 0.25$、$l_r/W = 0.75$ 的音叉形钝体，当运动速度 $\dot{y}/U_b < 0.5$ 时，作用在音叉形钝体上的空气升力始终保持正值，并随着运动速度的增加而持续增加。在图 8-17(e) 的所有模拟情况中，$l_f/W = 0.25$、$l_r/W = 0.75$ 的音叉形钝体受到的时间平均升力均超过三棱柱受到的时间平均升力。这表明，与三棱柱相比，尺寸为 $l_f/W = 0.25$ 的音叉形钝体能够产生更强的动力学响应。其他横截面尺寸钝体所受空气升力总体情况如下：前叶板长度为 0 时 ($l_f/W = 0$、$l_r/W = 1$)，钝体所受升力小于尺寸为 $l_f/W = 0.25$、$l_r/W = 0.75$ 时的情况。当前叶板长度增加至 $l_f/W = 0.5$ ($l_r/W = 0.5$)，钝体横向运动速度达到 $\dot{y}/U_b = 0.5$ 时，

所受升力急剧下降。随着前叶板长度继续增加，钝体横向移动时受到的升力继续减小。当前叶板无量纲长度为 $l_f/W=1$（$l_r/W=0$），在 5m/s 风速条件下，钝体横向运动速度为 0.5m/s 时，其受到的时间平均流体力为正，表现出升力，但随着横向运动速度增加至 1.5m/s（$\dot{y}/U_b=0.3$），时间平均流体力变为负值，即阻力，表明这种结构只能实现小幅振动。整体来说，尺寸为 $l_f/W=0.25$、$l_r/W=0.75$ 的音叉形钝体能够使风能采集系统产生比其他情况更高的电压响应。

Song 等[7]在研究附加分流板圆柱体的动力学响应时，发现当圆柱体附着的后叶板长度与圆柱体直径的比值为 0.5～1 时，圆柱体表现出典型的驰振行为，采集系统的输出性能得到明显提升。虽然本章提出的音叉形钝体不是圆柱体，但在音叉形结构尺寸为 $l_f/W=0.25$、$l_r/W=0.75$ 时，后叶板长度与钝体宽度的比值（$l_r/W=0.75$）也处于上述范围内，此时，音叉形钝体所受升力最强。因为前述文献中已经有关于后叶板长度的讨论，所以在本章的后续仿真中将主要讨论前叶板长度对音叉形钝体升力的影响。接下来，将后叶板的长度固定为 $l_r/W=0.75$，连续改变前叶板长度，并分析钝体受到的空气升力变化趋势。当前叶板长度分别为 $l_f/W=0$, 0.25, 0.5, 0.75, 1 时，钝体周围的二维压力场和涡量场如图 8-18 所示。图 8-18(a)

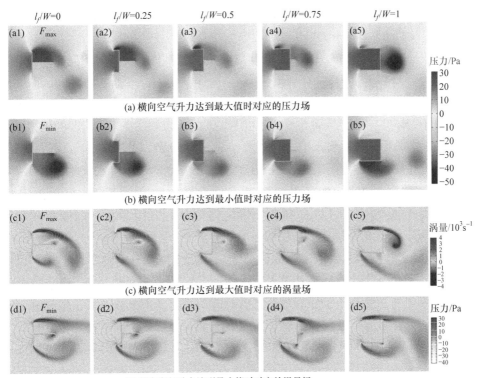

(a) 横向空气升力达到最大值时对应的压力场

(b) 横向空气升力达到最小值时对应的压力场

(c) 横向空气升力达到最大值时对应的涡量场

(d) 横向空气升力达到最小值时对应的涡量场

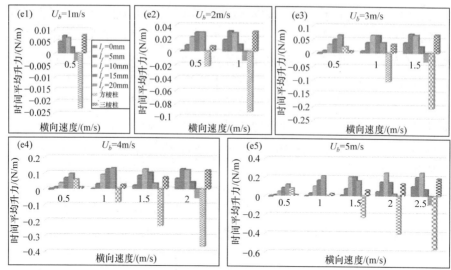

(e) 不同风速时不同结构受到的时间平均升力

图 8-18　不同后叶板长度时音叉形钝体的流场和升力(彩图请扫封底二维码)

和(b)分别展示了钝体受到的空气升力达到最大值($F_{\max}$)和最小值($F_{\min}$)时的空气压力分布。图 8-18(c)和(d)分别展示了钝体受到的空气升力达到最大值($F_{\max}$)和最小值($F_{\min}$)时的涡量分布。

对于前叶板尺寸为l_f/W=0.5, 0.75, 1 的音叉形钝体，在瞬时横向流体力达到最小值$F_{\min}$时升力仍为正值(图 8-18(b1)~(b5))，从而可推动音叉形钝体向上运动。这是由于前叶板的存在导致了分离剪切层远离后叶板下表面，形成的漩涡无法附着于钝体结构上，从而导致后叶板下表面的压力始终高于上表面的压力。因此，在漩涡脱落的一个时期内，尺寸为l_f/W=0.5, 0.75, 1 的音叉形钝体的空气升力始终为正(图 8-18(a3)~(a5)，图 8-18(b3)~(b5))。对于前叶板尺寸为l_f/W=0, 0.25 的钝体，升力和阻力将交替出现(图 8-18(a1)和(a2)，图 8-18(b1)和(b2))。由图可知，前叶板的存在可以提高音叉形钝体的升力，因为在距前叶板前端约10mm(l_f/W=0.5)的范围内会产生明显的压力差(图 8-18(a3)~(a5))。

图 8-18(e1)~(e5)展示了不同钝体受到的横向流体升力的平均值。当风速为 4~5m/s 且钝体横向运动速度低于 1.5m/s 时，前叶板长度为l_f/W=1 的音叉形钝体受到的空气升力为正。但是当横向运动速度高于 1.5m/s 时，空气升力将变为负值，表明前叶板较长的钝体容易受到阻力。与之不同的是，前叶板长度为l_f/W=0, 0.25, 0.5 的音叉形钝体所受的空气升力总是随横向运动速度增大而增大的。

从不同尺寸音叉形钝体的时间平均升力(图 8-17(e)和图 8-18(e))的比较中发现，

l_f/W =0.25、l_r/W =0.75 的音叉钝体能够比其他尺寸钝体获得更大的升力。图 8-19 展示了在不同横向运动速度($\dot{y}$=0.5m/s, 1m/s, 1.5m/s, 2m/s, 2.5m/s)时，该尺寸结构的压力场和涡量场的变化趋势。当音叉形钝体的横向运动速度($\dot{y}$)从 0.5m/s 增加到 2.5m/s(图 8-19(a1)～(a5))时，横向空气升力最大值 F_{max} 始终保持为正值，为钝体提供明显的升力。空气升力最小值的绝对值($|F_{min}|$)随着运动速度的增加而减小，这是由于横向运动速度的提升导致下方的分离剪切层远离结构下表面，抑制了下表面压力的下降趋势。结果表明，时间平均升力($F_{average}$)会随着横向运动速度的增加而增大，进一步推动音叉形钝体向上运动，因此基于这种钝体的风能采集系统能够获得比方棱柱和三棱柱更好的输出性能。

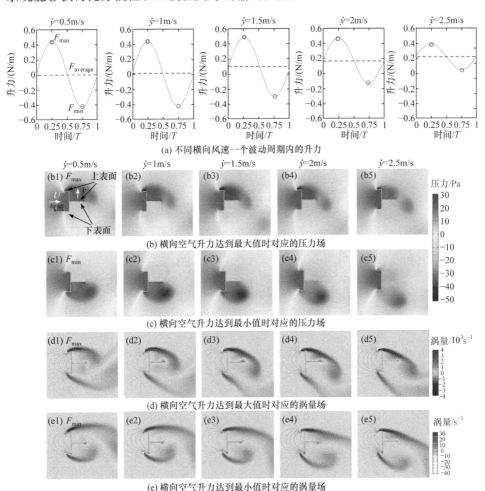

(a) 不同横向风速一个波动周期内的升力

(b) 横向空气升力达到最大值时对应的压力场

(c) 横向空气升力达到最小值时对应的压力场

(d) 横向空气升力达到最大值时对应的涡量场

(e) 横向空气升力达到最小值时对应的涡量场

图 8-19　叶板尺寸为 l_f/W =0.25、l_r/W =0.75 的音叉形钝体的升力变化和流场特征

(风速：5m/s，运动速度：0.5～2.5m/s)

8.3.3　性能实验

基于音叉形钝体的驰振式风能采集系统如图 8-20(a)所示。音叉形钝体固定在水平悬臂梁自由端，压电纤维片(MFC-M2807-P2，Smart Material Corp)粘贴在悬臂梁固支端根部，并与 1MΩ的外部电阻相连。悬臂梁的长度、宽度和厚度分别为 180mm、10mm 和 1mm。在风管中测试了 1～5m/s 风速范围内 ($Re=1.44\times10^3\sim7.21\times10^3$) 的风能采集系统输出性能。输出电压的有效值(均方根值)可表示为

$$V_{\text{RMS}}=\sqrt{\frac{1}{T}\int_0^T V^2(t)\,dt} \tag{8-24}$$

计算得到不同风速条件下采集系统的有效电压，如图 8-20(b)和(c)所示。实验中为保证可比性，所有钝体的高度均设计为 70mm，并且前后叶板的长度与流场

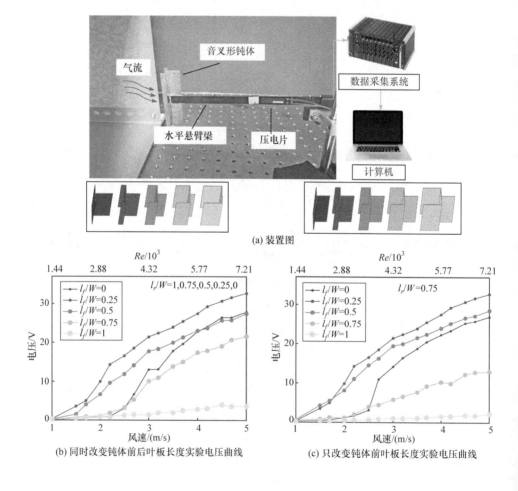

(a) 装置图

(b) 同时改变钝体前后叶板长度实验电压曲线　　(c) 只改变钝体前叶板长度实验电压曲线

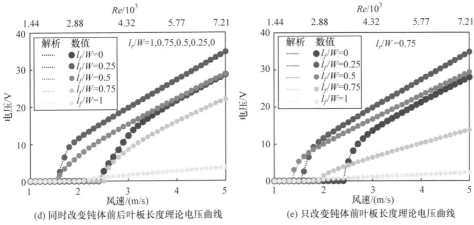

(d) 同时改变钝体前后叶板长度理论电压曲线　　　(e) 只改变钝体前叶板长度理论电压曲线

图 8-20　音叉形钝体风能采集系统装置和输出性能

仿真中的情况保持一致(图 8-17 和图 8-18)，即分为两组：①同时改变钝体前后叶板长度，总长度保持为 20mm：l_f/W =0, 0.25, 0.5, 0.75, 1；l_r/W =1, 0.75, 0.5, 0.25, 0。②只改变钝体前叶板长度，后叶板长度保持不变：l_f/W =0, 0.25, 0.5, 0.75, 1；l_r/W =0.75。

首先将前叶板和后叶板的总长度固定为 20mm(图 8-20(b))，测量了当前叶板尺寸 l_f/W =0, 0.25, 0.5, 0.75, 1 时采集系统的输出电压。在风速不超过 2.5m/s 时，前叶板尺寸为 l_f/W =0 的采集系统的振幅很小，产生的电压低于 5V。当前叶板的长度增加到 l_f/W =0.25 时，输出电压大幅增加，在风速为 2.5m/s 时的输出电压为 16V，是前叶板尺寸 l_f/W =0 时输出电压的 3 倍以上。在 2m/s 低风速条件下 (Re = 2.88×10^3)依然能产生 10V 电压，表现出较高的采集性能，而当风速提高到 5m/s(Re = 7.21×10^3)时，输出电压则达到了 33V。

在前叶板长度增加到 l_f/W =0.5，后叶板长度减少至 l_r/W =0.5，采集系统的输出电压略低于 l_f/W =0.25、l_r/W =0.75 的情况，在 5m/s 风速条件下 (Re = 7.21×10^3)输出电压可以达到 26V，和前叶板尺寸 l_f/W =0 时的电压基本相同，但是在 2.5m/s 风速时的输出电压依然能够达到 12V，是前叶板尺寸 l_f/W =0 时电压的 3 倍左右。随着两个前叶板长度的继续增加，风能采集系统的输出性能进一步降低。当两个前叶板的长度增加至 l_f/W =0.75 时，采集系统输出起振风速推迟到 2.5m/s 左右，而输出电压也会明显下降，在 5m/s 时只有 21V，约为 l_f/W =0.25 时的 64%左右。这是由于前叶板长度超过 10mm 后，上侧前叶板前缘产生的分离剪切层再附到了前叶板上，抑制了尾涡的发展和脱落，降低了钝体侧面的涡量，导致上侧前叶板外表面压力下降不明显，同时后叶板两侧的压力差也显著降低，随之出现了钝体升力减小的情况。随着前叶板长度的继续增加，钝体升力持续降低，采集系统输出电压进一步下降，当钝体尺寸为 $l_f/W=1$、$l_r/W=0$ 时，即只有前叶板而无后叶板的情况，采集系统输出电压在 $0\sim5\text{m/s}$ 风速范围内不超过 5V。

综上所述，尺寸为 $l_f/W=0.25$、$l_r/W=0.75$ 的音叉形钝体使风能采集系统达到最佳的输出性能，并且具有较低的起振风速。以上实验结果表明，在保持前后叶板总长不变的条件下，合理调节前叶板长度与后叶板长度的比值能够改善风能采集系统的输出性能。

保持后叶板长度不变，通过调整前叶板长度测量了 5 种情况($l_f/W=0$, 0.25, 0.5, 0.75, 1，$l_r/W=0.75$)下风能采集系统的输出电压，如图 8-20(c)所示。同样是基于 $l_f/W=0.25$、$l_r/W=0.75$ 音叉形结构的采集系统，具有较低的起振风速，实现了最高的能量输出。当前叶板长度增至 $l_f/W=0.5$ 时，采集系统在 2m/s 风速条件下($Re=2.88\times10^3$)的输出电压为 7V，继续增加前叶板长度至 $l_f/W=0.75$，输出电压降至 2V。由此可见，前叶板长度是影响风能采集系统起振风速和输出电压的重要因素，其超过 10mm($l_f/W=0.5$)会导致系统输出性能降低。

为分析音叉形钝体叶板长度对输出电压稳定性的影响，图 8-21 中给出了风速为 3m/s 时($Re=4.32\times10^3$)，前后叶板长度不同的采集系统电压曲线。图 8-21(a1)~(a5)是前后叶板总长度保持不变的电压曲线，图 8-21(b1)~(b5)是后叶板长度保持不变的电压曲线。由图可知，当前叶板尺寸为 $l_f/W=0.25$ 时，采集系统输出电压最为

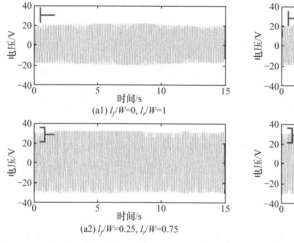

(a1) l_f/W=0, l_r/W=1

(a2) l_f/W=0.25, l_r/W=0.75

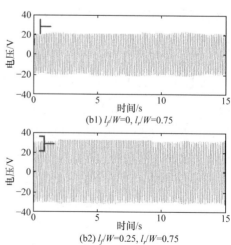

(b1) l_f/W=0, l_r/W=0.75

(b2) l_f/W=0.25, l_r/W=0.75

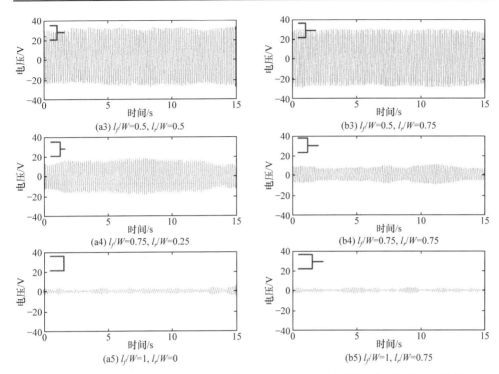

图 8-21　风速为 3m/s 时 ($Re = 4.32 \times 10^3$) 前后叶板长度不同风能采集系统的电压曲线

平稳。当前叶板尺寸增至 $l_f/W = 0.75$ 时，输出电压降低，同时稳定性也较差。继续增加前叶板尺寸会导致输出电压大幅降低，尾流漩涡脱落产生的高频压力波动对其幅值造成的干扰增强，从而造成信号稳定性变差，反之，输出电压越高，尾流压力波动对其幅值造成的干扰越小，其稳定性就越好。

随后，通过实验测定了一些物理参数以获得机电控制方程的近似解析结果。测量计算出系统的等效质量(M)、阻尼系数(C)、线性刚度系数(K_1)、立方刚度系数(K_2)和机电耦合系数(Θ_b)分别为 0.0048kg、0.001(N·s)/m、10.06N/m、-352.1N/m³ 和 0.41×10^{-4}N/V。对于具有不同长度前叶板和后叶板的风能采集系统，按照表 8-3 和表 8-4 选取 a_1、a_3、a_5 和 a_7 的值，然后代入变量 $D_1 \sim D_3$ 和 $E_1 \sim E_4$，通过求解控制方程(8-21)计算出不同风速时的输出电压(图 8-20(d)和(e)的虚线)。为证明基于平均法的解析结果的准确性，利用 MATLAB/Simulink 仿真模块根据基本控制方程对不同风速的输出电压进行了数值仿真(图 8-20(d)和(e)的离散点)，数值结果与解析结果保持了较高的一致性。

表 8-3　与图 8-20(d)中理论曲线对应的 a_1、a_3、a_5 和 a_7 系数取值

参数	$l_f/W = 0,$ $l_r/W = 1$	$l_f/W = 0.25,$ $l_r/W = 0.75$	$l_f/W = 0.5,$ $l_r/W = 0.5$	$l_f/W = 0.75,$ $l_r/W = 0.25$	$l_f/W = 1,$ $l_r/W = 0$
a_1	1.02	1.64	1.6	1	1.2
a_3	17	15	30	17	1000
a_5	600	550	600	200	10
a_7	10000	8000	10000	10000	10

表 8-4　与图 8-20(e)中理论曲线对应的 a_1、a_3、a_5 和 a_7 系数取值

参数	$l_f/W = 0,$ $l_r/W = 0.75$	$l_f/W = 0.25,$ $l_r/W = 0.75$	$l_f/W = 0.5,$ $l_r/W = 0.75$	$l_f/W = 0.75,$ $l_r/W = 0.75$	$l_f/W = 1,$ $l_r/W = 0.75$
a_1	1.03	1.6	1.8	1.3	1.2
a_3	7	15	14	80	3000
a_5	200	550	400	10	10
a_7	7000	8000	13000	10	10

由于图 8-20(b)和(c)中电压最高的曲线都是由尺寸为 $l_f/W = 0.25$、$l_r/W = 0.75$ 的音叉形钝体产生的,所以将其在 1～5m/s 风速范围内 ($Re = 1.44 \times 10^3 \sim 7.21 \times 10^3$) 的输出性能与传统基于方棱柱和三棱柱的采集系统进行了对比(图 8-22),三种钝体的横截面尺寸 (20mm×20mm) 和钝体高度(70mm)均保持一致。由图 8-22 可知,基于音叉形钝体($l_f/W = 0.25$、$l_r/W = 0.75$)的采集系统的输出性能最高,在风速为 3m/s 时有效输出电压达到 21V,而基于三棱柱和方棱柱的采集系统的有效电压仅分别为 15V 和 7V。即使在 1.5m/s 低风速时,基于音叉形钝体的采集系统的输出电压仍可超过 3.5V,起振风速显著低于其他两种传统结构,十分有利于低风速环境中的能量采集。

以音叉形、三棱柱和方棱柱为钝体的风能采集系统的电压曲线如图 8-23 所示。在风速为 2m/s 时($Re = 2.88 \times 10^3$),具有音叉形钝体的采集系统能够输出波动很小的稳定高电压。对于具有相同迎风面积的三棱柱和方棱柱,采集系统的输出电压要低得多且不稳定(图 8-23(b)和(c))。当风速达到 3m/s 时($Re = 4.32 \times 10^3$),基于音叉形钝体的采集系统电压高达 30V,而钝体为三棱柱和方棱柱时,输出电压仅为 20V 和 10V,电压波动也更剧烈。当风速增至 5m/s 时($Re = 7.21 \times 10^3$),这三个结构的输出电压都比较高，波动也比较小。不同风速时的电压曲线表明，在低风速条件下，音叉形钝体的输出电压比其他两个钝体更稳定，更有利于实现稳定的电能输出。

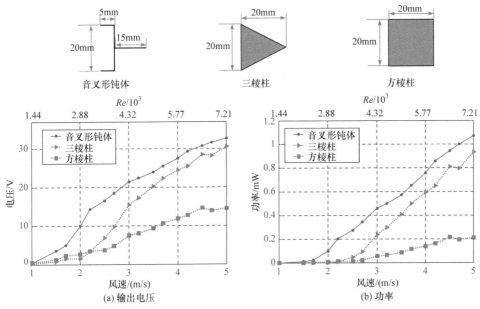

图 8-22　基于音叉形钝体(l_f/W =1/4、l_r/W =3/4)、三棱柱和方棱柱
采集系统的输出电压和功率

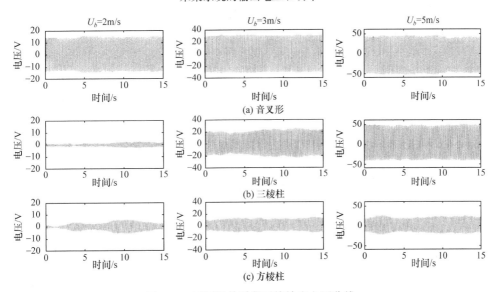

图 8-23　不同钝体采集系统输出电压曲线

为了比较有效电压基本相同时的输出信号稳定性，针对基于音叉形钝体(l_f/W =0.25，l_r/W =0.75)、三棱柱和方棱柱的采集系统，选取的风速分别为 2m/s、2.7m/s 和 3.5m/s 时(图 8-24)，三者的输出电压分别达到 9.9V、9.8V 和 10.7V，可以视为基本相同。从图 8-24 中相应的电压曲线可以发现，在相同时间段内，基于音叉形钝体的采集系统电压波动最小，基于三棱柱和方棱柱的采集系统电压波动更大。这表明在相同输出电压时，基于音叉形钝体的采集系统比基于三棱柱和方棱柱的采集系统具有更高的输出稳定性。

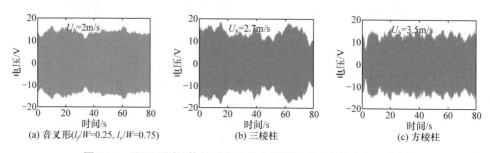

(a) 音叉形(l_f/W=0.25, l_r/W=0.75) (b) 三棱柱 (c) 方棱柱

图 8-24　基于不同钝体的采集系统在不同风速时的输出电压曲线

8.4　基于双尾流干涉效应的风能采集强化技术

人们在分析高压输电线、斜拉桥拉索、海洋立管等多圆柱结构在流体环境中的稳定性时，发现流场中的串列构型形成的尾流效应会加剧柱体的振动。因此，人们尝试在风致振动型压电能量采集系统中引入尾流效应，以提升采集系统的输出功率，拓宽有效风速范围。

流场中的并列双棱柱或双圆柱会产生双尾流现象，两个尾流体的下游会形成两组尾流漩涡，诱导出两个随时间变化的低压区域。基于该双尾流现象，本节提出双尾流诱导强化方法，在传统风能采集系统钝体上游固定并列双板结构，产生双尾流效应，实现采集性能的显著提升[12]。

8.4.1　双平板流场仿真与尾流干涉强化机理分析

利用双尾流效应实现性能强化的风能采集系统结构设计如图 8-25 所示，并列双板对称地放置在采集系统钝体的上游，诱导出双尾流低压区域，使钝体受到横向流体力，产生横向振动。

并列双板周围的二维模拟流场如图 8-26 所示。尺寸相同的双板宽度为 W_p = 20mm，厚度为 T_p =1mm。模拟计算区域的宽度和长度分别为 280mm 和 300mm (图 8-26(d1))，与双板宽度(20mm)的比值分别为 14 和 15。当双板间距为 ΔG = 40mm 时，流体计算区域的网格划分情况如图 8-26(d2)和(d3)所示。仿真中采用了有良好适应性的三角形网格划分方法，测试了三种网格密度(网格数量：58354(粗糙), 134468(中等), 239566(精细))对计算结果的影响。当网格密度从中等改成精细时，两个板上的阻力变化不超过 1%，可以选择中等密度的网格划分方式以节省计算成本。

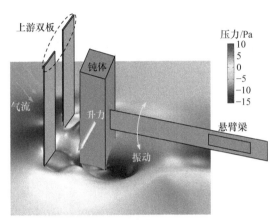

图 8-25　上游固定并列双板的压电风能采集系统示意图

当双板的垂直间距为 $\Delta G = 2L_y$ =20mm, 40mm, 60mm 时，3m/s 风速时的二维时间平均涡量场和压力场分布分别如图 8-26(a)和(b)所示，双板垂直间距 ΔG 的 1/2 为垂直距离 L_y (图 8-26(a1))。在距板的水平距离 L_x/W_p = 1, 1.5 处，沿 y 方向的一维压力分布情况如图 8-26(c)所示。

如图 8-26(a1)和(b1)所示，当双板之间的垂直间距与板的宽度之比为 $\Delta G/W_p$ = 1 时，下游的时间平均压力场出现非对称情况，即偏流效应。文献[13]和[14]表明，偏流效应常出现在并列放置的双圆柱和双方柱周围的流动中。从图 8-26(a1)的时间平均涡量场中可以看出，双板下游尾流的相互作用较强，而间隙流导致了双板后方尾流宽度不一致。当间距比增至 $\Delta G/W_p$ =2~3 时，平板下游两个尾流之间的相互作用变弱，在双平板下游处出现两个低压区域，双尾流的中间区域压力较高。

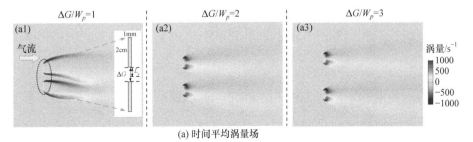

(a) 时间平均涡量场

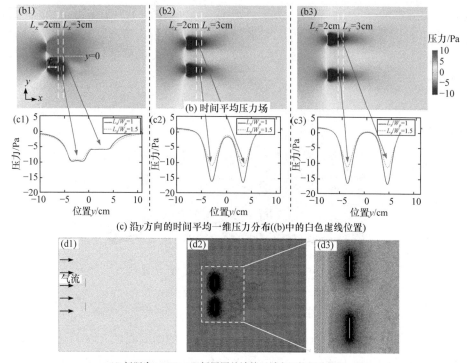

图 8-26　风速为 3m/s 时模拟得到的并列双板的二维流场

在 3 种垂直距离($L_y/W_p = 0.5$，1，1.5)条件下，在水平方向距离双板$L_x/W_p = 1$，1.5 两处，y 方向的一维时间平均压力分布如图 8-27 所示。风速在 $U_b = 1 \sim 5\text{m/s}$ 变化，图 8-27(a)和(d)中随着风速增加，双板下游区域的气压会持续降低。从图 8-27(b)和(c)及(e)和(f)中可知，随着风速增加，双板下游区域的气压也显著下降，而在 $y = 0\text{cm}$ 中心线位置附近，压力变化很小，那么两板下游(如 $y = 2.5\text{cm}$)和对称中

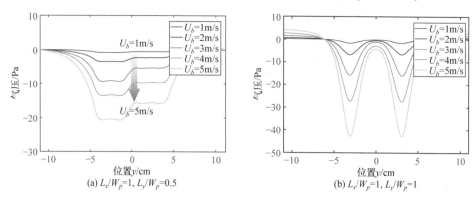

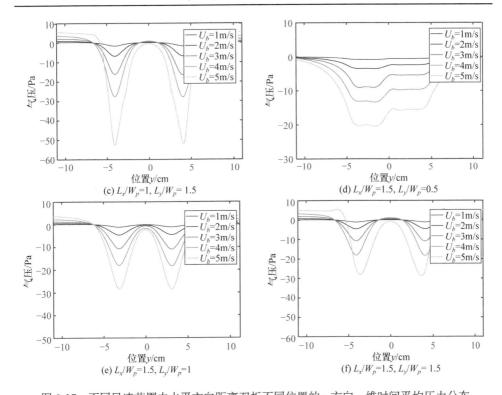

图 8-27　不同风速范围内水平方向距离双板不同位置的 y 方向一维时间平均压力分布

心线 $y = 0\text{cm}$ 之间的压力差会随风速而增大。如果将有弹性基座的钝体放置在下游对称中心线位置，则钝体的两侧可能出现低压区域。

　　双板下游放置钝体时的二维流场分布如图 8-28 所示。传统的基于涡激振动原理的风能采集系统通常使用圆柱作为钝体，而基于驰振原理的风能采集系统通常使用方棱柱作为钝体，因此在模拟中选择了圆柱和方棱柱作为钝体，圆柱直径（D_b）和方棱柱宽度（W）均为 2cm。图 8-28(a)展示了风速为 3m/s 时圆柱和方棱柱周围的二维压力场；图 8-28(b)展示了圆柱和方棱柱周围的二维涡量场；图 8-28(c)和(d)则分别是添加了上游双板后的压力场和涡量场。双板与下游钝体之间的水平距离和垂直距离设置为 $L_x/D_b = 1$、$L_y/D_b = 0.5$。从瞬态压力场(图 8-28(c2))可以看出，添加上游双板导致了圆柱两侧(上下表面)出现明显的低压区域，从而产生较大的压力差。在时间平均压力场中(图 8-28(c1))，偏流效应导致圆柱上下表面出现了压力差，但圆柱周围压力明显低于没有上游双板时的情况。当并列双板放置在方棱柱上游时，其两侧时间平均压力(图 8-28(c3))也会明显下降，瞬态压力(图 8-28(c4))同样会出现周期性改变。

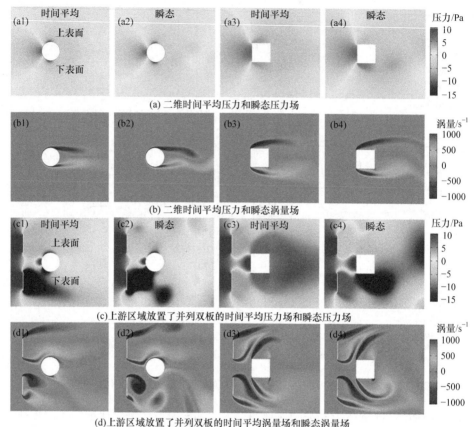

(a) 二维时间平均压力和瞬态压力场

(b) 二维时间平均压力和瞬态涡量场

(c) 上游区域放置了并列双板的时间平均压力场和瞬态压力场

(d) 上游区域放置了并列双板的时间平均涡量场和瞬态涡量场

图 8-28　风速为 3m/s 时圆柱和方棱柱周围的二维流场分布

　　图 8-29(a)为不同风速下，圆柱和方棱柱升力达到一个波动周期内的最大值时，钝体周围的瞬态压力场。可以发现，随着风速从 1m/s 增至 5m/s，圆柱和方棱柱两侧压力差均会增加，导致钝体升力增大。这表明上游双板能够有效增大钝体两侧压力差，强化钝体的流致振动响应。

　　斯特劳哈尔数是评估流场演化特征的一个重要参数，对比添加上游平板前后的斯特劳哈尔数，有助于分析双平板对钝体周围流场特征的影响规律。相应的斯特劳哈尔数(St)可表示为

$$Sr = \frac{f_s D_b}{U_b} \tag{8-25}$$

式中，钝体(圆柱或方棱柱)的漩涡脱落频率 f_s 可以从模拟的二维流场中获得。

　　由图 8-29(b)可知，当上游双板处于 $L_x/D_b = 1$、$L_y/D_b = 0.5$ 位置时，在 1～5m/s

风速时，圆柱的斯特劳哈尔数在 0.28～0.32 变化，与没有上游双板时的斯特劳哈尔数($St = 0.2$) 明显不同。下游方棱柱的斯特劳哈尔数在 0.07～0.08 变化(图 8-29(c))，这与无上游双板时方棱柱的斯特劳哈尔数($St = 0.12$～0.13)也有明显差异。下游圆柱的斯特劳哈尔数是由上游钝体和下游圆柱周围流场的相互作用决定的，结果表明，由于上游双板的存在，钝体的斯特劳哈尔数会产生较大改变，可以作为下游钝体流场特征显著变化的一个重要特征参数。

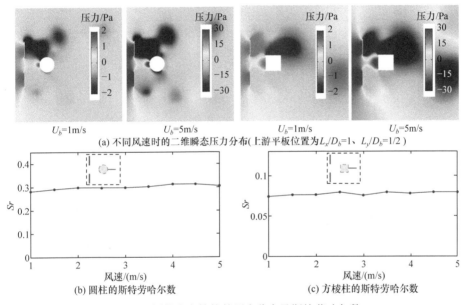

(a) 不同风速时的二维瞬态压力分布(上游平板位置为$L_x/D_b=1$、$L_y/D_b=1/2$)

(b) 圆柱的斯特劳哈尔数　　　　　　　　　(c) 方棱柱的斯特劳哈尔数

图 8-29　圆柱和方棱柱的压力分布及斯特劳哈尔数

8.4.2　双尾流强化风能采集系统性能实验

图 8-30 显示了带有上游并列双板的风能采集系统，用于研究分析并列双板对涡激振动式和驰振式风能采集系统输出性能的强化规律。高度为 85mm、直径为 20mm 的圆柱或有相同特征尺寸的方棱柱固定在压电悬臂梁的末端。圆柱作为涡激振动式风能采集钝体，方棱柱作为驰振式风能采集钝体。悬臂梁长度为 170mm，宽度为 10mm，厚度为 1mm，根部粘贴了一个连接 1MΩ电阻的压电片(MFC-M2807-P2，Smart Material Corp)。

实验分析了平板双尾流效应对基于圆柱的涡激振动式风能采集系统输出性能的强化效果，实验分成三种情况：①无上游平板；②有一个上游平板；③有两个上游平板，如图 8-31 所示。首先测量了圆柱上游没有放置平板时，风能采集系统在 1～5m/s 风速范围内的输出电压；然后在水平距离和垂直距离分别为

$L_{1x}/D_b=1$、$L_{1y}/D_b=0.5$ 位置处固定一块上游平板并测量其输出性能；再将另一上游平板固定在对称位置，其水平和垂直距离满足如下条件：$L_{1x}=L_{2x}=L_x$、$L_{1y}=L_{2y}=L_y$。在上述三种情况下，风能采集系统的输出电压和输出功率分别如图 8-31(a)和(b)所示。

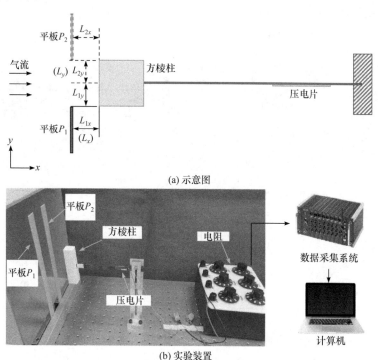

(a) 示意图

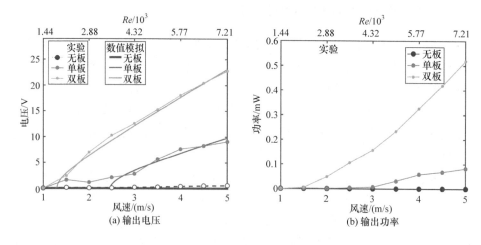

(b) 实验装置

图 8-30　放置了上游并列双板的风能采集系统

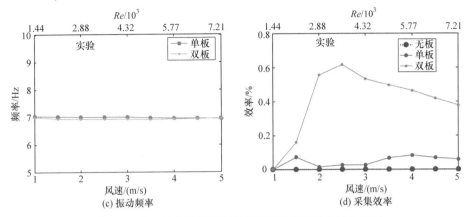

图 8-31 基于圆柱的涡激振动式风能采集系统的输出性能

如图 8-31(a)所示,在无上游平板时,风能采集系统的输出电压和功率在 1～5m/s 风速范围内始终很低,这是由于圆柱的直径仅为 20mm,导致涡激振动的共振风速非常低,难以发生大振幅的涡激振动。在圆柱上游 $L_{1x}/D_b = 1$、$L_{1y}/D_b = 0.5$ 处添加单个平板后,在 5m/s 风速时,输出电压从 1V 增加到了 9V,当并列双板固定在圆柱上游时,输出电压从 9V 进一步提高到 22V,输出功率从 0.08mW 增加到 0.5mW。涡激振动式风能采集系统的输出频率和漩涡脱落频率相同,而在添加上游平板后,采集系统的振动频率在不同风速下基本不变,采集系统在上游平板双尾流效应的影响下,表现出了典型的驰振响应特征。

实验分析了平板双尾流效应对基于方棱柱的驰振式风能采集系统输出性能的强化效果,如图 8-32 所示,实验同样分三种情况。在无上游平板时,基于方棱柱的采集系统在风速为 3m/s 时,输出电压小于 3V;在 $L_{1x}/D_b = 1$、$L_{1y}/D_b = 0.5$ 位置处添加单个平板后,输出电压增加到 10V;当在对称位置添加另一上游平板时,输出电压进一步提高到 15V,且 5m/s 风速时的输出功率可达 0.42mW,起振风速降低至 1.5m/s。由图 8-28 的流场模拟可知,上游双板结构能够提高采集系统输出性能的原因是:上游平板诱导的双尾流在钝体两侧形成的低压区强化了钝体两侧的压力差,提高了钝体的横向升力,使钝体能够在低风速时起振,并且产生更高的输出电压。随着风速增加,由平板引起的双尾流效应更加强烈,方棱柱两侧压差也随之增大,采集系统输出电压也相应提高。

Barrero-Gil 等[8]提出了采用功率转换因子(η)评估能量采集系统的效率,即

$$\eta = \frac{P}{P_{air}} \qquad (8\text{-}26)$$

式中,P 为能量采集系统的输出功率;P_{air} 为气流的可用功率,可表示为

$$P_{\text{air}} = \frac{1}{2}\rho U_b^3 D_b L \tag{8-27}$$

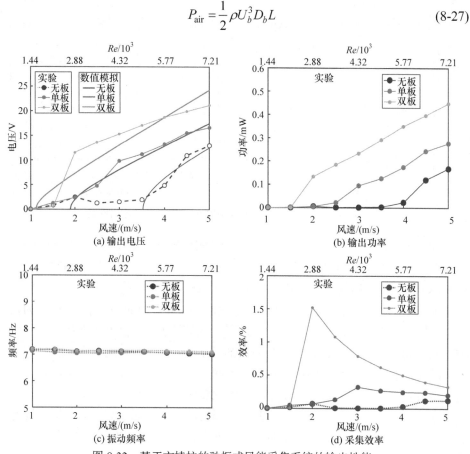

图 8-32　基于方棱柱的驰振式风能采集系统的输出性能

图 8-31(d)和图 8-32(d)显示了三种情况(①无上游平板；②有单个上游平板；③有两个上游平板)下的功率转换因子(或效率)。当上游放置双板结构时，采集系统的效率在 2～3m/s 风速范围内达到最高，当风速继续增加时，效率略有降低，但与无上游平板或只有单个上游平板时的情况相比，上游放置并列双板显著提升了基于圆柱或方棱柱采集系统的转换效率。

涡激振动式和驰振式风能采集系统的动力学模型可表示为

$$m\frac{\text{d}^2 y}{\text{d}t^2} + C\frac{\text{d}y}{\text{d}t} + Ky - \Theta_p V = F_{\text{lift}} \tag{8-28}$$

$$-RC_p\frac{\text{d}V}{\text{d}t} - R\Theta_p\frac{\text{d}y}{\text{d}t} = V \tag{8-29}$$

式中，m=0.0046kg、$C = 0.0012\text{N}\cdot\text{s/m}$ 和 $K = 9.95\text{N/m}^3$ 分别为系统的等效质量、等效阻尼和等效刚度；$R = 1\text{M}\Omega$ 为采集系统连接的外部电阻；C_p=15.1×10⁻⁹F 为压

电片的电容；$\Theta_p = 0.39 \times 10^{-4}$ 为系统的机电耦合系数。

涡激振动式风能采集系统的圆柱钝体所受空气升力可表示为

$$F_{\text{viv}} = \frac{1}{2}\rho_{\text{air}}D_b U_b^2 HC_L \cos[(2\pi St U_b / D_b)t] \tag{8-30}$$

式中，ρ_{air} 为空气密度；D_b 和 H 分别为圆柱的直径和高度；U_b 为风速；St 为斯特劳哈尔数；C_L 为圆柱的升力系数。

驰振式风能采集系统的方棱柱钝体所受空气升力可表示为

$$F_g = \frac{1}{2}\rho_{\text{air}}U_b^2 HW\left\{a_1\frac{\dot{y}(t)}{U_b} - a_3\left[\frac{\dot{y}(t)}{U_b}\right]^3\right\} \tag{8-31}$$

式中，W 为方棱柱的迎风宽度；$a_1 = 0.7$ 和 $a_3 = 50$ 为与方棱柱几何参数相关的经验系数。基于上述动力学方程，利用 MATLAB 中 Simulink 数值仿真模块能够得到 1～5m/s 风速范围内驰振式能量采集系统的模拟电压曲线(图 8-32(a))。

图 8-31(c)和图 8-32(c)中展示了单板或并列双板固定在钝体上游时，基于圆柱或方棱柱的风能采集系统在不同风速时的振动频率。采集系统的振动频率基本不变，与驰振行为的频率响应特性一致，结合不同风速时的电压响应特征，可以用驰振模式中的空气升力模型表示双板强化作用下钝体受到的空气升力 F'_{lift}：

$$F'_{\text{lift}} = \frac{1}{2}\rho_{\text{air}}U_b^2 HW\left\{b_1\frac{\dot{y}(t)}{U_b} - b_3\left[\frac{\dot{y}(t)}{U_b}\right]^3\right\} \tag{8-32}$$

式中，b_1 和 b_3 为与钝体及上游平板的几何结构有关的经验系数。当上游平板的水平和垂直距离为 $L_x/D_b = 1$、$L_y/D_b = 0.5$ 时，基于控制方程(8-28)、式(8-29)和式(8-32)，利用 MATLAB/Simulink 模块对有上游平板的圆柱型风能采集系统动力学响应进行了数值仿真(图 8-31(a))，经验系数分别取为 $b_1 = 1$、$b_3 = 200$(上游放置单板)和 $b_1 = 1.9$、$b_3 = 100$(上游放置双板)。图 8-32(a)展示了有上游平板的方棱柱型风能采集系统的模拟电压曲线，经验系数分别取 $b_1 = 1.3$、$b_3 = 100$(上游放置单板)和 $b_1 = 2.2$、$b_3 = 110$(上游放置双板)。结果表明，当单板或双板固定在圆柱以及方棱柱的上游时，数值仿真电压曲线与实验测得的电压曲线基本一致。

二维流场模拟和实验结果表明，并列上游平板能够增强基于涡激振动和驰振原理的风能采集系统输出性能。图 8-33 揭示了平板的水平距离和垂直距离对涡激振动式风能采集系统输出性能的影响规律。水平和垂直距离分别取 $L_x = 0$cm，1cm，2cm，3cm($L_x/D_b = 0$, 0.5, 1, 1.5)和 $L_y = 0$cm，1cm，2cm，3cm，4cm($L_y/D_b = 0$, 0.5, 1, 1.5, 2)，得到了有上游单板和上游双板时圆柱型风能采集系统的输出电压变化规律(图 8-33)：

(1) 图 8-33(a)和(b)展示了当上游平板水平距离为 L_x/D_b=0 时，基于圆柱的采集系统输出电压曲线。当平板垂直距离为 L_y/D_b=0，1，1.5 时，无论上游放置单板还是双板，采集系统输出电压始终不超过 2V，圆柱几乎不发生振动。只有当垂直距离为 L_y/D_b=0.5 时，采集系统才能输出较高的电压。当风速在 1～4m/s 范围内时，有上游双板的采集系统输出电压高于只有单板的情况；当风速为 4m/s 时，有上游双板情况的输出电压达到了 13V，是单板情况的 1.2 倍；但是，当风速大于 4m/s 时，基于双板的采集系统输出电压表现出下降趋势。

(2) 当平板水平距离增至 L_x/D_b=1/2(图 8-33(c)和(d))、垂直距离为 L_y/D_b=0 时，采集系统输出电压小于 2V，一旦垂直距离增加到 L_y/D_b=0.5，有上游双板的采集系统的输出电压能够在风速为 3m/s 时达到 16V，是上游单板情况的 1.3 倍；然而，当风速超过 3.5m/s，具有双板的采集系统的输出电压反而下降。

(3) 当平板水平距离进一步增加至 L_x/D_b=1(图 8-33(e)和(f))，上游双板位于 L_y/D_b=0.5 处的采集系统的输出电压在 5m/s 风速时达到 22V(图 8-33(f))，是只有单板时输出电压(9V)的 2.4 倍(图 8-33(e))，而且起振风速低于 1.5m/s；当垂直距离为 L_y/D_b=1 时，上游固定双板的采集系统的输出电压仅比单板情况的电压略高。

(4) 当平板水平距离增至 L_x/D_b=1.5、垂直距离为 L_y/D_b=0.5 时，上游放置双板的采集系统输出电压在 5m/s 时达到 16V，而单板情况下输出电压不超过 4V；当垂直距离为 L_y/D_b=1 时，双板情况下的输出电压在 1～5m/s 风速范围内也略高于单板情况。

总体上，在平板水平距离为 L_x/D_b=0～1.5 的情况下，上游放置双板产生的双尾流在圆柱钝体两侧形成了显著的低压效应，有效提升了钝体横向升力，导致采集系统的输出电压明显高于放置单板时的输出电压，起振风速也明显减小。其中，双板水平距离为 L_x/D_b=1、垂直距离为 L_y/D_b=0.5 时，尾流强化效应最明显，采集系统输出电压最高，起振风速低至 1m/s。

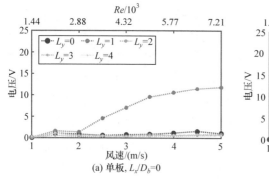

(a) 单板, L_x/D_b=0

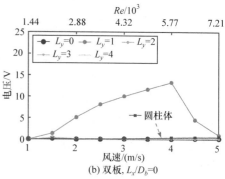

(b) 双板, L_x/D_b=0

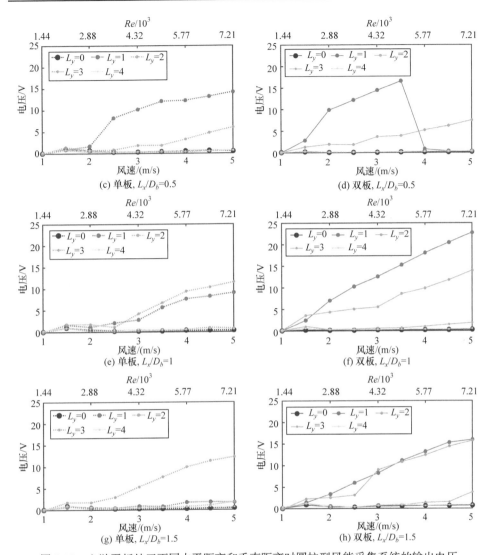

图 8-33　上游平板处于不同水平距离和垂直距离时圆柱型风能采集系统的输出电压

图 8-34 显示了上游单板和并列双板对基于方棱柱的驰振式能量采集系统输出性能的影响规律。

(1) 在上游平板水平距离为 $L_x/D_b=0$ 的情况下，有上游单板和上游双板的采集系统的输出电压分别如图 8-34(a)和(b)所示。在 5m/s 风速条件下，当上游单板的垂直距离从 $L_y/D_b=0$ 增至 $L_y/D_b=0.5$ 时，采集系统的输出电压从 7V 增加到 20V，但当垂直距离进一步增加至 $L_y/D_b=1$ 时，输出电压明显下降到 5V。而此时在对称位置固定另一平板之后，输出电压则提升了 3 倍，增至 21V。这是由于双板下游的两列尾流漩涡共同作用在方棱柱上，有效地增强了钝体受到的空气升力。

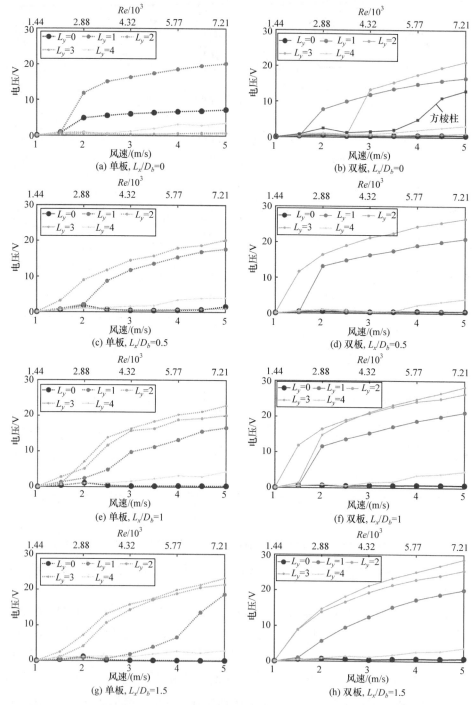

图 8-34　上游平板处于不同水平距离和垂直距离时方棱柱风能采集系统的输出电压

(2) 当上游平板水平距离增加至 L_x/D_b=0.5(图 8-34(c)和(d))，在 5m/s 风速时，单平板垂直距离为 L_y/D_b=0 的采集系统输出电压低于 3V，当垂直距离增加至 L_y/D_b=1 时，输出电压则达到了 21V。在将第二个平板固定在上游对称位置后，系统输出电压提升至 26V。即使在 1.5m/s 低风速条件下，上游放置双板的采集系统的输出电压依然可达到 12V，是单板时输出电压的 4 倍。

(3) 当平板水平距离增加到 L_x/D_b=1 时(图 8-34(e)和(f))，在 3～5m/s 风速范围内，无论放置单板还是双板，平板垂直距离为 L_y/D_b=0.5～1.5 的采集系统均能够获得大于 10V 的输出电压，其中，双板情况下的电压始终比单板情况下的电压更高。此外，尽管对于 L_x/D_b=0.5、L_y/D_b=1.5 的情况，采集系统输出电压始终接近 0V，但将水平距离增至 L_x/D_b=1 后，输出电压在 3～5m/s 风速范围内能够达到 20 V 以上。

(4) 当平板水平距离为 L_x/D_b=1.5(图 8-34(g)和(h))，垂直距离为 L_y/D_b=0.5 时，在 5m/s 风速条件下，单板和双板情况的系统输出电压仅相差 1V，但双板能够使采集系统在 2m/s 低风速时产生 5V 的输出电压。而上游放置单板的采集系统在风速增加到 3.5m/s 时才能达到相同的输出电压。

结果表明，与单板情况相比，上游双板导致的双侧低压效应在低风速时能大幅提升方棱柱风能采集系统的输出性能。其中，当平板水平距离和垂直距离均为 3cm(L_x/D_b = L_y/D_b = 1.5)时，采集系统输出电压在 5m/s 风速时达到了 28V，是无平板时输出电压的 2 倍。

图 8-35 直观地显示了 5m/s 恒定风速条件下，上游平板位置对四种采集系统输出功率的影响。平板的水平和垂直距离分别在 L_x/D_b=0～1.5 和 L_y/D_b=0～2 变化。无论钝体是圆柱还是方棱柱，与上游放置单板的情况(图 8-35(a)和(c))相比，上游双板(图 8-35(b)和(d))均使风能采集系统实现了更高的输出功率。

图 8-35(a)和(b)为上游放置平板的圆柱钝体风能采集系统输出功率，当上游双板水平距离为 L_x/D_b=1、垂直距离为 L_y/D_b=1/2 时，该采集系统的输出性能最佳，当垂直距离超过 L_y/D_b=1、输出功率出现明显下降。随着平板垂直距离的增加，上游双板对圆柱升力的影响明显降低。这是由于当垂直距离较大时，上游双板尾流诱导的低压区域对圆柱的影响减弱，所受升力减小，所以振幅降低。

图 8-35(c)和(d)为上游放置平板的方棱柱钝体风能采集系统输出功率，随着上游双板的垂直距离从 L_y/D_b=1/2 增加到 L_y/D_b=1.5，输出功率不断增大。当平板的垂直距离为 L_y/D_b=1.5、水平距离为 L_x/D_b=1～1.5 时，采集系统的输出功率较高。但是，当垂直距离超过 L_y/D_b=1.5 时，平板距离方棱柱较远，尾流引起的低压效应减弱，难以对其升力产生影响，故方棱柱无法产生大幅振动，输出功率不超过

0.02mW。

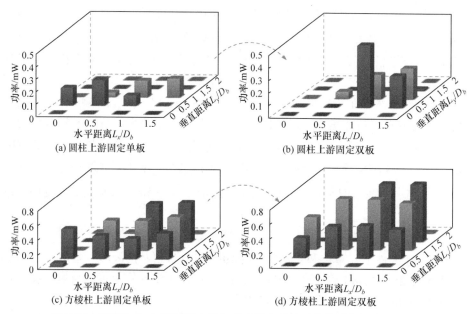

图 8-35 风速为 5m/s 时不同水平和垂直距离条件下风能采集系统输出功率

图 8-36 为涡激振动和驰振式风能采集系统分别与 40 个 LED 灯连接的显示效果，直观地表明了上游双板结构带来的性能提升效果。图 8-36(a1)是无上游平板的涡激振动式风能采集系统连接的 LED 灯显示情况，风速为 0m/s，因此系统输出功率为 0mW(部分 LED 灯出现的亮点是由 LED 灯表面反射造成的)。图 8-36 (a2)中，风速从 0m/s 增加到 5m/s，涡激振动式能量采集系统的输出功率小于 0.1mW，因此 LED 灯未被点亮。图 8-36(a3)为 5m/s 风速时在采集系统上游 $L_x/D_b =$ 1、L_y/D_b =0.5 处放置并列双板后的 LED 灯显示情况，此时输出功率达到 0.5mW，大部分 LED 灯被成功点亮。

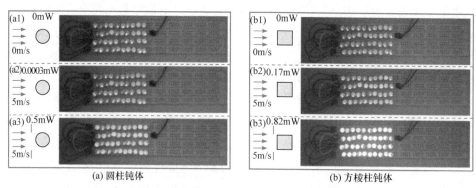

图 8-36 风能采集系统驱动 40 个 LED 灯的照片

图 8-36(b1)是无上游平板的驰振式风能采集系统的 LED 灯显示情况，因风速为 0m/s，故输出功率为 0mW。在风速增加到 5m/s 后，有少量 LED 灯被点亮，如图 8-36(b2)所示，采集系统的输出功率较低，造成 LED 灯亮度不足。当在风能采集系统上游 L_x/D_b=1.5、L_y/D_b=1.5 处放置双板后(图 8-36(b3))，输出功率提升到 0.82mW，40 个 LED 灯均被点亮，且亮度比无上游平板时有显著提升。

8.5　基于多干涉体局域压力调制的风能采集强化技术

本节根据平板绕流的上下游流场分布特征，在 8.4 节提出的双平板尾流干涉强化方法的基础上，进一步提出了基于三平板多干涉体结构的流场局域压力调制方法。通过在采集系统钝体上游放置并列双板、下游放置单板的方式，耦合双板尾流低压效应与单板迎风面高压效应，实现空间流场的局域压力调控，提升钝体的空气升力，强化基于圆柱钝体的风能采集系统的输出性能。

8.5.1　多干涉体结构设计与流场局域压力调制机理分析

实现流场局域压力调制的多干涉体耦合强化结构如图 8-37(a)和(b)所示，包含了上游并列双板和下游单板，上游并列双板产生的尾流能够在钝体两侧产生低压区，以诱导其发生横向移动，而下游单板在钝体后方形成一个高压区，推动钝体远离平衡位置。

图 8-37(c)和(d)显示了多干涉体结构对垂直式风能采集系统输出性能的提升效果。固定在压电悬臂梁末端的圆柱体直径和高度分别为 20mm 和 90mm，粘贴在悬臂梁根部的压电片(MFC-M2807-P2，Smart Material Corp)连接了 1MΩ 的电阻。实验分为四种情况：①圆柱周围无平板；②下游放置单板；③上游放置并列双板；④放置三板多干涉体。所有板的宽度均为 2cm，与采集系统圆柱体的直径相同。从下游平板和上游平板到圆柱的无量纲水平距离分别为 l_{1x}/D_b 和 l_{2x}/D_b (D_b 是圆柱体宽度)，两个上游平板对称地放置在圆柱体的前面，垂直偏移距离 l_{1y} 为双板垂直间距的 1/2。

实验表明，当三板多干涉体放置在 l_{1x}/D_b=0.5、l_{1y}/D_b=1.5、l_{2x}/D_b=0.5 位置时，基于圆柱体的能量采集系统能够在风速低至 2m/s 时产生 11V 的输出电压；当风速增至 5m/s 时，输出电压达到 37V，输出功率可以达到约 1.4mW(图 8-37(e)和(f))。相比之下，当仅在采集系统正下游放置单板时，输出电压在 2m/s 风速时不超过 2V，在 5m/s 风速时输出功率不超过 1mW。而当仅在采集系统上游放置并列双板时，输出电压在 1~5m/s 风速范围内始终不超过 5V。当钝体周围无板时，采集系统输出电压始终不超过 3V。由此可见，三板多干涉体结构能够大幅提升基于圆柱钝体的风能采集系统输出性能,并且明显优于只有上游双板或下游单板的情况。根据第 2 章垂直式驰振风能采集系统理论模型,能够得到多干涉体强化的采集系统理论电压曲线,如图 8-37(e)中虚线所示,理论结果与实验结果基本一致。

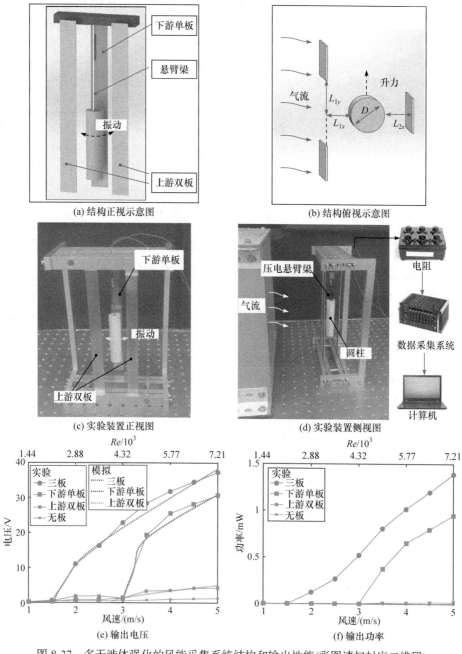

图 8-37 多干涉体强化的风能采集系统结构和输出性能(彩图请扫封底二维码)

　　图 8-38 中的二维流场模拟结果阐明了平板结构的流场局域压力调控机制,揭示了三板多干涉体对风能采集系统性能的强化机理。风速设定为 3m/s,平板的宽度和厚度分别为 W_p =2cm 和 T_p =1mm。模拟区域采用了具有良好适应性的三角形网格,该区域的宽度为 220mm,长度为 300mm(图 8-38(e))。仿真中测试了三种网格密度,网格总数分别为 614516(粗糙)、100318(中等)、147362(精细),当网格密度从中等调整为精细时,平板阻力的相对变化小于 1%,中等网格密度已经能够满足仿真要求。因此,后续的仿真过程中选择中等网格尺寸设置。

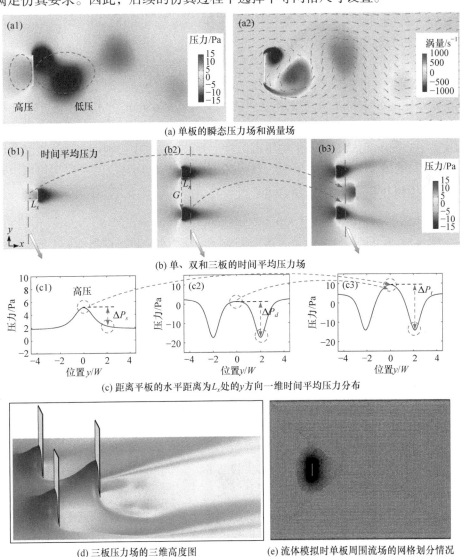

(a) 单板的瞬态压力场和涡量场

(b) 单、双和三板的时间平均压力场

(c) 距离平板的水平距离为 L_x 处的 y 方向一维时间平均压力分布

(d) 三板压力场的三维高度图　　　　　(e) 流体模拟时单板周围流场的网格划分情况

图 8-38　风速为 3m/s 时平板的二维流场模拟结果

从单板的瞬态压力场(图 8-38(a1))和涡量场(图 8-38(a2))可以看出，当空气流过平板时，其下游区域会形成一系列尾流漩涡，导致局部压力显著下降。相反，上游压力则由于板对气流的阻塞而明显升高。图 8-38(b1)中展示了单板周围的二维时间平均压力场，图 8-38(c1)为平板上游 $L_x/D_b = 1$ 处(图 8-38(b1)中的长虚线)y 方向的一维压力分布曲线。可见，平板正前方的时间平均压力较高，因此正前方与两侧位置之间会形成压力差(ΔP_s)，而平板正后方的时间平均压力则低于两侧的时间平均压力。并列双板的时间平均压力场如图 8-38(b2)所示，双板的垂直间距为 $G/D_b = 3$，正下游处产生了两个明显的低压区域(图 8-38(b2)和(c2))，在 y 方向上形成了两个对称的压力差(ΔP_d)。

本节提出的三板多干涉体结合了平板的高压特性和低压特性，图 8-38(b3)为 3m/s 风速条件下的三板多干涉体周围的时间平均压力场，上游双板和下游单板之间的水平距离为 40mm，上游双板之间的垂直间距为 60mm。平板上游 $L_x/D_b = 1$ 处的 y 方向一维压力分布曲线如图 8-38(c3)所示，与无下游平板的情况(图 8-38(c2))相比，中心轴($y=0$)处的时间平均压力明显上升，这导致中心轴处与两侧之间的压力差(ΔP_t)增加。三种结构(单板、双板和三板多干涉体)对应的时间平均压力差 ΔP_s、ΔP_d 和 ΔP_t 满足如下关系：

$$\Delta P_t > \Delta P_s, \quad \Delta P_t > \Delta P_d \tag{8-33}$$

图 8-38(d)更直观地展示了三板周围流场的压力差，流场模拟结果表明，三板多干涉体可以引起较大的压差。当钝体放置在三板多干涉体的中心对称轴($y = 0$)上时，与下游单板或上游双板结构的情况相比，钝体周围流场的压力分布将会发生较大变化，能够获得更强的横向升力。因此，本节对圆柱体周围的流场进行模拟，分为四种情况：①周围无平板(图 8-39(b1))；②下游固定单板(图 8-39(b2))；③上游固定并列双板(图 8-39(b3))；④上下游固定三板多干涉体(图 8-39(b4))。与周围无平板的情况相比，下游固定单板导致了钝体后方压力增加(图 8-39(b2))，上游固定双板降低了钝体的两侧压力(图 8-39(b3))，三板多干涉体通过将上游双板尾流低压效应与下游单板迎风面高压效应进行耦合(图 8-39(b4))，实现了流场局域压力的有效调制，强化了钝体所受的空气升力。

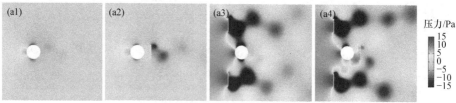

压力/Pa
15
10
5
-5
-10
-15

(a) 瞬态压力场

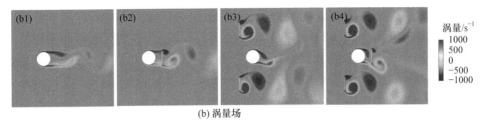

(b) 涡量场

图 8-39　风速 3m/s 时圆柱的二维仿真图

8.5.2　局域压力调制强化的风能采集系统性能实验

图 8-40 显示了实验中多干涉体平板位置对风能采集系统输出性能的影响规律。图 8-40(a)～(e)中橙色虚线为只有下游单板时风能采集系统的输出电压。当下游单板到圆柱的无量纲水平距离为 l_{2x}/D_b =0.05 时，在 3.5m/s 风速条件下，采集系统的输出电压达到 8.5V(图 8-40(a))。当水平距离 l_{2x}/D_b 从 0.05 增至 0.5 时，输出电压提高到 19V(图 8-40(b))，当水平距离超过 0.5 时(图 8-40(c)～(e))，输出电压反而迅速下降，这是由于下游单板迎风面的高压效应对钝体升力的影响在无量纲水平距离为 0.5 时达到最强，能够让钝体升力得到大幅提升，当继续增加水平距离时，高压效应对钝体升力的影响迅速减小，无法推动钝体实现大幅振动。

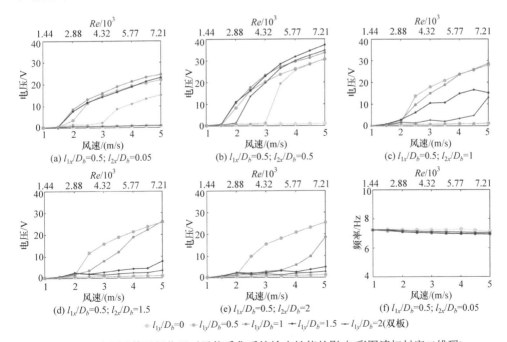

图 8-40　多干涉体平板位置对风能采集系统输出性能的影响(彩图请扫封底二维码)

　　然后，在采集系统上游添加并列双板，形成三板多干涉体强化结构，并测量了系统的输出电压(图8-40(a)~(e)中实线)。上游双板到圆柱的无量纲水平距离固定为 $l_{1x}/D_b = 0.5$，无量纲垂直距离 l_{1y}/D_b 由0逐渐增至2。可以看出，添加上游双板能降低起振风速并且显著提升输出电压。例如，当图8-40(b)中只有下游单板时，采集系统的起振风速为3m/s，在 $l_{1x}/D_b = 0.5$、$l_{1y}/D_b = 1.5$ 处添加上游双板，起振风速能够降至1.5m/s，输出电压从30V提升至37V，表明了上游双板能够与下游单板形成耦合强化作用，从而进一步提升采集系统钝体升力，强化系统输出性能。

　　图8-40(a)中，下游单板水平距离 l_{2x}/D_b 为0.05，当上游双板垂直距离 l_{1y}/D_b 为0.5~1.5时，采集系统在5m/s风速下输出电压可达到20~25V；图8-40(b)中，下游单板水平距离 l_{2x}/D_b 增至0.5，当上游双板的垂直距离 l_{1y}/D_b 为0.5~2时，采集系统输出电压在5m/s风速下均能超过30V；图8-40(c)~(e)中，下游单板水平距离 l_{2x}/D_b 超过0.5，当垂直距离在0~2变化时，系统输出电压均始终低于30V。结果表明，当下游单板水平距离为0.5时，三板多干涉体结构对采集系统性能的耦合强化效果最显著。

　　图8-40(f)为 $l_{1x}/D_b = 0.5$、$l_{2x}/D_b = 0.05$ 条件下，上游双板处于不同垂直距离时，采集系统的振动频率和风速的关系曲线。在任意垂直距离条件下，不同风速时的振动频率基本不变，表明这种动力学响应属于尾流驰振模式。

　　当三板多干涉体结构中的单板水平距离 l_{2x}/D_b 为0.5时，系统起振风速较低且输出电压较高。因此，在分析上游双板水平距离对输出性能的影响时，将下游单板水平距离 l_{2x}/D_b 固定在0.5，如图8-41所示。

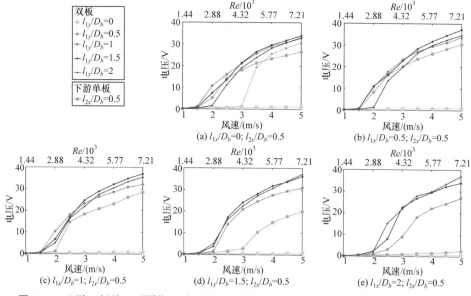

图8-41　上游双板处于不同位置时具有三板多干涉体的风能采集系统的输出电压和频率

　　改变上游双板的水平和垂直距离，得到不同风速时采集系统的输出电压。在图 8-41(a)中，上游双板无量纲水平距离 l_{1x}/D_b 为 0，当上游双板垂直距离 l_{1y}/D_b 为 0.5～2 时，采集系统在 2.5m/s 风速下的输出电压超过 10V，在 5m/s 风速下的输出电压达到 20V。当上游双板的水平距离 l_{2x}/D_b、l_{1x}/D_b 从 0 增至 0.5 时(图 8-41(b))，系统输出电压进一步增加，这是由于双板与圆柱钝体之间的距离增加，尾流能够充分发展形成低压效应，钝体升力得到进一步增强。将上游双板水平距离 l_{1x}/D_b 从 1 逐渐增至 2 的过程中(图 8-41(c)～(e))，双尾流低压效应对钝体升力的强化效果逐渐减弱，上游双板垂直距离 l_{1y}/D_b 为 0.5 和 1 的采集系统输出电压出现了明显的下降趋势。

　　图 8-42 显示了 2m/s 风速时采集系统输出电压随上游双板偏移距离(水平距离和垂直距离)的变化趋势，下游单板水平距离 l_{2x}/D_b 为 0.5，风速为 2m/s。上游双板垂直距离 l_{1y}/D_b 为 0.5～1.5 时，通过改变双板水平距离对采集系统输出电压的影响进行分析，可以发现，当上游双板水平距离 l_{1x}/D_b 为 0 时，采集系统输出电压能够达到 5V 以上。将上游双板水平距离增至 0.5，系统输出电压能够提升至 8V。但当上游双板水平距离进一步增至 1 时，系统输出电压会明显下降。这表明，当上游双板的水平距离 l_{1x}/D_b 为 0.5 时，双尾流低压效应最明显，系统起振风速较小，有利于低风速环境中的能量采集。相比之下，垂直距离 l_{1y}/D_b 为 0 和 2 的采集系统输出电压一直较低。当垂直距离为 0 时，双板之间没有间隙，缺少空气流动，故无法产生双尾流低压效应诱导圆柱钝体振动，而当垂直距离为 2 时，双板与钝体距离较远，低风速时无法在钝体两侧产生尾流低压效应。

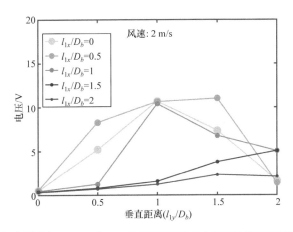

图 8-42　下游单板水平距离 l_{2x}/D_b 为 0.5 时采集系统输出电压随上游双板偏移距离的变化趋势

在 5m/s 风速时，当下游单板水平距离 l_{2x}/D_b 固定为 0.5 时，采集系统的输出功率随上游双板水平和垂直距离的变化规律如图 8-43(a)所示。当上游双板的垂直距离为零时，即上游双板彼此相接，在 l_{1x}/D_b =0.05～2 范围内改变双板水平距离，并不会产生低压效应，圆柱无法受到较强的横向空气升力，故输出功率始终不超过 0.01mW。将上游双板垂直距离 l_{1y}/D_b 设定为 0.5、1、1.5 中的任意值，在水平位置 l_{1x}/D_b 为 0.5 时，尾流均能得到充分发展，低压效应较为明显，故采集系统的输出功率较高。当垂直距离 l_{1y}/D_b 增至 2 时，输出功率在水平距离为 1.5 时较高。由图 8-43 可知，当上游双板水平距离为 0.5，垂直距离为 1.5 时，输出功率达到上述参数化实验中的最大值 1.39mW。然后将上游双板固定在 $l_{1x}/D_b = 0.5$、$l_{1y}/D_b =$

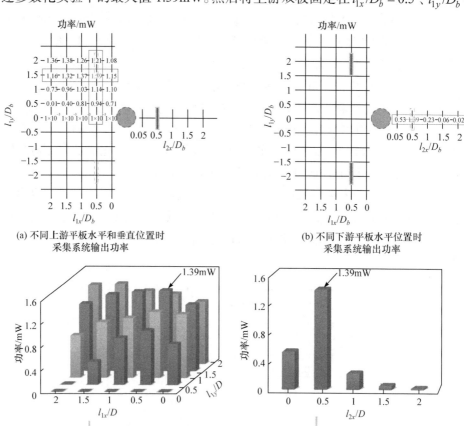

(a) 不同上游平板水平和垂直位置时　　　　　　　(b) 不同下游平板水平位置时
　　采集系统输出功率　　　　　　　　　　　　　　采集系统输出功率

(c) 不同上游平板水平和垂直位置时采集　　　　(d) 不同下游双板水平位置时采集
　　系统输出功率三维直方图　　　　　　　　　　系统输出功率三维直方图

图 8-43　改变三板的水平和垂直位置时风能采集系统的输出功率

1.5 处，分析了系统输出功率随下游单板水平距离的变化趋势，如图 8-43(b)所示，当水平距离为 $l_{2x}/D_b = 0.5$ 时，输出功率达到最大值，与输出电压的变化趋势一致。

8.6　本章小结

本章基于大攻角平板绕流的剪切层分离现象，设计了 Y 形钝体结构风能采集系统。在一定速度来流中，两个对称前叶板容易诱导钝体两侧产生分离剪切层，形成较强涡量场，从而在钝体两侧产生显著压力差，引起较大的横向空气升力。当前叶板半角为 30°时，前叶板相对于来流的攻角较小，并且与后叶板之间的横向距离较短，使得两侧剪切层涡量被抑制且不易形成尾涡脱落，导致钝体两侧的压力差不明显，所受空气升力较小。而当前叶板半角为 60°～80°时，剪切层能够得到充分发展，形成较强的涡量场，并且尾涡脱落发生在后叶板后缘附近，促使后叶板两侧形成较大的压力差，产生较大的空气升力。当后叶板与前叶板的长度比值 l_3/l_1 小于 4/3 时，增加后叶板长度可以扩大升力的有效作用面积，使钝体获得更强的空气升力，从而降低起振风速且提高输出电压。而当叶板长度比值 l_3/l_1 超过 5/3 时，增加长度则会导致钝体两侧的分离剪切层再附于后叶板上游位置，反而削弱钝体的横向空气升力。当叶板长度比值 l_3/l_1 在 4/3～5/3 时，采集系统的输出性能最佳。

基于前叶板分离剪切层形成机理，进一步设计了具有双低压区特征的音叉形钝体作为驰振式风能采集系统的钝体，有效提升了传统风能采集系统的输出性能，在低风速时产生了更高的输出功率。当输出相同电压时，基于音叉形钝体的风能采集系统输出信号的稳定性要优于三棱柱和方棱柱。气流在前叶板前缘处产生分离剪切层，因而在前叶板外侧形成一个低压区，同时，尾流在后叶板的同侧形成了第二低压区，双低压区使音叉形钝体受到显著的横向空气升力。当前叶板与钝体结构迎风宽度之比小于 0.5 时，前叶板外侧低压区域会随着前叶板长度的增加而增大，钝体所受空气升力随之升高；当前叶板与钝体结构迎风宽度之比大于 0.5 时，前缘诱导出的分离剪切层会再附于前叶板上游位置，导致前叶板表面压力升高，削弱钝体受到的横向空气升力。当前叶板长度与钝体迎风宽度之比小于 0.5 时，分离剪切层能够附着到后叶板表面，形成低压区，产生较强的空气升力；当前叶板长度与钝体迎风宽度之比大于 0.5 时，分离剪切层再附于前叶板外表面，出现了涡量损失，导致后叶板侧面的涡量降低，削弱了表面压力的下降趋势，钝体所受空气升力随之减小。

然后介绍了双尾流诱导强化方法。流场仿真表明，气流经过双板形成双尾流效应，引起平板下游的局部区域压力下降，表现出双低压效应。当圆柱及方棱柱钝体置于双板下游中心线处时，两侧表面压力由于受到尾流影响而显著下降，产生较强的横向空气升力。与上游单板的情况进行对比，并列双板的尾流效应能够更显著地提升涡激振动式和驰振式两种风能采集系统的输出功率，并降低系统起振风速。双尾流强化风能采集效果明显优于串列式尾流驰振式风能采集。上游板和下游钝体的较短间距使采集系统具有较小的体积，提高了体积功率密度，有利于推动系统向小型化发展。

本章还提出了空间流场局域压力调控机制，基于平板的尾流低压特征以及迎风面高压特征，设计了三板多干涉体耦合强化结构。流场仿真表明，多干涉体结构既能够在钝体上游形成双尾流效应，增加钝体两侧的压力差，也能在钝体后方形成高压区域，推动钝体远离平衡位置，两种效应的耦合实现了钝体周围流场的局域压力调制，有效提升了钝体所受横向空气升力。与仅具有上游并列双板或下游单板的情况相比，多干涉体耦合结构进一步增强了圆柱钝体风能采集系统动力学响应，促使其表现出大振幅的驰振行为。

参 考 文 献

[1] Bae J, Lee J, Kim S M, et al. Flutter-driven triboelectrification for harvesting wind energy[J]. Nature Communications, 2014, 5(1): 1-9.

[2] Dai H L, Abdelkefi A, Yang Y, et al. Orientation of bluff body for designing efficient energy harvesters from vortex-induced vibrations[J]. Applied Physics Letters, 2016, 108(5): 053902.

[3] Yang Y W, Zhao L Y, Tang L H. Comparative study of tip cross-sections for efficient galloping energy harvesting[J]. Applied Physics Letters, 2013, 102(6): 064105.

[4] Usman M, Hanif A, Kim I H, et al. Experimental validation of a novel piezoelectric energy harvesting system employing wake galloping phenomenon for a broad wind spectrum[J]. Energy, 2018, 153: 882-889.

[5] Assi G R S. Mechanisms for flow-induced vibration of interfering bluff bodies[D]. London: Imperial College London, 2009.

[6] Assi G R S, Bearman P W, Kitney N, et al. Suppression of wake-induced vibration of tandem cylinders with free-to-rotate control plates[J]. Journal of Fluids and Structures, 2010, 26(7/8): 1045-1057.

[7] Song R J, Shan X B, Lv F, et al. A study of vortex-induced energy harvesting from water using PZT piezoelectric cantilever with cylindrical extension[J]. Ceramics International, 2015, 41: S768-S773.

[8] Barrero-Gil A, Pindado S, Avila S. Extracting energy from vortex-induced vibrations: A parametric study[J]. Applied Mathematical Modelling, 2012, 36(7): 3153-3160.

[9] Jung H J, Lee S W. The experimental validation of a new energy harvesting system based on the wake galloping phenomenon[J]. Smart Materials and Structures, 2011, 20(5): 055022.

[10] Liu F R, Zou H X, Zhang W M, et al. Y-type three-blade bluff body for wind energy harvesting[J]. Applied Physics Letters, 2018, 112(23): 233903.

[11] Liu F R, Zhang W M, Peng Z K, et al. Fork-shaped bluff body for enhancing the performance of

galloping-based wind energy harvester[J]. Energy, 2019, 183: 92-105.

[12] Liu F R, Zhang W M, Zhao L C, et al. Performance enhancement of wind energy harvester utilizing wake flow induced by double upstream flat-plates[J]. Applied Energy, 2020, 257: 114034.

[13] Zhou Y, Alam M M. Wake of two interacting circular cylinders: A review[J]. International Journal of Heat and Fluid Flow, 2016, 62: 510-537.

[14] Alam M M, Zhou Y, Wang X W. The wake of two side-by-side square cylinders[J]. Journal of Fluid Mechanics, 2011, 669: 432-471.

[15] Ding L, Zhang L, Bernitsas M M, et al. Numerical simulation and experimental validation for energy harvesting of single-cylinder VIVACE converter with passive turbulence control[J]. Renewable Energy, 2016, 85: 1246-1259.

第9章 压电能量采集技术应用及发展

9.1 引　　言

　　鉴于低功耗微电子技术的快速发展，同时在人工智能、物联网、5G 等新一代信息技术的推动下，由微传感器组成的无线传感网络(wireless sensor network, WSN)成为未来智能信息化的基础，解决了电池供能方式带来的维护困难问题，极大推动了无线传感网络的规模化应用，促进了新时代以互联网为中心的新基础建设的快速发展。此外，传统的电池供能方式还制约穿戴式和植入式电子器件或微系统迈向小型化、柔性化的发展，同样迫切需求可替代的能量供应方式。机械能是自然界、工业生产和社会生活中广泛存在的绿色能源，压电能量采集技术是一种由机械能到电能的能量转换技术，有望提供清洁、可持续的电能供应。本章在器件设计原理和制备方法的基础上介绍压电能量采集技术迈向实际应用的研究情况，主要涉及人体、基础设施、汽车、航空、自然环境、军事国防等领域的应用研究，讨论压电能量采集技术未来应用的发展方向和实际前景。

9.2 人体压电能量采集技术

　　人体压电能量采集技术是通过压电能量转换机理将人体运动过程中的机械能转换为电能的方法，是随着可穿戴式电子和植入式医疗电子器件的发展及其可持续能量供应的需求而发展起来的，因此针对人体压电能量采集技术的研究主要分为两类：穿戴式压电能量采集技术和植入式压电能量采集技术。

9.2.1　穿戴式压电能量采集技术

　　穿戴式压电能量采集技术主要是针对穿戴式电子设备对长时间续航的迫切需求，同时考虑人体蕴含的丰富机械能资源而发展起来的，主要利用手部运动、腕部运动、关节处皮肤伸缩运动和膝关节转动等人体运动，以及衣服变形、背包颠簸和鞋等人体穿戴物的运动来开展穿戴式压电能量采集技术的研究工作(图 9-1)。

　　手部运动具有低频、大加速度、瞬息性的特点，为此有研究者提出了一种冲击型压电柔性能量采集器[1, 2](图 9-1(a))，该器件由两个压电悬臂梁、一个金属球和固定框架组成，金属球被限定在一个固定轨道内，通过金属球来回冲击侧壁两个压电悬臂梁的柔性基座诱导压电悬臂梁发生自由振动,该方法兼具了升频特征,柔性基座增强了器件在高冲击载荷下的可靠性,在频率为 4.96Hz 和加速度为 2g 时能够产生最大 175μW 的平均功率。也有研究人员利用手持式压电能量采集器发展了自供能活动监测系统[3],以了解人体日常活动情况。

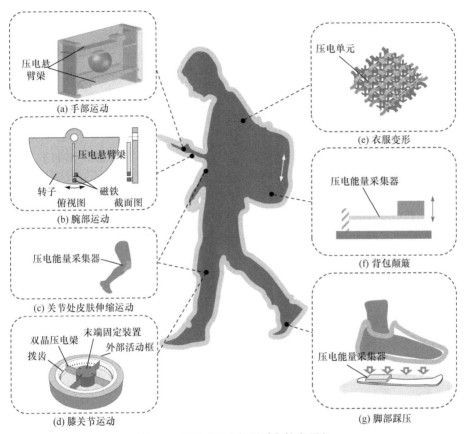

图 9-1　穿戴式压电能量采集技术研究

腕部运动主要利用手臂摆动中的惯性,频率非常低,激励条件类似于手部运动。腕部压电能量采集器的研究主要是受常见腕部穿戴物(如手表)的启发,一方面人们易于接受,不会给人们带来不适;另一方面随着腕部穿戴电子的发展,腕部也有能量供应的需求。当前,最有前景的腕部压电能量采集技术是基于机械手表的能量转换形式发展起来的(图 9-1(b)),其基本原理是基于偏心质量块的旋转运动来激励压电悬臂梁的振动,一方面采用了旋转机构的升频原理,更有效地收获低频振动[4];另一方面,该结构借鉴机械手表的精密制备方法,易于小型化,便于穿戴,一个 3.7mm³ 厚的压电悬臂梁可以产生 50nW~2μW 的平均有效功率。除了机械手表形式的腕部压电能量采集器,也有研究者直接利用悬臂式压电能量采集器去转换腕部运动的动能，在手臂运动中获得 50μW 的平均输出功率[5]，但该结构太大(750mm³)，刚性悬臂梁几乎占据了整个手腕宽度，不便于实际穿戴。

关节处运动主要包含两种可利用的动能：一种是关节处皮肤的周期性拉伸和收缩变形运动，变形范围大；另一种是关节处骨骼间形成的类似铰链的夹角变化运动，关节处运动具有低频、低加速度和大变形的特点。由于关节处皮肤的拉伸和收缩运动的变形较大，柔性压电能量采集技术作为关节处能量采集应用研究的重点。PVDF 作为一种常见的柔性压电材料，常被贴附于人体关节处采集关节运动动能(图 9-1(c))。例如，一种基于纯 PVDF 的压电能量采集器放置在膝关节后部，通过弹性棉质紧身衣固定，在行走过程中可以产生 1.45μW 的功率输出[6]。考虑 PVDF 的压电常数较低，采集的能量很难满足可穿戴式电子器件的功耗需求，因此具备高压电常数的压电陶瓷常常被用于开发柔性压电能量采集器[7]，在满足足够柔韧性的情况下提升能量采集效率。当前柔性压电能量采集器的研究主要是基于纯柔性压电材料、柔性压电共聚物或基于压电陶瓷的一些柔性复合材料所开展的，器件的柔性特性使得其非常适用于类似人体关节处大变形下的能量采集，但这些材料的压电耦合系数亟待突破，为满足一些商用可穿戴式电子产品的功耗需求，关节处柔性压电能量采集器的输出功率还有待改善。

关节处类似铰链的夹角变化运动具有频率低、加速度低、运动作用力大的特点。有研究者利用这种关节夹角的变化设计了一种旋转式压电能量采集器(图 9-1(d))，依靠旋转弹拨方法来实现作用频率的提升[8]，当拨齿与双晶压电梁脱离时，压电梁开始自由振动，实现高效率的能量转换，一个具有 4 个双晶压电梁的压电能量采集器平均输出功率为 2.06mW[9-11]。为进一步提升可靠性，无接触的磁力拨动法也被提出，悬臂梁的集成数量提升至 16 个，每行走和跑一步分别产生 50mW 和 70mW 的平均输出功率[12]，足以满足部分微电子器件的能耗需求，具有很大的实用潜力。

穿戴式压电能量采集技术的应用研究最好的方式不是利用人体运动去附加穿戴物，而是和现有的穿戴物进行结合，实现无附加、舒适、便携的穿戴式压电能量采集。常见的穿戴物如衣服、鞋子、背包等随着人体产生不同类型的运动，为穿戴式压电能量采集的应用提供了良好的能量源。

纤维是衣服的基础，纤维状压电能量采集器的研究使得压电能量采集器(图 9-1(e))可完美地嵌入衣服中，实现衣服中动能的转换。近年来，很多研究人员集中于柔性压电纤维的研究，如一种模仿纺织物编织结构的二维编织压电能量采集器的研究[13]，它是由生长有氧化锌纳米线的纤维和表面涂有钯的氧化锌纳米线的纤维相互交叉组成的，依靠氧化锌的压电和半导体特性的耦合，能够在外界微小的机械力如微风、声音等激励下进行能量转换，以及一种由有序 $BaTiO_3$ 纳米线和聚氯乙烯(PVC)聚合物组成的混合压电纤维制成的二维织物能量采集器[14]。聚氯乙烯聚合物使纤维具有足够的柔韧性，可以进行编织，金属铜线和棉线编织在织物上构建出交织电极，该织物能量采集器附着在肘垫上可随手臂弯曲产生 1.9V 的输出电压和 24nA 的输出电流。

背包也属于常见的穿戴物，基于背包环境开发的能量采集技术具有更大的可利用空间和更低的重量限制，背包主要是随着人体运动的随机颠簸运动。有研究者开发了一种基于压电悬臂梁的惯性能量采集器来采集背包的能量[15](图 9-1(f))，通过对人行走或慢跑时背包内的振动程度进行测试分析，仅用一个压电元件就能实现 43.64μW 的功率输出。

压电能量采集鞋是基于人在行走或奔跑过程中脚底的周期性压力变化和脚掌的周期性弯曲变形而最早提出的穿戴式压电能量采集技术应用研究成果(图 9-1(g))。脚部具有作用载荷大的优势，20 世纪末，压电能量采集鞋被首次提出[16]，将柔性 8 层 28μm PVDF 复合层能量采集器放置在前脚掌，将具有一定弯曲特征的不锈钢衬底单晶压电能量采集器放置在脚后跟处，测试发现 PVDF 能量采集器产生的最大输出功率接近 20mW，单晶压电能量采集器产生的最大输出功率为 80mW，由于作用频率较低，PVDF 能量采集器的平均输出功率为 1mJ/步，而单晶压电能量采集器的平均输出功率为 2mJ/步，并在自供能微电子系统方面得到验证。之后，为了提高能量转换效率，又有研究者提出了一种波浪形结构增强的 PVDF 能量采集器，以增大压电薄膜的平均有效应变面积，在大约 1Hz 的频率下，可提供 1mW 的平均输出功率[17]。

综上，穿戴式压电能量采集技术的研究主要围绕人体本身的运动和穿戴物的运动展开，已初步展现出可实际应用的能量输出能力，但对于人体运动的随机性以及人与人之间日常运动量的差异性问题，如何实现长期有效的可穿戴式压电能量采集成为未来该技术应用的关键，基于穿戴物发展的可穿戴式压电能量采集如何考虑穿戴物的清洗等实际问题也是未来可穿戴式压电能量采集技术走向日常生活所必须解决的问题。

9.2.2 植入式压电能量采集技术

植入式医疗电子器件是一种植入后能够实现实时测量人体各种参数变化或是对人体的某部分功能性器官起到辅助作用的仪器装置，属于电子器件和医学等多学科交叉的领域。心脏起搏器是一种临床上辅助心脏功能的植入式医疗电子器件，由电池提供能量，通过脉冲发生器发送电脉冲，经起搏导线刺激心肌，使心脏有调制地膨胀和收缩，从而治疗如心律失常、心力不足等心脏功能障碍。值得注意的是，心脏起搏器主要采用高能量密度的锂离子电池作为能量的供应来源，一般只能维持 5～12 年，周期性的起搏器更换手术是起搏器植入患者必须面对的，也极大地增加了患者的健康风险和巨大的经济负担[18]。同时，受电池供能的限制，近半个世纪以来心脏起搏器在功能和小型化等方面的发展受到了极大制约，基于植入式压电能量采集技术的无电池心脏起搏器被誉为未来心脏起搏器的发展趋势(图 9-2(a))。

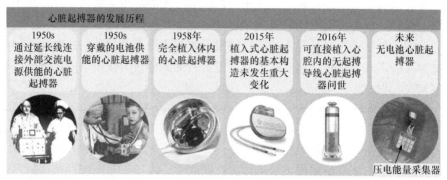

(a) 心脏起搏器的发展历程介绍

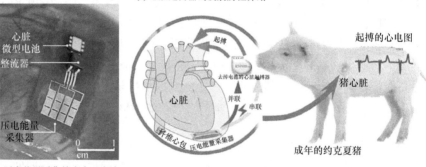

(b) 压电能量采集技术在无电池
心脏起搏器方面的研究

(c) 植入式压电能量采集实现商用
起搏器无电池工作研究

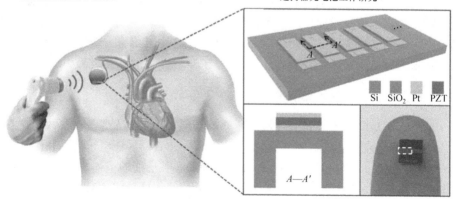

(d) 植入式压电超声能量采集器

图 9-2　植入式压电能量采集技术研究

最早采用压电方法实现体内生物机械能的采集是基于氧化锌纳米线柔性能量

采集器的[19]，该器件固定在小鼠的隔膜处和心脏上，输出电流只在皮安量级。随后有研究者尝试采用压电陶瓷薄膜转印技术制备柔性压电能量采集器采集心脏动能[20]，最大输出电流可达 0.1μA(图 9-2(b))，相比氧化锌压电能量采集器有很大的提升，也提出了通过多层集成方案解决心脏起搏器供能问题的方案，但没有进行相关的验证实验。

此外，作为优良的柔性压电材料，PVDF 在采集生物体内的机械能方面有其本征的优势，然而较低的机电耦合系数使得植入式 PVDF 压电能量采集器输出表现一般。曾有研究者开发了一种基于 PVDF 薄膜的压电能量采集器[21]采集动脉搏动能，输出电流最大不到 0.3μA，输出功率最大不到 0.8μW。相比之下，高机电系数压电陶瓷或压电单晶备受关注，Kim 等[22]采用了具有高机电耦合系数的 PMN-PZT 单晶压电陶瓷材料制备柔性压电能量采集器，选用与人体具有类似心脏尺寸的成年猪为动物模型，将器件缝合在心脏表面采集心脏搏动过程中的动能，可实现峰值近 17.8V 的开路电压输出和 1.75μA 的短路电流输出，使得电流输出有近 17.5 倍的提升，但终究无法满足商用起搏器并能耗需求。随后，Li 等[23]提出了一种囊状结构柔性压电厚膜能量采集器并植入到猪体内，输出电流达 15μA(图 9-2(c))，相比之前的研究，其性能有了很大的提高，并首次采用压电心脏动能原位采集的方法实现了商用心脏起搏器的有效驱动。随后，为了解决该自供能起搏器起搏导线无法植入的问题，Yi 等[24]又发展了一种无导线无电池起搏方法，使得植入式压电能量采集器的输出短路电流达 30μA。除了上述的基于体内器官或是组织运动能量转换的压电能量采集器，植入式压电能量采集器还有采用超声换能原理的相关研究(图 9-2(d))。例如，Shi 等[25]采用一个植入的压电超声能量采集器转换体外注入的超声能量为心脏起搏器提供电能，在距离为 1cm、注入超声能量密度为 1mW/cm^2 和频率为 240kHz 时，器件的输出功率密度为 3.75μW/cm^2。

9.3　基础设施领域的压电能量采集技术

9.3.1　高压输电线压电能量采集技术

电力被形象地形容为城市流动的"血液"，电力设备是提供电力输出网络的基础，要保证电力的正常供应就必须确保电力设备的安全。智能电网是建立在现代通信网络技术之上，以实现电网的自动化和智能化，以优化能源的使用效率和保障电力正常供应的国家民生工程。电力输送线的状态监测是实现智能电网的必要环节，尤其是远距离输送过程中处于野外荒凉地区的高压线，其维护和故障排查困难，当面临冰雪天气时，极易形成覆冰层，过量的覆冰层会导致线路的垮塌，严重影响电力的正常输送。

　　物联网技术的融合成为推动智能电网发展的重要技术手段,然而面对远距离、大跨度的高压线状态监测,需要大量无线传感网络节点的使用,其能量的供应若采用传统电池供能方式将面临高昂的维护成本,如何实现这些传感网络节点的可持续能量供应成为物联网技术在智能电网领域充分应用的关键挑战之一。能量采集技术成为解决该问题的关键技术,输电线环境中包含如太阳能、风能和输电线诱导的电磁能等环境能源,也涌现了一些相关的能量采集技术研究,其中太阳能采集技术受限于天气状况,输电线诱导的电磁能转换技术是以输电线正常工作为前提的,一旦输电线局部故障将导致其失效。

　　鉴于高压线在高空中受风的影响而蕴含着丰富的机械能,压电能量采集技术引起了智能电网和能量采集技术研究者的关注。重庆大学与上海交通大学的研究者联合发展了一种可应用在输电线上的压电振动能量采集器(图9-3(a)),该能量采集

(a) 基于斯托克桥阻尼器启发的宽频压电振动能量采集器[26]

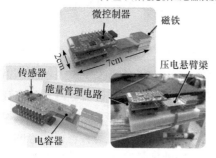

(b) 基于自由振动悬臂梁压电能量采集器
的自供能高压线状态监测模块

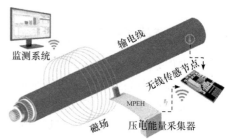

(c) 基于磁场诱导振动的悬臂梁压电能量采集器
的自供能高压线状态监测模块[27]

图 9-3　压电能量采集器在智能电网方面的应用研究

器的结构设计灵感来自输电线路系统中的斯托克桥阻尼器(Stockbridge damper)，有两个子系统，每个子系统有两个固有频率，前两个固有频率之间的比例约为 1∶2，能量采集器最多可以表现出四个谐振频率，以匹配输电线路的涡激振动频率范围。通过模拟高压线下的环境条件测试发现，该能量采集器可以在 1～4m/s 的风速实现 12.05Hz 带宽，平均功率可达到 12.89mW，已经可以满足一般的低功耗物联网器件的使用。图 9-3(b)是美国加利福尼亚大学伯克利分校研究者提出的基于悬臂梁输电线振动能量采集技术的输电线状态无线监测系统，它集成了能量采集器、能量管理电路、传感器、微控制器等。图 9-3(c)是韩国汉阳大学的研究者提出的一种基于输电线电磁作用增强的悬臂梁压电能量采集方法，它通过垂直调整电源线的磁通方向和悬臂梁末端磁体的磁力方向来增加洛伦兹力，使得功率显著提升，实现了最大输出功率值为 39.2mW，但该方法没有考虑高压输电线振动的影响，对于高压线状态监测应用还有待进一步的研究。

9.3.2　道路压电能量采集技术

道路是重要的基础建设设施，尤其是高速公路是连接城市与城市直接的"主动脉"。《国家公路网规划(2013—2030 年)》指出，未来我国高速公路网规划总规模将超过 40 万 km。与此同时，随着经济社会的持续发展，机动车辆保有量持续增长，大规模车辆在道路上行驶使得道路蕴含了丰富的机械振动能源，具备较大的可开发潜能，但一直以来缺乏具有系统的道路振动能源的开发、设计与应用。近年来，随着物联网技术的快速发展及其在交通领域的渗透，为了及时高效地发现和处理交通突发事故，基于物联网的道路预警系统成为目前道路智能化建设的重点，也因此引起了研究者开发道路振动能源的兴趣。

道路环境下可利用的能量主要包括车辆碾压或振动动能(图 9-4(a))、车辆冲撞动能(图 9-4(b))等，具有作用载荷大、频率低的特点，道路压电发电系统在路面结构类型、交通载荷特性及换能结构等的影响下，输出电能多表现出瞬时、离散等技术特点。针对行驶车辆对路面产生大载荷的压力来开展道路压电能量采集技术的研究最为普遍，也是考虑了其大载荷的特点，道路压电能量采集技术的研究采用最多的结构也是耐大载荷压力作用的 Cymbal 结构和压电叠堆[28-30]。近年来，为了提升能量采集效率，逐渐有研究者发展了一些新型的道路压电能量转换结构，例如鉴于压力载荷的行程较小，有研究者考虑铰链型的位移放大机构来构造大行程的变形激励，有测试发现车辆以 80km/h 的速度通过时可实现高达 16.5W/m² 的能量密度输出[31]。也有通过改变压电能量采集器的布置来改变载荷作用方向[32]，从而改善能量转换效率，但能量都存在输出不连续的问题，通过多单元集成增加采集器输出的连续性或许是以后道路压电能量采集器迈向实际应用最好的发展方向。另有研究者发现，并联使用 80 个桥型压电采集器单元，一辆中型车以 90km/h

的速度通过该器件单元时,在负载电阻为 0.5kΩ 的情况下输出功率最大为 4.3W(功率密度为 43.0W/m²)[33],足以满足多数电子器件的供能需求。然而,以上道路压电能量采集器的应用研究都需要破坏道路本身结构,以完成器件的安装,如果通过传递机构将车辆载荷转移至道路两侧,既减小了道路施工面积,又可以安装更多的能量采集器。有研究者将车辆载荷传递机构和能量采集器安装在减速带上,发现在车速为 20km/h 时可获得 7.61mW 的功率输出[34]。

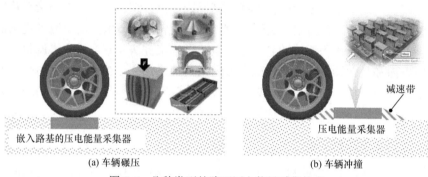

(a) 车辆碾压　　　　　　　　　　　　　　　　(b) 车辆冲撞

图 9-4　几种类型的路面压电能量采集技术

　　道路路面压电转换技术缺乏实际工程的应用研究,大多数道路压电相关研究都是从理论、材料、结构设计等方面入手,对于实际交通载荷和道路结构以及路况对压电能量采集的影响考虑较少,缺乏对道路压电转换的针对性和实效性。因此,有必要针对道路压电能量采集进行相应的理论、实验、工程应用等科研探索,为今后道路压电转换技术的实际应用提供支撑。

9.3.3　火车轨道振动压电能量采集技术

　　随着铁路运输量的增加和铁路线路的老化,火车轨道健康监测正成为一个关键问题,物联网技术被研究人员提出用于发展轨道交通的安全监测。然而,所有这类现有的系统仍然需要定期更换电池,缺乏长期可持续供能的电源是无线传感器网络节点的最大限制因素。压电能量采集技术的应用有望转换列车经过时产生的振动能量为远程传感器供能,具有可持续性,可以有效降低维护压力。

　　铁路相对道路来说,同样具有载荷大的优点,其次铁轨相对于道路来说容易产生更大幅度的振动,考虑不改变原有轨道,一般铁路压电能量采集技术的研究主要围绕铁轨的振动(图 9-5(a))来开展,主要有压电悬臂梁(图 9-5(b))和压电叠堆型(图 9-5(c))轨道振动能量采集器的研究,以及鼓式压电能量采集器(图 9-5(d))的研究。早期有研究人员尝试利用铁轨的应变动能,但是受铁轨变形量和作用频率的限制,输出功率较低[35]。随后,基于压电悬臂梁的振动能量采集器被考虑用来采集铁轨的振动能,因为空间尺寸的局限性不大,通过增加体积和质量块可以将悬臂梁的固有频率调整到与铁轨振动频率匹配的程度，有模拟的铁轨载荷测试表明在低频(5~7Hz)和较小振动(0.2~0.4mm 轨道位移)激励时，100kΩ 的负载阻抗下输出功率达到 4.9mW[36]，其关键技术是控制采集器的谐振频率和轨道振动的主频率范围。同样利用轨道振动的还有压电叠堆型铁轨振动能量采集器[37]，在弹簧压力刚度为 1MN/m 时可产生最大 1000mJ 的电能输出。但基于自由振动形式的压电能量采集器，其输出功率都具有很高的频率依赖性，鼓式压电能量采集器属于一种受迫振动能量采集器，主要依赖枕木的振动位移，文献[38]报道了在实际铁轨条件下测试可产生约 100mW 的功率，在列车满载时可产生 50~70V 的开路峰值电压，具有更高的能量输出，但这种能量采集器需要对铁轨产生较大的改动以完成器件安装，也极大地提升了其实际应用的成本。

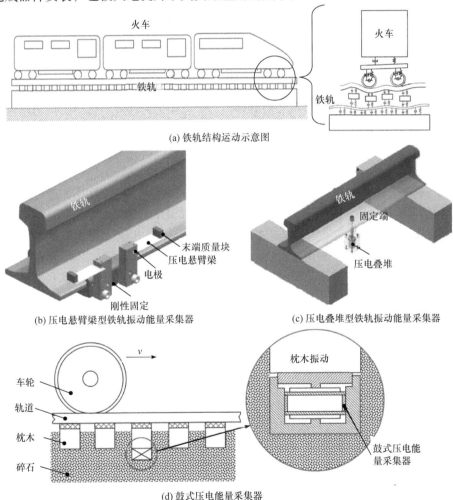

(a) 铁轨结构运动示意图

(b) 压电悬臂梁型铁轨振动能量采集器　　　　(c) 压电叠堆型铁轨振动能量采集器

(d) 鼓式压电能量采集器

图 9-5　压电能量采集器在智能轨道交通方面的应用研究

9.3.4　桥梁振动压电能量采集技术

桥梁是交通系统中重要的部分之一，为了保证车辆的安全行驶，有效的方法是安装大量无线传感器来监测桥梁的结构健康状况(图 9-6(a))。目前，市售的无线传感器节点对功率的要求大多在毫瓦量级[39]，鉴于桥梁本身由于行人和过往车辆而蕴含的大量振动能量，桥梁振动压电能量采集技术有望实现自供电无线桥梁监测传感器[40, 41]。

采集桥梁振动能量的最简单方法是在桥梁的表面贴上压电元件，采集桥梁变形的能量，由于实际情况下桥梁的应变很小，器件输出功率在几十到几百微瓦[42]。此外，注意到桥梁振动中虽然变形小，但整体频率和加速度分别在 $1\sim40\text{Hz}$ 和 $0.01\sim3.79g$[43]，文献[44]利用谐振频率下压电悬臂梁结构的高转换效率特性发展桥梁压电能量采集技术，在桥梁振动加速度幅值低于 0.6m/s^2 时就可以产生 0.03mW 的平均输出功率。但需要注意的是，经过桥上的车辆诱导的振动存在一个带宽，振动压电能量采集器的固有频率需要控制在该带宽上，能量收集的最佳车速范围取决于桥车交互作用[45]。如果设计器件具有与桥梁一阶模态频率相匹配的固有频率，当车辆进入或离开桥梁时，会产生相当大的电压输出，但当车辆在桥梁上运动时，输出的电压很弱，能量采集器安装位置和车速对最佳匹配阻抗有显著影响。反之，如果器件的固有频率与车桥耦合振动频率相等，则在整个过程中电压输出可观，能量采集位置和车速对最佳匹配阻抗的影响较弱，同时当器件安装在桥的中间位置时，可以获得较高的能量采集效率。基于这样的设计方法，在移动车辆激振下，当阻抗为 $68\text{k}\Omega$ 时两个悬臂梁压电能量采集器可产生 $579\mu\text{J}$ 的能量[40](图 9-6(b))。此外，为了实现带宽可调，一种由非线性的 X 形结构与悬臂梁压电能量采集器一起构建的耦合式振动能量采集器(图 9-6(c))被提出，用于提升低频范围内压电能量采集的效率，耦合的 X 形结构采集系统兼具现有的简单悬臂梁式能量采集器(仅在梁的固有频率附近采集能量)和弹簧质量系统支撑的梁式能量采集器(仅在支撑弹簧质量系统的固有频率附近采集能量)的优点，可以大大地放大工作带宽，也可以扩展到超低频范围[41]。

桥梁健康监测

(a) 桥梁健康监测示意图

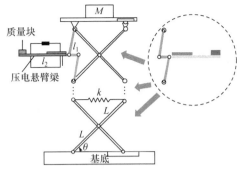

(b) 悬臂梁压电能量采集器　　　　　　(c) 带有耦合振动结构的悬臂梁振动能量采集器

图 9-6　桥梁振动压电能量采集应用研究

目前，桥梁振动压电能量采集技术的研究仍然缺乏长期可靠的工程实际实验支撑，实际工况了解不够全面，桥梁类型、构造等的影响还不是很清楚，在实际应用中，设计出一种适用于桥梁的压电能量采集器仍然是一个开放性的问题。

9.3.5　家居、楼宇中的压电能量采集技术

智能家居或智能楼宇是以家庭或楼宇为平台，通过网络通信技术手段实现全方位的智能控制，创造兼具建筑、自动化、智能化的高效、安全、舒适、便利的生活或是办公环境。压电能量采集技术在智能家居或是智能楼宇方面的应用主要根据振动能量源的分布展开，其中研究最多的是压电地板[46]，例如 Kim 等[47]提出了一种可以在家中不同位置使用的地砖(图 9-7(a))，当人踩在地砖上时，产生了 42V 的峰值输出电压和 11μA 峰值输出电流，然后利用这些能量为无线传感器节点供电，该节点可以控制电源的开启和关闭。Elvira-Hernandez 等[48]提出一种采集空调通风口处的能量采集器(图 9-7(b))，该微型器件的谐振频率为 60.3Hz，在加速

(a) 压电能量采集器在智能家居环境下的应用研究

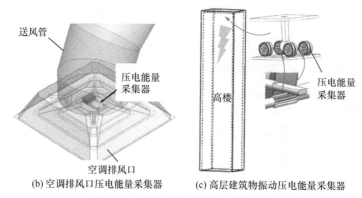

(b) 空调排风口压电能量采集器　　　(c) 高层建筑物振动压电能量采集器

图 9-7　压电能量采集的应用场景

度为 1.5m/s^2，输出电压为 2.854V，输出功率为 37.45μW 时，阵列式的这种微型器件串联在一起可以用来给办公楼里的电子设备和传感器供能。Xie 等[49-51]提出了一种高层建筑物振动压电能量采集技术(图 9-7(c))，其由两组串联的压电能量采集器组成，通过共用的轴连接在一起，该轴由连杆驱动，连杆铰接地固定在建筑物屋顶，但目前该方案还只停留在理论分析方面，实际实现挑战很大。

9.3.6　环境噪声压电能量采集技术

环境噪声压电能量采集技术主要是将压电声能采集器应用在环境噪声的采集中，充分利用环境中丰富的噪声能源。噪声是发声体做无规则振动时发出的声音，具有作用频率高、激励幅值低、随机性等特点，因此一般环境噪声压电能量采集技术的研究多选择在噪声产生源比较固定、声压强度较大的场合，如高速铁路、高速公路、工厂等。

高速列车产生的空气动力噪声、滚动噪声等噪声污染，是高速列车发展面临的突出环境问题，随着能量收集技术的发展，如何利用噪声能量实现降噪发电受到研究者的关注[52]。声屏障是一种公路、铁路运输广泛应用的降噪技术措施，利用噪声屏障降低噪声的同时产生电能是一个具有重要应用价值的研究课题。图 9-8(a)是一种用于高速铁路声能采集的噪声屏障研究，利用 Helmholtz 谐振器和聚偏氟乙烯薄膜将高速铁路低频噪声的声能转换为电能，由噪声采集输入模块、声压放大模块、发电模块和储能模块四部分组成，其中声压放大模块中的声压经 Helmholtz 谐振器放大，发电模块中的 PVDF 薄膜可将声能转换为电能，储能模块将电能储存在超级电容中，为铁路沿线的显示器等小型电子设备供电[53]。

除了 Helmholtz 谐振器形式的声能放大方法，利用声学超材料也被证明是一种行之有效的方法。图 9-8(b)为一种由铝板和橡胶棒组成的有缺陷声学超材料增强的压电能量采集器，在夏日晴朗天气状态下采集校园环境中昆虫的鸣叫声，相比没有超材料增强的压电能量采集器，最大输出电压提升了 17 倍。此外，环境噪声压电能量采集技术的研究也有利用噪声产生的源头直接进行能量的转换，如热噪声压电能量采集器的研究。图 9-8(c)为一种行波热噪声压电能量采集器[54]，该能量采集器不需要任何运动部件就可以直接将热能(如太阳能或余热能)转换为电能，主要利用热能经多孔再生器产生一个陡峭的温度梯度，在温度梯度的一个特定阈值处，声波谐振器内部会产生自维持声波，由此产生的压力波动激发位于谐振器末端的压电膜片，将声能直接转换为电能。压力脉动通过使用声学反馈回路进行放大，引入适当的相位，使脉动以行波的形式出现，这种运动波使采集器具有内在的自维持特性，因此效率很高。

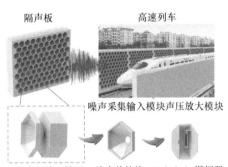
(a) 高速铁路声能采集的噪声屏障

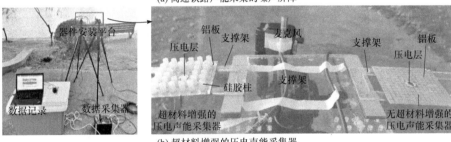
(b) 超材料增强的压电声能采集器

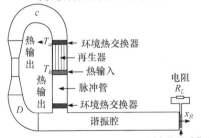
(c) 行波热噪声压电能量采集器

图 9-8　环境噪声压电能量采集器

目前，环境噪声压电能量采集器的输出功率偏低，多数研究集中在提升能量采集效率和输出功率上。未来，考虑其应用场合对体积限制较低、安装方便、不需要对原有设施做过多改造、对环境影响小等优势，在进一步降低器件制作成本的基础上很有可能实现大规模的应用，为无线传感器节点的自供能提供绿色可持续的能源供给。

9.4　汽车领域的压电能量采集技术

传感器作为汽车大脑的神经系统具有难以忽视的关键作用，一辆中型汽车中包含大量传感器，用于汽车轮胎、安全气囊、发动机运行管理系统、车辆行驶安全系统、汽车防盗系统、定位系统等。通常这些传感器由汽车车载电源通过电线连接进行供能，布线非常复杂，造成维修麻烦，还有一些嵌入式传感器不能通过有线供能，就必须依赖电池，一旦电池电量过低，安全系统无法正常工作，将引发潜在的安全风险。因此，采集汽车自身所蕴含的环境能源为汽车中的分布式或嵌入式传感器供能对于摆脱传感器布线、解决电池供能的不可持续问题有重要的实际意义。图 9-9 总结了目前几种比较典型的汽车压电能量采集技术研究，包括基于汽车减振器振动(图 9-9(a))[55, 56]、汽车行驶中引起的气流激励振动(图 9-9(b))[57]、车身或发动机振动(图 9-9(c))[58]、轮胎旋转或变形(图 9-9(d))等的压电能量采集技术。有报道称，当汽车以 30km/h 的速度行驶在有减速带的道路上时，车辆减振器中的压电能量采集器可产生约 0.5mW 的电能[55,56]，行驶的汽车引起的气流涡激振动式压电能量采集器在 20m/s 高速气流中产生 15.7Hz 的激励频率，可以产生最大约 36.1μW 的输出功率[57]，车身的随机振动激励压电能量采集器的功率输出与路面粗糙度和车速有很大关联[58]。前三种压电能量采集形式对路况和车速有较大依赖性，轮胎旋转所特有的旋转运动本身可以实现升频，且胎面变形较大，与地面接触载荷也大，旋转产生的加速度也高，因此轮胎压电能量采集技术的应用备受关注。

轮胎作为汽车的重要组成部分，在行车安全中起着不可忽略的作用，轮胎故障也是事故频发的重要原因。预防轮胎问题的最好方法就是提前了解轮胎的压力并对轮胎压力的安全性进行评估，因此，轮胎压力监测系统(tire pressure monitoring system，TPMS)应运而生。2007 年以来，先后有美国、欧盟、日本、韩国、中国等相继通过法规方式强制要求 TPMS 的安装，但其能量供应只能依赖电池。所以，在低能耗、低污染的严苛国际环境公约的约束以及 TPMS 面临强制大规模应用的背景下，开展清洁、可靠、廉价的微能源装置研究具有重要的实际意义，为 TPMS 的自供能提供有力的技术支撑。考虑轮胎的特殊环境，轮胎压电能量采集技术主要围绕轮胎的旋转动能和轮胎的周期变形展开[59-75]。轮胎与地面接触过程中胎面会出现局部的拉伸和压缩，以及受重力作用产生径向压缩，同时高速旋转过程中，轮胎上各点会受到较大的离心力。Makki 等[76]提出的压电应变能量采集器可达到最大输出功率为 6.5mW，在 10km/h 时可为自主开发的 TPMS 供电，以 60km/h 的速度每 2.5s 进行一次压力感测和数据传输，但由于过载或意外的冲击，附着在胎面壁上的 PZT 容易损坏，从而可能会引起一些如漏气和轮胎失衡的问题。为了克服这些问题，Yi 等提出了一种由八个柔性压电屈曲桥组成的受迫振动式能量采集器，该压电能量采集器在 8.3Hz 的旋转频率下，产生 8.9mW 的最大有效输出功率，可以实现商用 TPMS 的实时运行，但需要对车轮进行改进[77]。

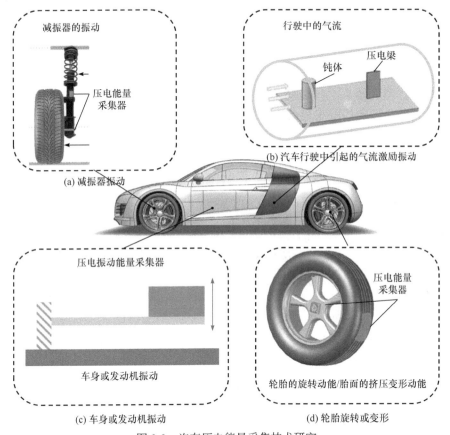

图 9-9　汽车压电能量采集技术研究

9.5　航空领域的压电能量采集技术

为了帮助操作人员在执行任务的每个阶段评估飞机的状态，飞机需要大量的传感装置对结构和系统进行全面的状态监测，并测量环境参数，如环境温度、电离辐射水平。由于电池存在与爆炸相关的潜在风险，所以研究者提出了基于能量采集技术的自供能传感器节点的方法以解决其能量供应问题。机载压电能量采集技术是通过转换空气弹性诱导的飞机机翼振动等动能为机载无线传感器节点提供动力，避免复杂布线。

当前压电能量采集技术在飞机上的应用主要利用的是机身自身振动、机翼气弹性振动和机翼颤振等。飞机机身在高速航行中会受气流影响产生振动，机身贴附压电能量采集器[78]就是利用了这个特点，如图 9-10(a)所示，为在无人机机翼上贴附压电贴片进行机翼振动能量采集，但是对于实际应用中飞机机身的振动幅度很低，很难满足无线传感器节点功耗需求。另外，考虑在飞机航行过程中机翼受气流影响有一定的周期性摆动，如图 9-10(b)所示的机翼气弹性振动模型和相关研究验证平台[79]，这种机翼扑动压电能量采集技术利用非线性的气弹性振动机制有望实现更高的能量输出。图 9-10(c)是将压电片粘贴到固定在机翼上的悬臂梁上翼型截面的颤振运动激发了悬臂梁的大振幅振动，利用失速颤振的特性可以大大提高能量采集器的效率，巧妙地将压电悬臂梁的振动与机翼段的俯仰位移耦合，驱动压电片输出较大的电压和功率[80]。

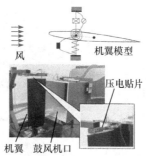

(a) 贴附式压电能量采集应用　　　(b) 机翼扑动压电能量采集应用　　　(c) 机翼颤振压电悬臂梁振动能量采集应用

图 9-10　压电能量采集器在飞机中的应用研究

目前，压电能量采集技术在飞机中的应用研究主要在理论分析和实验室简易的飞机模型中验证，上述几种方式不仅面临能量采集效率的问题，还面临实际装配的可行性，以及由此带来的安全性问题。此外，相关研究还缺乏对实际飞机飞行情况具体状态的了解，仍停留在初步的探索中。

9.6　自然环境中的流体压电能量采集技术

压电流体振动能量采集技术是一种可收集风能、水流能、波浪能和洋流能等流体动能的装置，自然界和工业界中的流体环境丰富，正逐步发展为工业物联网和环境状态监测中无线传感器节点提供可持续的能量供应。环境中流体动能的频率通常比较低，具有绕流特点，作用在器件上通常是单向的，如自然风、液体或气体管道、海洋洋流、江河水流等，流体诱发运动的详细类别按运动形式可分为摆动、涡激振动、抖振、颤振、驰振和旋转运动。

　　涡激振动式压电流体振动能量采集器利用经典"卡门涡街"现象在流体发电领域引起了广泛关注，对于定常性流体，可以根据流体的方向和流速设计钝体和压电悬臂梁，实现钝体涡流脱落频率和悬臂梁固有频率一致，达到共振，获得最大能量转换的效果，包括脱涡致振式和尾涡致振式，图 9-11(a)为一种脱涡致振式结构。例如，Hu 等[81]采用一种单梁结构尾涡致振式压电能量采集器采集管道水流能量，在 0.75m/s 流速条件下的最大输出功率可达 0.37mW。类似的还有颤振和驰振，颤振是由气弹性或水弹性不稳定性所引起结构的自激振动，它包含一个压电悬臂梁和一个固定在梁末端的翼形结构，当流体流速超过切入速度时，翼形结构受来流激励作用将产生升沉和扶摇的耦合运动，从而作为振源为压电悬臂梁供能，如前面对机翼颤振的压电能量采集的论述。驰振是弹性体结构因流体内部存在扰流现象所诱发的不稳定性振动，该振动发生在垂直于来流方向上的平面内，系统一般由一个压电悬臂梁和一个固定在梁末端的棱柱组成。当来流速度大于切入速度时，棱柱受来流激励作用后将产生垂直于来流方向的单自由度振动，从而成为压电梁的振源。有研究者将三棱柱的驰振压电能量采集器用于采集 0.48m/s 低速江河水流动能，获得了最大功率密度为 1.949mW/cm^3[82]，另有研究者提出一种优于方形棱柱的新型 Y 形棱柱[83]，以改善其输出性能。

　　气流激振式的压电能量采集技术主要依赖高速气流下的谐振腔体内压力变化，引起压电簧片的振动，如图 9-11(b)所示。StClair 等[84]模仿口琴中簧片的振动机理，提出了一种流体能量收集装置，悬臂梁安装在管道的末端，当流体进入腔体时，腔体内压力升高，导致腔体末端的悬臂梁受力弯曲并释放腔体内压力，悬臂梁可在回复力的作用下弹回并封闭腔体进入下一个循环周期，实验结果表明，该装置在气体流速为 7.5～12.5m/s 发出 0.1～0.8mW 的电能。

　　旋转式压电流体振动能量采集器受风车和涡轮的启发，通常由叶片、旋转盘、传动件和压电元件所构成。它的原理是当流体流速超过系统的最小启动流速时，流体带动叶片和旋转盘旋转，旋转盘上的传动件通过磁力或拨动来激励压电元件振动，从而实现流体能量的采集和转换。根据传动件与压电元件是否接触，旋转式压电流体振动能量采集器可分为接触式和非接触式。旋转式压电流体振动能量采集技术基于其可实现升频率的特征而被广泛研究，图 9-11(c)为一种防水压电风能能量采集器，在 7.0m/s 风速时达到峰值为 3157.7μW 的功率输出[62]。

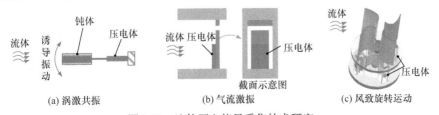

(a) 涡激共振　　　　　　(b) 气流激振　　　　　(c) 风致旋转运动

图 9-11　流体压电能量采集技术研究

　　压电能量采集技术在海洋环境下的应用主要是为了解决海洋监测系统的能量可持续供应问题，海洋中蕴含丰富的波动能和海底洋流动能，具有运动频率低、载荷大的特点，依据这些能量形式，目前已经报道的海洋压电能量采集技术研究主要可分为图 9-12(a)所示的三类：海底洋流流动、波浪的竖直运动[85]和波浪的水平冲击[86, 87]。放置在江河或是海洋底部的能量采集系统，受钝体诱导产生涡流激励压电模块产生周期性摆动(图 9-12(b))，进而将江河或海洋底部暗流或洋流动能转换为电能，有报道称这种形式的压电能量采集器可以在 1m/s 水流下产生 1W 的功率[88]。压电浮标能量采集器(图 9-12(c))通常由振动器、滑块和波浪浮标等复合结构组成，用于采集海洋波浪的周期性起伏动能，为了提升能量输出，可以将多个压电单元连接在一个浮标结构上，由于没有体积限制，通过多单元集成输出功率可达瓦级以上[85, 89]。竖梁式压电海洋波浪能量采集系统(图 9-12(d))依赖波浪的水平冲击作用来工作，将其应用在海上浮标进行验证，足以满足浮标中电气设备的能耗需求[86, 90]。

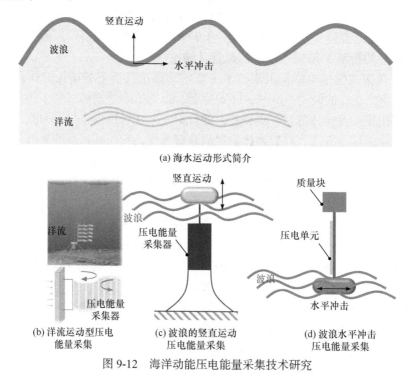

(a) 海水运动形式简介

(b) 洋流运动型压电能量采集　　(c) 波浪的竖直运动压电能量采集　　(d) 波浪水平冲击压电能量采集

图 9-12　海洋动能压电能量采集技术研究

9.7　国防军事领域的压电能量采集技术

　　目前压电能量采集技术在国防军事方面的应用主要集中在智能武器的引信电

源上，引信的功能是对战斗部进行安全与适时起爆控制。引信能源是引信工作的基本保障，包括引信环境能、引信内储能、引信物理或化学电源。炮弹引信对电源的需求苛刻，如高过载、高转速、小尺寸、复杂的动态使用环境、长时间的存储期等，且具有一定的电压和功率要求。因此，引信电源必备的基本功能有：满足引信功耗需求，可长期存储，能承受炮弹在发射和飞行过程中的高过载、高转速，受温度影响小，能够快速激活。压电电源不仅具有结构简单、体积小、激活时间短等特点，而且具有较高的能量密度和较长的存储性能。因而，压电电源可作为理想的引信电源，应用于实时信息装定的精准引信或定距引信。压电电源的优点为上电快、计时精确、可长期储存以及安全可靠。

炮弹引信用压电电源由于其特殊的应用环境和高载荷的要求，目前研究最多的结构是压电叠堆式压电能量采集器(图 9-13(a))，作为点火单元，主要利用高冲击下压电能量采集器产生的高脉冲电荷来引爆雷管，进而达到触发弹药的作用。有研究者根据压电叠堆的强度设计了一种压电叠堆引信用能量采集器，并给出了能量回收电路[91]，在实弹射击实验中检验了压电电源耐过载性、可靠性和安全性。气流激振式压电能量采集器气流能量采集器是早期装备于榴弹引信和迫击炮弹引信上的高性能引信电源，具有连续、快速供电的特点，是远程弹电子时间引信电源的很好选择。气流激振式压电能量采集器基于传统气流能量采集器的结构，将振动簧片上绑定压电片来采集簧片振动过程中的机械能，不仅具备了气流能量采集器引信电源的独特优点，还使得其结构更加简单，便于微型化。国内以南京理工大学研究团队为主对引信用压电电源展开了系统性的研究[92-94]，主要集中射流激振下的振动式压电能量采集器(图 9-13(b))的理论分析工作，同时搭建风洞模拟实际炮弹飞行过程中的气流对器件进行性能测试。压电-弹簧-质量块结构式压电能量采集器(图 9-13(c))是通过采集炮弹的高速旋转运动能为电能供给炮弹内部电子器件的[95,96]，适用于远程弹，可持续地为引信提供能量供应。

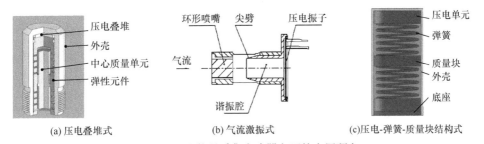

(a) 压电叠堆式　　　　　　(b) 气流激振式　　　　　　(c)压电-弹簧-质量块结构式

图 9-13　压电能量采集在武器方面的应用研究

压电叠堆型引信电源是采用炮弹发射过程中产生的后坐力作为能量来源的，属于一次性脉冲式能量采集器，通常由于发电量有限，多用于高加速度发射、引信电路工作时间短的弹种，如中、小口径的高炮和舰炮的低功耗电子时间引信电源等。对于飞行距离远的中、大口径火炮榴弹、火箭弹、航弹、导弹等弹种的引信电源，往往需采用可持续发电的能量采集器，如气流激振式和压电-弹簧-质量块结构式能量采集器。然而，有关气流激振式压电电源在引信上的应用还处于研究阶段，对于如何进一步提高压电电源的发电量，如何改进能量收集电路，提高能量转换效率等方面还有待更深入的研究。

9.8　本章小结

随着材料科学、微加工技术的快速发展，新型结构设计方法的不断提出，压电能量采集技术的电能输出能力不断提升，环境的适应性不断增强。低功耗微电子器件/系统不断涌现，压电能量采集技术的应用成为了可能，物联网技术在各个行业的快速应用使得传统能量供给方式的问题愈演愈烈，为压电能量采集技术的应用发展创造了机遇。

本章重点关注了人体、基础设施、汽车、航空、自然环境中流体和军事国防几个领域的压电能量采集技术应用研究，满足应用环境下的功耗需求是相关应用的基础，但针对不同应用环境，压电能量采集技术的发展将各具特色，总结如下：

(1) 人体压电能量采集技术将沿着小型化、柔性化、可生物兼容、可编织的方向发展，目前可穿戴式压电能量采集技术发展最具潜力的是基于膝关节的旋转型压电能量采集器和基于脚部运动的压电能量采集鞋，植入式压电能量采集技术的发展主要围绕具有稳定振动源的组织器官展开，未来器件的植入安全性和可靠性将成为主要挑战。

(2) 基础设施方面对体积的要求较低，基础设施压电能量采集技术的发展主要需要解决的是采集器对频率的依赖性，提升其对基础设施产生的随机振动的能量转换效率，增强应用环境下的适应性，在物联网背景下的需求越来越迫切。

(3) 汽车领域压电能量采集技术的发展主要基于行驶中的轮胎变形、旋转、风、振动等动能，最为迫切，也是最有市场前景的当属轮胎处的压电能量采集技术的发展，同时有很强的政策导向作用。整体来看，轮胎处压电能量采集技术将沿着小型化、轻量化、尽可能小地改变现有轮胎设计的方向发展。

(4) 航空领域压电能量采集技术的研究还处在初步验证和探索阶段，实际走向应用面临的挑战还很大，且当前需求还不算非常迫切，发展的驱动力不足。

(5) 环境流体压电能量采集技术主要是针对环境状态监测领域提出的，当前实际应用挑战主要是流体的不稳定性较高,较难实现复杂流体下的稳定能量供应,且需求迫切性不够。

(6) 军事方面的需求迫切，已经有一些应用基础，未来主要是沿着可稳定、连续提供能量以及器件小型化的方向发展，主要是针对军用武器装备的引信或是电子开关能量供应需求。

参 考 文 献

[1] Halim M A, Cho H O, Park J Y. A handy motion driven, frequency up-converting piezoelectric energy harvester using flexible base for wearable sensors applications[C]. IEEE Sensors, Busan, 2015: 1-4.

[2] Halim M A, Park J Y. Piezoelectric energy harvester using impact-driven flexible side-walls for human-limb motion[J]. Microsystem Technologies, 2018, 24(5): 2099-2107.

[3] Khalifa S, Lan G H, Hassan M, et al. HARKE: Human activity recognition from kinetic energy harvesting data in wearable devices[J]. IEEE Transactions on Mobile Computing, 2017, 17(6): 1353-1368.

[4] Pillatsch P, Yeatman E M, Holmes A S. A wearable piezoelectric rotational energy harvester[C]. IEEE International Conference on Body Sensor Networks Cambridge, 2013: 1-6.

[5] Bai Y, Tofel P, Hadas Z, et al. Investigation of a cantilever structured piezoelectric energy harvester used for wearable devices with random vibration input[J]. Mechanical Systems and Signal Processing, 2018, 106: 303-318.

[6] Proto A, Fida B, Bernabucci I, et al. Wearable PVDF transducer for biomechanical energy harvesting and gait cycle detection[C]. IEEE EMBS Conference on Biomedical Engineering and Sciences (IECBES), Kuala Lumpur, 2016: 62-66.

[7] Khan M B, Kim D H, Han J H, et al. Performance improvement of flexible piezoelectric energy harvester for irregular human motion with energy extraction enhancement circuit[J]. Nano Energy, 2019, 58: 211-219.

[8] Pozzi M, Zhu M L. Plucked piezoelectric bimorphs for knee-joint energy harvesting: modelling and experimental validation[J]. Smart Materials and Structures, 2011, 20(5): 055007.

[9] Pozzi M, Aung M S H, Zhu M L, et al. The pizzicato knee-joint energy harvester: Characterization with biomechanical data and the effect of backpack load[J]. Smart Materials and Structures, 2012, 21(7): 075023.

[10] Pozzi M, Zhu M L. Characterization of a rotary piezoelectric energy harvester based on plucking excitation for knee-joint wearable applications[J]. Smart Materials and Structures, 2012, 21(5): 055004.

[11] Kuang Y, Zhu M L. Characterisation of a knee-joint energy harvester powering a wireless communication sensing node[J]. Smart Materials and Structures, 2016, 25(5): 055013.

[12] Pozzi M. Magnetic plucking of piezoelectric bimorphs for a wearable energy harvester[J]. Smart Materials and Structures, 2016, 25(4): 045008.

[13] Bai S, Zhang L, Xu Q, et al. Two dimensional woven nanogenerator[J]. Nano Energy, 2013, 2(5): 749-753.

[14] Zhang M, Gao T, Wang J S, et al. A hybrid fibers based wearable fabric piezoelectric nanogenerator for energy harvesting application[J]. Nano Energy, 2015, 13: 298-305.

[15] Chen F, He M, Wang S, et al. Study of an inertial piezoelectric energy harvester from a backpack[J]. Ferroelectrics, 2019, 550(1): 233-243.

[16] Kymissis J, Kendall C, Paradiso J, et al. Parasitic power harvesting in shoes[C]. Digest of Papers. Second International Symposium on Wearable Computers (Cat. No. 98EX215), Pittaburgh, 1998: 132-139.

[17] Zhao J, You Z. A shoe-embedded piezoelectric energy harvester for wearable sensors[J]. Sensors, 2014, 14(7): 12497-12510.

[18] Ohm O J, Danilovic D. Improvements in pacemaker energy consumption and functional capability: Four decades of progress[J]. Pacing and Clinical Electrophysiology, 1997, 20(1): 2-9.

[19] Li Z, Zhu G, Yang R S, et al. Muscle-driven in vivo nanogenerator[J]. Advanced Materials, 2010, 22(23): 2534-2537.

[20] Dagdeviren C, Yang B D, Su Y, et al. Conformal piezoelectric energy harvesting and storage from motions of the heart, lung, and diaphragm[J]. Proceedings of the National Academy of Sciences of the United States of America, 2014, 111(5): 1927-1932.

[21] Zhang H, Zhang X S, Cheng X L, et al. A flexible and implantable piezoelectric generator harvesting energy from the pulsation of ascending aorta: in vitro and in vivo studies[J]. Nano Energy, 2015, 12: 296-304.

[22] Kim D H, Shin H J, Lee H, et al. In vivo self-powered wireless transmission using biocompatible flexible energy harvesters[J]. Advanced Functional Materials, 2017, 27(25): 1700341.

[23] Li N, Yi Z, Ma Y, et al. Direct powering a real cardiac pacemaker by natural energy of a heartbeat[J]. ACS Nano, 2019, 13(3): 2822-2830.

[24] Yi Z R, Xie F, Tian Y W, et al. A battery-and leadless heart-worn pacemaker strategy[J]. Advanced Functional Materials, 2020, 30(25): 2000477.

[25] Shi Q F, Wang T, Lee C. MEMS based broadband piezoelectric ultrasonic energy harvester (PUEH) for enabling self-powered implantable biomedical devices[J]. Scientific Reports, 2016, 6: 24946.

[26] Nie X C, Tan T, Yan Z M, et al. Ultra-wideband piezoelectric energy harvester based on Stockbridge damper and its application in smart grid[J]. Applied Energy, 2020, 267: 114898.

[27] Cho J Y, Kim J, Kim K B, et al. Significant power enhancement method of magneto-piezoelectric energy harvester through directional optimization of magnetization for autonomous IIoT platform[J]. Applied Energy, 2019, 254: 113710.

[28] Ahmad S, Abdul M M, Farooqi M A. Energy harvesting from pavements and roadways: A comprehensive review of technologies, materials, and challenges[J]. International Journal of Energy Research, 2019, 43(6): 1974-2015.

[29] Liu X N, Wang J J. Performance exploration of a radially layered cymbal piezoelectric energy harvester under road traffic induced low frequency vibration[C]. IOP Conference Series: Materials Science and Engineering, 2019: 012075.

[30] Jiang X Z, Li Y C, Li J C, et al. Piezoelectric energy harvesting from traffic-induced pavement

vibrations[J]. Journal of Renewable and Sustainable Energy, 2014, 6(4): 043110.

[31] Shin Y H, Jung I, Noh M S, et al. Piezoelectric polymer-based roadway energy harvesting via displacement amplification module[J]. Applied Energy, 2018, 216: 741-750.

[32] Jung I, Shin Y H, Kim S, et al. Flexible piezoelectric polymer-based energy harvesting system for roadway applications[J]. Applied Energy, 2017, 197: 222-229.

[33] Hwang W, Kim K B, Cho J Y, et al. Watts-level road-compatible piezoelectric energy harvester for a self-powered temperature monitoring system on an actual roadway[J]. Applied Energy, 2019, 243: 313-320.

[34] Kim C I, Kim K B, Jeon J H, et al. Development and evaluation of the road energy harvester using piezoelectric cantilevers[J]. Journal of the Korean Institute of Electrical and Electronic Material Engineers, 2012, 25(7): 511-515.

[35] Nelson C A, Platt S R, Albrecht D, et al. Power harvesting for railroad track health monitoring using piezoelectric and inductive devices[C]. Active and Passive Smart Structures and Integrated Systems, International Society for Optics and Photonics, San Diego, 2008: 198-206.

[36] Gao M Y, Wang P, Cao Y, et al. A rail-borne piezoelectric transducer for energy harvesting of railway vibration[J]. Journal of Vibroengineering, 2016, 18(7): 4647-4663.

[37] Wang J J, Shi Z F, Xiang H J, et al. Modeling on energy harvesting from a railway system using piezoelectric transducers[J]. Smart Materials and Structures, 2015, 24(10): 105017.

[38] Yuan T C, Yang J, Song R G, et al. Vibration energy harvesting system for railroad safety based on running vehicles[J]. Smart Materials and Structures, 2014, 23(12): 125046.

[39] Khan F U. Review of non-resonant vibration based energy harvesters for wireless sensor nodes[J]. Journal of Renewable and Sustainable Energy, 2016, 8(4): 044702.

[40] Zhang Z W, Xiang H J, Shi Z F, et al. Experimental investigation on piezoelectric energy harvesting from vehicle-bridge coupling vibration[J]. Energy Conversion and Management, 2018, 163: 169-179.

[41] Li M, Jing X J. Novel tunable broadband piezoelectric harvesters for ultralow-frequency bridge vibration energy harvesting[J]. Applied Energy, 2019, 255: 113829.

[42] Cahill P, Nuallain N A N, Jackson N, et al. Energy harvesting from train-induced response in bridges[J]. Journal of Bridge Engineering, 2014, 19(9): 04014034.

[43] Khan F U, Ahmad I. Review of energy harvesters utilizing bridge vibrations[J]. Shock and Vibration, 2016, 2016: 1-12.

[44] Peigney M, Siegert D. Piezoelectric energy harvesting from traffic-induced bridge vibrations[J]. Smart Materials and Structures, 2013, 22(9): 095019.

[45] Cahill P, Jaksic V, Keane J, et al. Effect of road surface, vehicle, and device characteristics on energy harvesting from bridge-vehicle interactions[J]. Computer-Aided Civil and Infrastructure Engineering, 2016, 31(12): 921-935.

[46] Elhalwagy A M, Ghoneem M Y M, Elhadidi M. Feasibility study for using piezoelectric energy harvesting floor in buildings' interior spaces[J]. Energy Procedia, 2017, 115: 114-126.

[47] Kim K B, Cho J Y, Jabbar H, et al. Optimized composite piezoelectric energy harvesting floor tile for smart home energy management[J]. Energy Conversion and Management, 2018, 171: 31-37.

[48] Elvira-Hernandez E A, Uscanga-González L A, de León A, et al. Electromechanical modeling of a piezoelectric vibration energy harvesting microdevice based on multilayer resonator for air conditioning vents at office buildings[J]. Micromachines, 2019, 10(3): 211.

[49] Xie X D, Wu N, Yuen K V, et al. Energy harvesting from high-rise buildings by a piezoelectric coupled cantilever with a proof mass[J]. International Journal of Engineering Science, 2013, 72: 98-106.

[50] Xie X D, Wang Q, Wang S J. Energy harvesting from high-rise buildings by a piezoelectric harvester device[J]. Energy, 2015, 93: 1345-1352.

[51] Xie X D, Wang Q. Design of a piezoelectric harvester fixed under the roof of a high-rise building[J]. Engineering Structures, 2016, 117: 1-9.

[52] Noh H M. Acoustic energy harvesting using piezoelectric generator for railway environmental noise[J]. Advances in Mechanical Engineering, 2018, 10(7): 168781401878505.

[53] Wang Y, Zhu X, Zhang T S, et al. A renewable low-frequency acoustic energy harvesting noise barrier for high-speed railways using a Helmholtz resonator and a PVDF film[J]. Applied Energy, 2018, 230: 52-61.

[54] Aldraihem O, Baz A. Onset of self-excited oscillations of traveling wave thermo-acoustic-piezoelectric energy harvester using root-locus analysis[J]. Journal of Vibration and Acoustics, 2012, 134(1): 011003.

[55] Lafarge B, Delebarre C, Grondel S, et al. Analysis and optimization of a piezoelectric harvester on a car damper[J]. Physics Procedia, 2015, 70: 970-973.

[56] Lafarge B, Grondel S, Delebarre C, et al. A validated simulation of energy harvesting with piezoelectric cantilever beams on a vehicle suspension using bond graph approach[J]. Mechatronics, 2018, 53: 202-214.

[57] Yun S M, Kim C. The vibrating piezoelectric cantilevered generator under vortex shedding excitation and voltage tests[J]. International Journal of Precision Engineering and Manufacturing, 2016, 17(12): 1615-1622.

[58] Wang H, Miao F, Sun Z, et al. Piezoelectric energy harvesting based on vertical vibration of car body induced by road surface roughness[J]. IOP Conference Series: Materials Science and Enqineering, 2019, 470(1): 012036.

[59] Löhndorf M, Kvisterøy T, Westby E, et al. Evaluation of energy harvesting concepts for tire pressure monitoring systems[J]. Proceedings of Power MEMS, 2007: 331-334.

[60] Bowen C R, Arafa M H. Energy harvesting technologies for tire pressure monitoring systems[J]. Advanced Energy Materials, 2015, 5(7): 1401787.

[61] Yang Z B, Zhou S X, Zu J, et al. High-performance piezoelectric energy harvesters and their applications[J]. Joule, 2018, 2(4): 642-697.

[62] Zhao L C, Zou H X, Yan G, et al. A water-proof magnetically coupled piezoelectric-electromagnetic hybrid wind energy harvester[J]. Applied Energy, 2019, 239: 735-746.

[63] Yi Z R, Yang B, Li G M, et al. High performance bimorph piezoelectric MEMS harvester via bulk PZT thick films on thin beryllium-bronze substrate[J]. Applied Physics Letters, 2017, 111(1): 013902.

[64] Yi Z R, Hu Y L, Ji B W, et al. Broad bandwidth piezoelectric energy harvester by a flexible buckled bridge[J]. Applied Physics Letters, 2018, 113(18): 183901.

[65] Liu H C, Zhong J W, Lee C, et al. A comprehensive review on piezoelectric energy harvesting technology: Materials, mechanisms, and applications[J]. Applied Physics Reviews, 2018, 5(4): 041306.

[66] Tan T, Yan Z, Hajj M. Electromechanical decoupled model for cantilever-beam piezoelectric energy harvesters[J]. Applied Physics Letters, 2016, 109(10): 101908.

[67] Fu H L, Yeatman E M. Rotational energy harvesting using bi-stability and frequency up-conversion for low-power sensing applications: Theoretical modelling and experimental validation[J]. Mechanical Systems and Signal Processing, 2019, 125: 229-244.

[68] Moon K S, Liang H, Yi J G, et al. Tire tread deformation sensor and energy harvester development for smart-tire applications[C]. Sensors and Smart Structures Technologies for Civil, Mechanical, and Aerospace Systems, San Diego, 2007: 217-228.

[69] Wu L J, Wang Y X, Jia C, et al. Battery-less piezoceramics mode energy harvesting for automobile TPMS[C]. IEEE 8th International Conference on ASIC, Changsha, 2009: 1205-1208.

[70] Hu Y F, Xu C, Zhang Y, et al. A nanogenerator for energy harvesting from a rotating tire and its application as a self-powered pressure/speed sensor[J]. Advanced Materials, 2011, 23(35): 4068-4071.

[71] Mak K H, McWilliam S, Popov A A. Piezoelectric energy harvesting for tyre pressure measurement applications[J]. Proceedings of the Institution of Mechanical Engineers, Part D: Journal of Automobile Engineering, 2013, 227(6): 842-852.

[72] Elfrink R, Matova S, de Nooijer C, et al. Shock induced energy harvesting with a MEMS harvester for automotive applications[C]. International Electron Devices Meeting, Washington D. C., 2011: 29.5. 1-29.5. 4.

[73] van Schaijk R, Elfrink R, Oudenhoven J, et al. A MEMS vibration energy harvester for automotive applications[C]. Smart Sensors, Actuators, and MEMS VI, Grenoble, 2013: 876305.

[74] Zhang Y S, Zheng R C, Shimono K, et al. Effectiveness testing of a piezoelectric energy harvester for an automobile wheel using stochastic resonance[J]. Sensors, 2016, 16(10): 1727.

[75] Makki N, Pop-Iliev R. Battery-and wire-less tire pressure measurement systems (TPMS) sensor[J]. Microsystem Technologies, 2012, 18(7/8): 1201-1212.

[76] Makki N, Pop-Iliev R. Piezoelectric power generation for sensor applications: Design of a battery-less wireless tire pressure sensor[C]. Smart Sensors, Actuators, and MEMS V, Prague, 2011: 806618.

[77] Zou H X, Zhao L C, Gao Q H, et al. Mechanical modulations for enhancing energy harvesting: Principles, methods and applications[J]. Applied Energy, 2019, 255: 113871.

[78] Anton S R, Inman D J. Vibration energy harvesting for unmanned aerial vehicles[C]. Active and Passive Smart Structures and Integrated Systems 2008, International Society for Optics and Photonics, San Diego, 2008: 621-632.

[79] Erturk A, Vieira W G R, de Marqui C, et al. On the energy harvesting potential of piezoaeroelastic systems[J]. Applied Physics Letters, 2010, 96(18): 184103.

[80] Bao C Y, Dai Y T, Wang P, et al. A piezoelectric energy harvesting scheme based on stall flutter of airfoil section[J]. European Journal of Mechanics-B/Fluids, 2019, 75: 119-132.

[81] Hu Y L, Yang B, Chen X, et al. Modeling and experimental study of a piezoelectric energy harvester from vortex shedding-induced vibration[J]. Energy Conversion and Management, 2018, 162: 145-158.

[82] Sun W P, Zhao D L, Tan T, et al. Low velocity water flow energy harvesting using vortex induced vibration and galloping[J]. Applied Energy, 2019, 251: 113392.

[83] Liu F R, Zou H X, Zhang W M, et al. Y-type three-blade bluff body for wind energy harvesting[J]. Applied Physics Letters, 2018, 112(23): 233903.

[84] St Clair D, Bibo A, Sennakesavababu V R, et al. A scalable concept for micropower generation using flow-induced self-excited oscillations[J]. Applied Physics Letters, 2010, 96(14): 144103.

[85] Xie X D, Wang Q. A study on an ocean wave energy harvester made of a composite piezoelectric buoy structure[J]. Composite Structures, 2017, 178: 447-454.

[86] Nabavi S F, Farshidianfar A, Afsharfard A, et al. An ocean wave-based piezoelectric energy harvesting system using breaking wave force[J]. International Journal of Mechanical Sciences, 2019, 151: 498-507.

[87] Mutsuda H, Tanaka Y, Doi Y, et al. Application of a flexible device coating with piezoelectric paint for harvesting wave energy[J]. Ocean Engineering, 2019, 172: 170-182.

[88] Taylor G W, Burns J R, Kammann S A, et al. The energy harvesting Eel: A small subsurface ocean/river power generator[J]. IEEE Journal of Oceanic Engineering, 2001, 26(4): 539-547.

[89] Wu N, Wang Q, Xie X D. Ocean wave energy harvesting with a piezoelectric coupled buoy structure[J]. Applied Ocean Research, 2015, 50: 110-118.

[90] Nabavi S F, Farshidianfar A, Afsharfard A. Novel piezoelectric-based ocean wave energy harvesting from offshore buoys[J]. Applied Ocean Research, 2018, 76: 174-183.

[91] 史维龙. 小口径弹载引信压电电源研究[D]. 郑州: 郑州大学, 2014.

[92] 杨亦春, 赵智江. 利用空气振动发电的引信电源研究[J]. 南京理工大学学报, 1999, 23(5): 418-421.

[93] Rastegar J S, Spinelli T. Power supplies for projectiles and other devices: US 7231874[P]. 2007-6-19.

[94] 徐伟, 王炅, 陆静, 等. 引信用 MEMS 气流谐振压电发电机[J]. 探测与控制学报, 2011, 33(1): 9-13.

[95] Rastegar J, Feng D K, Pereira C M. Piezoelectric energy-harvesting power source and event detection sensors for Gun-fired munitions[C]. Energy Harvesting and Storage: Materials, Devices, and Applications VI, International Society for Optics and Photonics, Baltimore, 2015: 96-106.

[96] Rastegar J, Pereira C M, Feng D. A review of piezoelectric-based electrical energy harvesting methods and devices for munitions[C]. Active and Passive Smart Structures and Integrated Systems. International Society for Optics and Photonics, Las Veqas, 2016: 733-744.